Материалы III международной научно-практической конференции

Фундаментальная наука и технологии - перспективные разработки

24-25 апреля 2014 г.

North Charleston, USA

Том 1

УДК 4+37+51+53+54+55+57+91+61+159.9+316+62+101+330

ББК 72

ISBN: 978-1499274363

В сборнике представлены материалы докладов III международной научно-практической конференции   " Фундаментальная наука и технологии - перспективные разработки "

Все статьи представлены в авторской редакции.

Содержание

Содержание
Архитектура

Биологические науки

Исторические науки

Медицинские науки

Содержание

Науки о земле

Педагогические науки

Социологические науки

Содержание

Технические науки

Содержание

Физико-математические науки

Филологические науки

Содержание

Экономические науки

Содержание

Юридические науки

Захаров А.В., Забалуева Т.Р., Леонтьева М.П.

НОВЫЕ РЕШЕНИЯ КРУПНОПАНЕЛЬНЫХ ЖИЛЫХ ЗДАНИЙ С ПРОДОЛЬНЫМИ НЕСУЩИМИ СТЕНАМИ

Одной из наиболее важных задач в современном домостроении является обеспечение населения удовлетворяющим социальным, санитарно-гигиеническим и эстетическим потребностям жильем, которое в свою очередь будет ориентировано на снижение себестоимости и соответственно снижение конечной стоимости для потребителя.

Одновременно для экономически-эффективного строительства на территории России необходимо учитывать климатические характеристики нашей страны – на 2/3 территории России среднее число дней с морозом составляет более 2/3 от общего количества дней в году (220-260 дней). Соответственно к всесезонному производству строительно-монтажных работ предъявляются требования скорости и дешевизны, которые возможны при максимальном исключении «мокрых» процессов, требующих затрат на зимние технологии и определенные условия ухода.

Постановлением от 17 декабря 2010 г. N 1050 г. "О федеральной целевой программе "Жилище" на 2011-2015 годы" Правительством Российской Федерации поставлены цели по улучшению жилищных условий граждан Российской Федерации, в том числе увеличению годового объема ввода жилья общей площадью до 90 млн. кв. м. со средней обеспеченностью приближающейся к уровню развитых стран - 30 кв. м. на человека.

Особенно остро встает вопрос строительства на всей территории России социального жилья взамен ежегодно растущего объема аварийного и ветхого жилищного фонда, подлежащего сносу. В целях расселения аварийного и ветхого жилищного фонда на сегодняшний день на всех уровнях градостроительного проектирования (Схемы территориального планирования областей и районов, Генеральные планы городов и городских поселений) определяются требуемые объемы сноса ветхого и строительства нового социального жилья.

В современной экономике страны на сегодняшний день наблюдается постоянно растущая потребность в создании благоприятных условий для мобильности населения (трудовых ресурсов). По мнению экономистов: внутренняя миграция – это драйвер Российской экономики. Именно мобильность трудовых ресурсов будет сглаживать экономические и социальные различия между регионами и способствовать повышению конкурентоспособности экономики России на мировой арене.

Немаловажными факторами, сдерживающим мобильность трудовых ресурсов, являются: низкий уровень доходов населения и финансовые ограничения, включая неразвитость рынка жилья. Соответственно, необходимо планирование и создание такого жилищного фонда, который сможет гибко реагировать на потребности населения и экономики для привлечения трудовых ресурсов в текущий период времени в каждом конкретном районе или городе. Осуществлять выбор для жилых домов требуемого квартирного состава по условиям районных и городских программ предоставления жилья является важной задачей при расселении.

В тоже время, из-за нестабильности экономики в современной России наблюдается переменчивость квартирографии рынка жилья, т.е. соотношения одно-, двух- и трехкомнатных квартир. По проведенному анализу девелоперских проектов Московской области видно, что до 2008 г. наибольшим спросом пользовались двухкомнатные и трехкомнатные квартиры. Нестабильность мировой экономики, достигнув России, повлияла на покупательский спрос и наиболее покупаемыми стали однокомнатные квартиры. Доля однокомнатных квартир и квартир-студий в общей квартирографии жилых комплексов на сегодняшний день достигает 50 %. В связи с резко меняющимися потребностями населения, определенными социально-экономическим фактором, возникает проблема отсутствия на сегодняшний день возможности предугадать на стадии проектирования и согласования проектной документации спрос на жилье, который будет актуальным через 2-3 года по окончании строительства. В соответствии с чем продиктована необходимость иметь возможность осуществлять выбор для жилых домов требуемого квартирного состава для продажи жилья.

Все описанные проблемы нашли свое отражение в законодательном регулировании Российской Федерации.

Так, в Стратегии развития промышленности строительных материалов и индустриального домостроения на период до 2020 года [1] определена необходимость устойчивого обеспечения темпов жилищного строительства, … энергоэффективности и стабилизации запланированного прироста с учетом региональных особенностей за счет максимального переноса технологических процессов в заводские условия, а также путем унификации изделий и конструкций…

Правительством Москвы [2] приоритетным направлением реализации генерального плана г. Москвы определена «Модернизация производственной базы индустриального домостроения, обеспечивающая за счет гибких технологий оперативный выпуск изделий, позволяющая размещать объекты на участках различной площади, конфигурации и архитектурной выразительности, создавать адресную индивидуализацию застройки и фасадных решений, существенно повысить энергетическую эффективность зданий, осуществлять выбор для жилых домов необходимого квартирного состава по условиям городских программ предоставления и продажи жилья…».

Учитывая изложенное, индустриальное панельное домостроение представляется наиболее доступным, рациональным и объективно востребованным в перспективе на всей территории России. Но на сегодняшний день сектор панельного домостроения морально устарел – сама жесткая конструктивная схема зданий с поперечными несущими стенами не позволяет учитывать требования к мобильности жилья. Такая конструктивная система жестко ограничивает возможности выбора для жилых домов необходимого квартирного состава, создания необходимых планировочных решений и не позволяет в дальнейшем их менять.

В рамках решения поставленных задач на кафедре «Проектирование зданий и градостроительство» Московского государственного строительного университета ведется экспериментальное проектирования с целью разработки новых типовых проектов, в первую очередь - для массовых энергоэффективных жилых домов и объектов соцкультбыта с продольными несущими стенами на базе имеющихся технологий индустриального домостроения.

Решение задачи сводится к разработке нового поколения крупнопанельных жилых и общественных зданий *с продольными несущими стенами*. Такая конструктивная система позволяет на любом этаже здания иметь свободные от вертикальных несущих конструкций пространства, ограниченные по периметру продольными стенами и лестнично-лифтовыми узлами. В этих пространствах можно осуществлять любые планировочные решения с применением внутренних перегородок из гипсокартонных листов. Данная конструктивная схема позволит быстро и легко менять планировочные решения, приспосабливая их к требуемому квартирному составу, а также к новым нуждам пользователей, тем самым обеспечивая устойчивое развитие архитектуры жилищного домостроения.

Но достижение свободной планировки ставит перед проектировщиками ряд проблем.

1-ая проблема: крупнопанельные здания предыдущих поколений отличались простотой внешних форм и малой архитектурной выразительностью из-за скудной пластики фасадов. На современном этапе развития индустриального домостроения такие решения неприемлемы.

Поэтому на кафедре разрабатываются новые решения с применением легкого встроенного металлического каркаса, позволяющие разнообразить пластику фасадов в соответствие с современными архитектурным тенденциям. Под руководством профессоров А.В. Захарова и Т.Р. Забалуевой архитекторами О.А. Пичугиной и С.В. Юдашкиной разработаны концепции домов, варианты которых приведены на рис. 1.

Система встроенного металлического каркаса продольных несущих стен позволяет менять пластику фасадов зданий выступающими эркерами, западающими лоджиями, различной конфигурацией оконных проемов и т.п., что было невозможно при прежней конструкции панельных домов с продольными несущими стенами.

2-ая проблема: проводка габаритных инженерных коммуникаций, учитывающая свободную и меняющуюся во времени планировку. При свободной планировке расположение квартир на разных этажах может не совпадать. Соответственно необходима возможность подключения квартир к системам вентиляции и водоотведения, имеющим трубы и каналы большого сечения, при разных местах расположения санитарных узлов и кухонь. Эта проблема решается путем применения панелей продольных внутренних несущих стен, содержащих каналы для прокладки труб и воздуховодов. Варианты свободной планировки на разных этажах жилого дома с учетом прокладки коммуникаций в каналах внутренней несущей стены приведены на рис. 2.

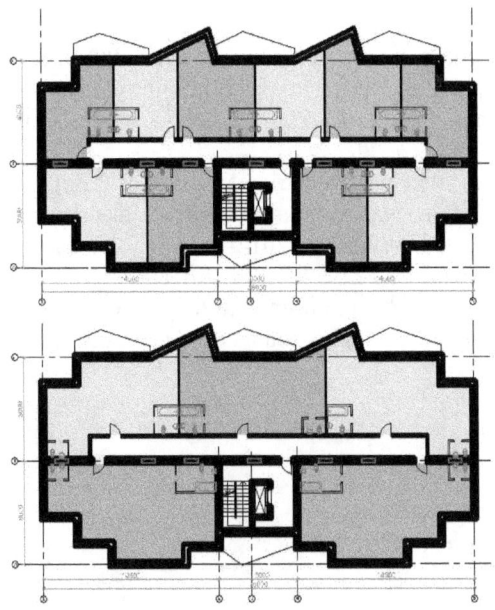

На кафедре разработаны предложения по принципиально новым конструктивным решениям панелей междуэтажных перекрытий увеличенных пролетов и продольных несущих наружных стен, отвечающих современным требованиям по прочности и тепловой защите. По своим габаритам, весу и конфигурации эти панели соответствуют технологическим возможностям современных заводов крупнопанельного домостроения. Поэтому производство их потребует минимальной переналадки оборудования и небольшого времени для организации процесса возведения зданий.

Как уже говорилось, в связи с быстро меняющимися экономическими и демографическими ситуациями современной России, быстро меняются потребности и нормы расселения людей. Свободная планировка - преимущество зданий с продольными несущими стенами по сравнению со зданиями с поперечными несущими стенами, которое позволяет получать большие свободные пространства для формирования различных планировочных решений, имеющих спрос на рынке жилья. В дальнейшем возможны изменения планировок (площадей и набора квартир) с связи изменяющимися потребностями рынка. При этом сохраняются основные несущие конструкции, а перепланировка с помощью легких перегородок не требует больших затрат.

ЛИТЕРАТУРА

1. Приказ Министерства регионального развития РФ от 30 мая 2011 г. № 262 «Об утверждении Стратегии развития промышленности строительных материалов и индустриального домостроения на период до 2020 года».

2. Постановление Правительства Москвы от 3 октября 2011 г. №460-ПП «Об утверждении государственной программы города Москвы «Градостроительная политика» на 2012-2016 гг.» (в ред. Постановления Правительства Москвы от 22.02.2012 №64_ПП)

3. Григорьев Ю.П. Задачи и проблемы развития массового жилищного строительства// Промышленное и гражданское строительство. 2013. № 7. С. 40-43.

Щемелинина Т.Н.
к.б.н., н.с., Институт биологии Коми НЦ УрО РАН
Анчугова Е.М.
инженер, Институт биологии Коми НЦ УрО РАН
anchugova@ib.komisc.ru
Тарабукин Д.В.
к.б.н., н.с., Институт биологии Коми НЦ УрО РАН
Патова Е.Н.
к.б.н., доцент, с.н.с., Институт биологии Коми НЦ УрО РАН
Володин В.В.
д.б.н., проф., зам. председателя Президиума Коми НЦ УрО РАН

ИММОБИЛИЗАЦИЯ МИКРОВОДОРОСЛЕЙ НА МОДИФИЦИРОВАННОМ МАТЕРИАЛЕ

Существенной проблемой в безнапорных фильтрах очистных сооружений является низкая эффективность очистки сточных вод. Усовершенствовать уровень очистки возможно за счет применения биотехнологий, где в качестве биотехнологических агентов зарекомендовали себя культуры микроводорослей. Исследователями [1, 22; 2, 21; 3, 69] отмечены бактерицидные свойства микроводорослей, способствующие снижению в воде в десятки, а порой и в сотни раз, количества патогенных микроорганизмов. Кроме того, микроводоросли способствуют спонтанной флокуляции для улучшения качества обрабатываемых сточных вод. Тогда как одни культуры цианобактерий могут оказывать прямое воздействие на разложение углеводородов [4, 854], другие косвенно облегчают деструкцию, способствуя увеличению удельной поверхности для адгезии нефтеокисляющих бактериальных культур [5, 615; 6, 521; 7, 433; 8, 56; 9, 183; 10, 498; 11, 182]. Однако в условиях проточной системы очистки возникает проблема удержания в биотехнологического агента. Одним из решений данной проблемы является применение методов иммобилизации микроводорослей на волокнистых материалах, в частности на базальтовом волокне.

Основной задачей эксперимента было исследование возможности долгосрочной иммобилизации одноклеточной и нитчатой зеленых микроводорослей на модифицированном базальтовом волокне.

В качества объекта исследований использовали базальтовое волокно ТУ 5761-002-12881589-03, культуры одноклеточной и нитчатой микроводоросли из коллекции Института биологии Коми НЦ УрО РАН, г. Сыктывкар.

В качестве модифицирующего агента испытывали катионный крахмал оксиамил ОПВ-1 (Е 1404) ТУ 9187-042-00334735-98, с концентрацией рабочего раствора 0.5 мг/см^3. Обработку вели следующим образом: образец волокнистого материала массой 0.5 г помещали в раствор катионного крахмала на один час при нормальных условиях. Модифицированный образец высушивали до воздушно-сухого состояния.

Инокулят культуры микроводорослей нарабатывали на среде Тамия в режиме освещения фитолампой OSRAM L 18W/77, в условиях постоянной аэрации. Образцы модифицированного крахмалом базальтового волокна погружали в суспензию микроводорослей (титр клеток 10^9) при комнатной температуре. Учет закрепленных клеток микроводорослей производили спустя 20 суток путем микроскопирования образцов.

Иммобилизованные клетки одноклеточной зеленой микроводоросли были обнаружены непосредственно на волокне, отмечено их активное деление. Колонии клеток наблюдались в основном на агрегатах крахмала. Встречались и свободно плавающие. Иммобилизации нитчатой водоросли на базальтовом волокне не произошло. При микроскопировании было обнаружено незначительное количество свободно плавающих нитчатых водорослей, однако, после однократного промывания волокна, водоросль обнаружена не была.

Далее образцы волокнистых материалов, на которых были обнаружены иммобилизованные клетки зеленой микроводоросли, подверглись дальнейшему 60-суточному инкубированию в водопроводной воде, с посуточной сменой. Один раз в 7 суток проводилось микроскопирование образцов.

На 7, 14, 21, 28, 35, 42 сутки промывания водой наблюдалось большое количество как свободноплавающих, так и закрепленных клеток, большинство из которых находились в стадии деления. На 50 сутки были отмечены закрепленные на волокне единичные клетки. На 60 сутки клеток культуры зеленой одноклеточной микроводоросли обнаружено не было.

Таким образом, одноклеточные зеленые микроводоросли более предпочтительны по отношению к нитчатым для иммобилизации на волокнистых базальтовых материалах с целью создания биотехнологических систем очистки сточных вод с периодичностью смены раз в 60 суток.

Работа выполнена при поддержке интеграционного проекта № 12-И-4-2007 «Биоресурсный потенциал и биохимическая оценка микроводорослей европейского северо-востока России в качестве объектов биотехнологии».

Литература

1. Левина Р.И. Антибактериальные свойства протококковых водорослей в отношении кишечной микрофлоры. Всесоюзное совещание

по культивированию одноклеточных водорослей: тезисы доклада. Ленинград. 1961. С. 22–23.

2. Сивко Т.Н., Соколова Т.А. Массовое развитие планктонных водорослей при самоочищении сточных вод в биологических прудах. Всесоюзное совещание по культивированию одноклеточных водорослей: тезисы доклада. Л. 1961. С. 21.

3. Бильмес Б.И. Сравнительное изучение развития бактерий и протококковых водорослей в сточной воде животноводческого комплекса совхоза «50 лет ВЛКСМ». Культивирование и применение микроводорослей в народном хозяйстве: материалы республиканской конференции. Ташкент: Фан, 1984. С. 68-70.

4. Chavan A., Mukherji S. Effect of co-contaminant phenol on performance of a laboratory-scale RBC with algal-bacterial biofilm treating petroleum hydrocarbon-rich wastewater. Journal of Chemical Technology & Biotechnology. 2010. Vol. 85. P. 851–859.

5. Al-Hasan R.H., Sorkhoh N.A., Al-Bader D. Utilization of hydrocarbons by cyanobacteria from microbial mats on oily coasts of the gulf. Applied Microbiology & Biotechnology. 1994. Vol. 41. P. 615–619.

6. Al-Hasan R.H., Sorkhoh N.A., Al-Bader D. Evidence for n-alkane consumption and oxidation by filamentous cyanobacteria from oil contaminated coasts of the Arabian-Gulf. Marine Biology. 1998. Vol. 130. P. 521–527.

7. Raghukumar C., Vipparty V., David J.J. Degradation of crude oil by marine cyanobacteria. Applied Microbiology & Biotechnology. 2001. Vol. 57. P. 433–436.

8. Radwan S.S., Al-Hasan R.H., Salamah S. Bioremediation of oily sea water by bacteria immobilized in biofilms coating macroalgae.. International Biodeterioration & Biodegradradation. 2002. Vol. 50. P. 55–59.

9. Al-Awadhi H., Al-Hasan R.H., Sorkhoh N.A. Establishing oil-degrading biofilms on gravel particles and glass plates. International Biodeterioration & Biodegradradation. 2003. Vol. 51. P. 181–185.

10. Cunningham L., Stark J.S., Snape I. Effects of metal and petroleum hydrocarbon contamination on benthic diatom communities near Casey station, Antarctica: an experimental approach. Journal of Phycology. 2003. Vol. 39. P. 490–503.

11. El-Bestawy E.A., El-Salam A.Z.A., Mansy A.E.H. Potential use of environmental cyanobacterial species in bioremediation of lindane-contaminated effluents. International Biodeterioration & Biodegradation. 2007. Vol. 59. P. 180–192.

Nina V. Pakharkova, Maria S. Radoguz, Yurii S. Grigoriev,
Sergey V. Pakharkov, Irina G. Gette, Irina V. Masentsova
Siberian Federal University, Krasnoyarsk, Russia

FLUORESCENCE PROCEDURES TO ASSESS THE VITAL CAPACITY OF CONIFEROUS TREES IN "ERGAKI" NATURAL PARK, WESTERN SAYAN

Transition to dormancy in the period of low temperatures plays a special role for maintaining vitality of plants in temperate and high latitudes. These changes enable the survival of plants during the harsh conditions of the winter period. The complexes of adaptive responses of living organisms on the habitat conditions, which have evolved over time, are changing due to the global warming. Traditionally, registration of seasonal changes was carried out by phenological observations. But due to the fact that preparations for the winter dormancy involves reversible changes at the chloroplasts' level, it becomes possible to use the method for detecting thermally induced changes in the zero level of fluorescence (TCZLF) of the needles to determine the duration and depth of winter dormancy in plants.

The following trees served as the object of this study: Siberian stone pine (Pinus sibirica Du Tour.) and Siberian fir (Abies sibirica Ledeb.). Two-year old healthy looking needles of gymnosperms were collected during September 2007 through April 2012. Measurements of chlorophyll fluorescence parameters were carried out in the laboratory immediately after the sample collection.

TICZF data were obtained using the "Photon-11" instrument. The ratio of the intensity of the zero-level fluorescence at 50°C and at 70°C (coefficient R_2) was used as an indicator of the depth of the dormancy state. Values of the coefficient R_2 below unity indicate that the woody plant is in the state of winter dormancy, whereas values above unity indicate that the woody plant is actively vegetating [1; 2].

The registration of delayed chlorophyll fluorescence (DCF) was performed using the computerized fluoremeter "Photon-10". The ratio of values of intensity of fast and slow components of the light decay was used as an indicator of delayed chlorophyll fluorescence. These values were measured at high (120 W/m^2) and low exciting light (10 W/m^2). This parameter does not depend on the mass and size of the investigated plant sample because the measured parameter has relative sense and it is substantially reduced as the photosynthetic activity is subdued [2]. Fluorimeters "Photon-10" and "Photon-11" have been developed in the Siberian Federal University.

In order to characterize the properties of the photosynthetic apparatus in more detail, the dynamics of the content of photosynthetic pigments have been measured. The amounts of chlorophyll a and chlorophyll b, as well as the total carotenoid content were determined using a spectrophotometer (SPEKOL 1300

Analytik Jena AG). The measurements were performed in acetone extracts and calculated on a dry weight basis [3].

The results for relative parameter of delayed fluorescence measurements are shown in Figure 1. Our study has shown that different species of conifers during the winter period are characterized by different dormancy depth. During the study of annual dynamics of the relative parameter of delayed fluorescence (RP DF) we found that practically zero values of DCF are registered in winter months due to the transition of plants into the winter dormancy state. In the summer the relative indicator of DCF is the highest for Pinus sibirica needles. However the indicators of DCF during the Winter-Spring period were the highest for the Abies sibirica needles, which indicates their photosynthetic activity.

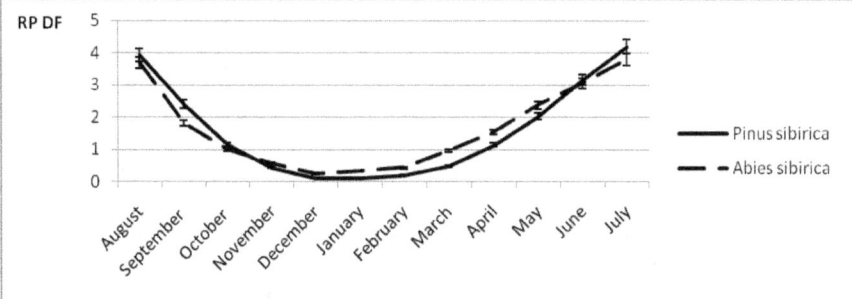

Figure 1. The annual dynamics of relative parameter of delayed fluorescence (RP DF) of needles. Error bars show the standard deviation (n = 5), P<0.05

The results for R2 measurements are shown in Figure 2. In order to obtain more information on the depth of winter dormancy, we were artificially driving the shoots of the studied species out of the state of dormancy under laboratory conditions (at temperature of +24°C and 12-hour photoperiod during the phase of dormancy (December, using as an example).

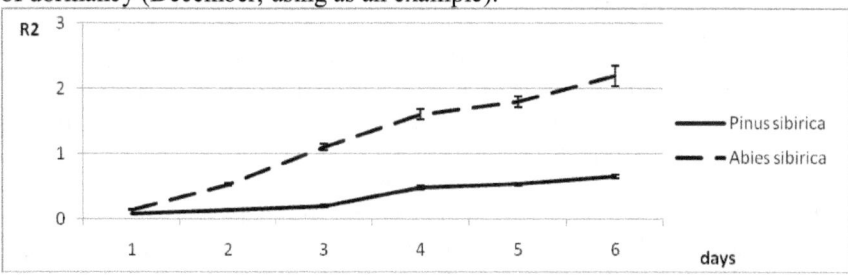

Figure 2. Dynamics of the coefficient R_2 from TICZF curves when needles were artificially driven out of the dormancy state in the laboratory in December. Error bars show the standard deviation (n = 5), P<0.05

We found that the needles of *Abies sibirica* much faster exit from the winter dormancy state in laboratory conditions. Among the studied conifer species, the earliest timing of transition into the state of dormancy ($R2 < 1$), the greatest depth of dormancy state and the latest exit out of the dormancy state ($R2 > 1$) were found for Siberian stone pine. Siberian fir depends to a large extent on the current temperature of the environment.

In order to characterize the photosynthetic apparatus in more detail and to assess its ability to recover photosynthetic activity we performed measurements of the dynamics of the content of photosynthetic pigments in needles (chlorophyll-a and chlorophyll-b, total carotenoid content). Generally there is a decrease in chlorophyll content during the winter period (Fig. 3A) and an increase in the content of carotenoids (Fig. 3B).

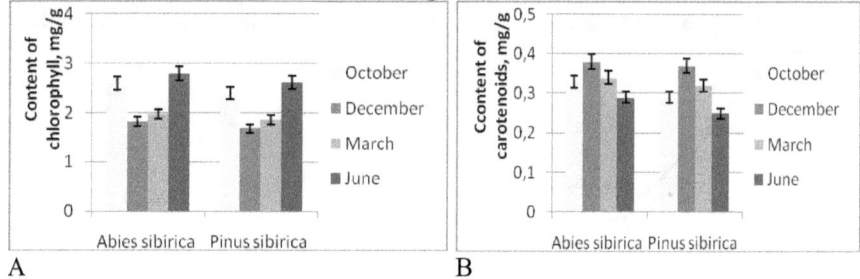

A   B

Figure 3. The content of pigments in needles (a – sum of chlorophyll-a and chlorophyll-b, b – carotenoids; dry weight basis).

It is well-established that the photosynthetic apparatus of evergreen conifers is characterized by a complex system of protective mechanisms, which help avoiding photoinhibition in the conditions of below-zero temperatures. Carotenoids serve as an important component of this complex system. They stabilize membranes of chloroplasts and proteins of the antenna complexes. They also absorb and dissipate the energy of light that is not utilized in these circumstances. The maximum carotenoid content in the needles is observed during the winter period, however during the spring period their content is quite high as well.

We found that the needles of Abies sibirica much faster recover from the winter dormancy state than Pinus sibirica. This, in turn, leads to early recovery of the photosynthetic activity and physiological desiccation of fir needles during early spring outbreaks of unusually warm weather.

References:

1. Gaevskiy NA et al. (1987) Russian Patent: AC №1358843 (August 15, 1987). A method for determining the depth of dormancy of woody plants. (in Russian)
2. Grigoriev YS, Pakharkova NV (2001) Effect of industrial environmental pollution on winter dormancy in Scots pine. Russian Journal of Ecology 32, 437-439
3. Lichtenthaler HK (1987) Chloropyll and Carotinoides: Pigments of Photosynthetic Biomembranes. Methods in Enzymology148, 331-382

Гармаева Д.В., Васильева Л.С.

КОНЦЕНТРАЦИЯ ТИРЕОИДНЫХ ГОРМОНОВ В ПЛАЗМЕ КРОВИ, МАССА ТЕЛА И ЩИТОВИДНОЙ ЖЕЛЕЗЫ У НЕ СТРЕССИРОВАННЫХ И СТРЕССИРОВАННЫХ ЖИВОТНЫХ С ГИПОТИРЕОЗОМ

У животных, получавших мерказолил в течение 8 недель, наблюдалось увеличение массы тела в 1,3 раза (табл. 1). После его отмены масса тела продолжала возрастать и к 28 суткам наблюдения превышала данный показатель у интактных животных в 1,5 раза (p<0,05). Масса щитовидной железы сразу после отмены мерказолила увеличилась в 5,3 раза (p<0,05), но через 7 суток она уменьшилась, и к 28 суткам превышала норму в 3,7 раза (табл. 1).

Таблица 1 - Концентрация тиреоидных гормонов в плазме крови, масса тела и щитовидной железы (M±m, n=10 в каждой группе животных)

Группа животных	Сроки (сутки)	Масса тела (г)	Масса ЩЖ (мг)	T_3 нМ/л	T_4 нМ/л
Интактные		165,8±6,3	21,7±4,01	2,5±0,45	17,5±1,1
Г	2	214,1±14,2[1]	114,5±8,3[1]	0,5±0,01[1]	2,7±1,1[1]
	7	228,5±9,8[1]	61,7±4,8[1]	0,8±0,004[1]	9,4±0,4[1]
	28	241,2±19,3	80±14,1	0,97±0,02[1]	2,5±0,5[1]
S	2	175,2±6,02	20±5,2	4,6±1,2[1]	28,7±4,2[1,3]
	7	167,7±6,7	25±2,2	2,3±0,2	20,3±3,6[3]
ГS	2	215,8±13,9	111±6,9[1,3]	1,6±0,23[2,3]	5,6±1,5[1,3]
	7	233±10,9[3]	51,7±4,01[1,2,3]	2,9±0,4	3,5±0,9[1,2,3]
	28	208,2±25,3[3]	58,3±3,1[1,2]	1,1±0,7	9,5±2,9[1,2]

Примечания: [1]- отличие от интактных животных при p<0,05,
[2] – отличие от не стрессированных животных с гипотиреозом (Г), при p<0,05,
[3] – отличие от животных с эутиреозом (S), при p<0,05.

После стрессорного воздействия на 2 и 7 сутки у животных с гипотиреозом масса тела не отличалась от не стрессированных животных с гипотиреозом (таб. 1), но к концу эксперимента снизилась до диапазона нормы. Масса щитовидной железы убывала так же, как у не стрессированных животных с гипотиреозом. Следует отметить, что у животных с нормальным тиреоидным статусом стресс на протяжении всех сроков наблюдения не оказывал влияния на массу тела и щитовидной железы.

Таким образом, у не стрессированных и стрессированных животных с гипотиреозом масса щитовидной железы увеличивается до максимальных значений непосредственно под действием мерказолила и начинает уменьшаться после его отмены, тогда как масса тела изменяется под действием мерказолила более устойчиво, но под влиянием стресса к 28 суткам она нормализуется.

В процессе моделирования гипотиреоза продукция тиреоидных гормонов к концу 8 недели существенно снижалась. На 2 сутки после отмены мерказолила концентрация в плазме крови T_3 уменьшилась в 5 раз, свободного T_4 в 6,5 раза (табл. 1). Через 7 суток концентрация свободного T_4 возрастала в 3,5 раза ($p<0,05$), по отношению к предыдущему сроку, но на 28 сутки вновь уменьшалась. Концентрация T_3 в плазме крови после отмены мерказолила медленно увеличивалась, но, тем не менее, к концу наблюдения (на 28 сутки) оставалась в 2,6 раза ниже нормального значения.

Хорошо известен факт повышения продукции тиреоидных гормонов в условиях стресса [1,75]. В нашем эксперименте показано, что на 2 сутки после стрессорного воздействия у животных с эутиреоидным статусом концентрация в плазме крови T_3 и свободного T_4 повышалась, в сравнении с интактными животными, в 1,8 и 1,6 раза соответственно (табл. 1). На 7 сутки уровень тиреоидных гормонов нормализовался.

При гипотиреозе стресс не вызывал такого существенного повышения уровня тиреоидных гормонов, но, тем не менее, все же оказывал позитивное действие на тиреоидный статус организма. В частности, при гипотиреозе у стрессированных животных уже на 2 сутки уровень тиреоидных гормонов повысился (табл. 1): по сравнению с не стрессированными животными, уровень T_3 оказался выше в 3,2 раза ($p<0,05$), а уровень свободного T_4 проявил тенденцию к повышению вдвое.

На 7 сутки наблюдения уровень T_3 еще больше повысился и превышал его уровень у не стрессированных животных с гипотиреозом в 3,6 раза, тогда как уровень свободного T_4, наоборот, снизился и был меньше в 2,7 раза (табл. 1). Через 28 суток стресс-реакция завершена, и уровень T_3 у обеих групп животных уравнивается, но концентрация T_4 у животных, которые перенесли стресс, тем не менее остается более высокой (в 3,8 раза), чем у не стрессированных животных с гипотиреозом.

Таким образом, при эутиреозе у стрессированных животных гормонпродуцирующая функция щитовидной железы полностью восстанавливалась на 7 сутки, тогда как при гипотиреозе продукция тиреоидных гормонов не восстанавливалась после отмены мерказолила в течение 28 суток. Тем не менее, стресс оказывал позитивное действие на продукцию тиреоидных гормонов при гипотиреозе, которое, вероятно, обусловлено метаболическим действием гормонов стресса (глюкокортикоидных и адреналина). Можно выделить 2 таких эффекта.

Первый заключается в повышении продукции тиреоидных гормонов у животных с гипотиреозом в период развития стадии тревоги стресса (2 сутки наблюдения). Вероятнее всего, этот эффект связан с действием адреналина, который стимулирует захват йодидов из крови, транспорт их через базальную мембрану тироцитов, а также окисление йодидов в йод [2,30]. Второй эффект стресса – параллельное повышение уровня T_3 и снижение уровня T_4 в стадию резистентности (7 сутки наблюдения).

На основании представленных данных можно сделать заключение о том, что при гипотиреозе стресс улучшает тиреоидный статус организма, стимулируя продукцию тиреоидных гормонов и увеличивая массу щитовидной железы.

Список литературы

1. Кандрор, В.И. Гормоны щитовидной железы: биосинтез и механизмы действия / Рос. хим. журн. - 2005.- Т. XLIX. - № 1. - С. 75-83.

2. Назаров, И.П. Применение стресс - протекторных и адаптогенных препаратов в переоперационном периоде у больных, оперированных по поводу диффузнотоксического зоба. // И.П Назаров., С.В. Сорсунов Сибирский медицинский журнал. - 2006. - № 2. - С. 30-35.

Сведения об авторах

Гармаева Дэнсэма Владимировна, кандидат биологических наук, доцент, зав. кафедрой инновационных технологий в земледелии, животноводстве и ветеринарной медицине. Телефон служебный – 8-3952-23-70-52; мобильный – 89247064287

Иркутская государственная сельскохозяйственная академия

664038 г. Иркутск, п. Молодежный, ИДПО, ИрГСХА

e – mail:garmaeva. 1970@mail.ru

Васильева Людмила Сергеевна, доктор биологических наук, профессор, зав. кафедрой гистологии, цитологии и эмбриологии. Телефон служебный – 8-3952-24-72-07, домашний – 8-3952-291516; мобильный – 89148842359

Иркутский государственный медицинский университет

664003 г. Иркутск ул. Красного Восстания 1

e – mail: lsvirk@mail.ru

Щемелинина Т.Н.
к.б.н., н.с., Институт биологии Коми НЦ УрО РАН
shemelinina@ib.komisc.ru
Маркарова М.Ю.
к.б.н., с.н.с., Институт биологии Коми НЦ УрО РАН
Анчугова Е.М.
инженер, Институт биологии Коми НЦ УрО РАН
Мелехина Е.Н.
к.б.н., с.н.с., Институт биологии Коми НЦ УрО РАН

ВЛИЯНИЕ БИОПРЕПАРАТОВ НА ФЕРМЕНТАТИВНУЮ АКТИВНОСТЬ В НЕФТЕЗАГРЯЗНЕННОЙ ПОЧВЕ

Попадание нефти и нефтепродуктов в почву приводит к изменению активности основных ферментов, участвующих в важных биологических процессах. Влияние поллютанта на ферменты почв многостороннее: прямое – ингибирование, разрушение или активация ферментов, и косвенное – изменение ферментативного пула почвы в результате ингибирования почвенной микробиоты и растений. По изменению биохимических процессов в нефтезагрязненной, самовосстанавливающейся и рекультивируемой почве можно судить о степени техногенного воздействия, а также о восстановлении почв.

Цель настоящей работы - оценка ферментативной активности загрязненных нефтью торфяно-глеевых почв (Усинский район Республики Коми) при их самовосстановлении и рекультивации разными методами.

Исследования проводились с 2002 по 2013 год. Сбор материала осуществлялся на опытном участке № 20 (Возейское нефтяное месторождение), расположенном в зоне деятельности ТПП «ЛУКОЙЛ-Усинскнефтегаз». Разлив нефти на данной территории произошел в 1996 г. Опытная рекультивация проведена в июне 2002 г. Концентрация нефти к этому периоду на разных площадках варьировала от 250 до 450 мг/г [1,208]. Перед началом опыта на участке была проведена техническая рекультивация: частичное осушение с помощью дренажной системы отвода воды, сбор нефти с поверхности почвы, фрезерование субстрата на глубину до 30-40 см. Была заложена серия опытных площадок с использованием различных биопрепаратов и агрохимических приёмов; в настоящем сообщении представлены результаты по трём из них. На площадке № 9 проведено известкование почвы, её обработка минеральным удобрением и биопрепаратом "Родер" (разработчик – кафедра химической энзимологии МГУ), посев многолетних трав. На площадке № 6 почва была обработана минеральным удобрением и лигносорбентом [2,7], а также биопрепаратом «Универсал» (разработчик ООО «Бастет», г. Сыктывкар), посеяны многолетние травы. На площадке № 7 («агростимулирование») было проведено известкование почвы, внесение минеральных удобрений и посев многолетних и однолетних трав; биопрепараты не применяли. На контрольной площадке (№ 2) осуществлена только техническая рекультивация [1,208]. Фоновым растительным сообществом было ивово-ерниковое осоково-хвощёвое болото с торфяной почвой.

Окислительно-восстановительные ферменты являются важнейшими индикаторами процессов окисления нефти [3,10]. Выбранные нами для анализа каталазная и дегидрогеназная активность не случайны, т.к. именно эти биохимические показатели наиболее быстро реагируют на изменения свойств почвы под влиянием нефтепродуктов, более информативны для целей биодиагностики и биомониторинга.

Таблица 2. Динамика ферментативной активности почвы на опытных площадках (дегидрогеназная в мг формазана / 1 г а.с.п.; каталазная в мл 0,1н $KMnO_4$/1 г а.с.п.)

Опытные площадки	2002		2003	2004	2006	2009	2013
	2002 – 1	2002 – 2					
Дегидрогеназная							
№ 2	0,26± 0,01	0,25± 0,01	0,34± 0,01	0,45± 0,2	0,60± 0,03	1,24± 0,06	0,16± 0,008
№ 6	0,25± 0,01	2,34± 0,1	4,70± 0,2	3,54±0,2	1,39± 0,07	1,93±0,7	0,08± 0,004
№ 9	0,25± 0,01	2,45± 0,1	4,12± 0,2	3,01± 0,15	1,38± 0,07	0,98± 0,05	0,46± 0,023
№ 7	0,15± 0,01	1,56± 0,08	2,55± 0,1	2,56±0,1	1,37± 0,07	1,61± 0,08	0,52± 0,026
Фоновая почва	0,21± 0,01	*Не опр.*	*Не опр.*	*Не опр.*	0,21± 0,01	0,28± 0,01	0,18± 0,009
Каталазная							
№ 2	2,19± 0,1	1,28± 0,06	1,95± 0,09	1,02± 0,05	1,0±0,05	1,06± 0,05	1,8± 0,09
№ 6	2,16± 0,1	2,95± 0,15	3,96± 0,19	5,04± 0,25	3,91± 0,19	1,34± 0,07	2,6± 0,13
№ 9	2,10± 0,1	3,10± 0,15	4,02± 0,2	6,11± 0,3	4,82± 0,24	1,26± 0,06	3,1± 0,15
№ 7	2,35± 0,1	1,05± 0,05	1,23± 0,06	2,45± 0,12	4,51± 0,22	1,04± 0,05	4,8± 0,24
Фоновая почва	2,30± 0,1	*Не опр.*	*Не опр.*	*Не опр.*	2,30± 0,11	1,54± 0,08	2,5± 0,12

В наших исследованиях в почвах всех площадок происходило усиление процессов дегидрирования, что косвенно указывает на значительную скорость процессов минерализации углеводородов. Повышение дегидрогеназной активности в почве контрольной площадки наблюдалось в течение 7 лет, в почве площадки агростимулирования - в течение 3-х лет, в почвах опытных площадок, которые были обработаны биопрепаратами - 2 лет после начала промышленного эксперимента (табл.2). Далее происходило постепенное снижение активности дегидрогеназ в почвах всех площадок и приближение ее показателей к фоновой.

Активность каталазы характеризует стабилизацию почвенных условий. Снижение каталазной активности в почве с применением биопрепаратов началось через четыре года, с применением агрохимической рекультивации – лишь через семь лет после начала опыта (табл. 1). Спустя 11 лет после начала рекультивационных работ каталазная активность в почвах площадок повышается. Это связано, скорее всего, с тем, что развитие растительного покрова на опытном участке приводит к поступлению экзоферментов из корней в почву ризосферы. К концу исследований каталазная активность на площадке с внесением биопрепарата «Универсал» наиболее близкая к показателям фоновой почвы.

Таким образом, наблюдаемый характер изменения ферментативной активности свидетельствует об активизации процесса микробиологической деструкции нефти на ранних этапах восстановления, особенно заметный на площадках с использованием биопрепаратов. Соотношение показателей дегидрогеназной и каталазной активности в рекультивированных почвах с показателями в фоновой почве указывает на разные сукцессионные этапы восстановления на опытных площадках, зависящие от примененных методов рекультивации.

Работа выполнена при поддержке программы фундаментальных исследований УрО РАН, проект № 12-4-4-014-АРКТИКА.

Список литературы:

1. Природоохранные работы на предприятиях нефтегазового комплекса. Часть 1. Рекультивация загрязненных нефтью земель в Усинском районе Республики Коми. / Маганов Р.У., Маркарова М.Ю., ... Заикин И.А. Сыктывкар, 2006. 208 с.
2. Патент № 2093974, Россия, МКИ3 6А01В 79/02. Способ рекультивации посттехногенных и отдаленных территорий на Крайнем Севере / Арчегова И.Б., Маркарова М.Ю., Громова О.В.; Институт биологии Коми НЦ УрО РАН; №95119144/13 (1001881); заявл. 09.11.95; опубл. 27.10.97. Бюл. № 30.
3. Хазиев Ф.Х., Фахтиев Ф.Ф. Изменение биохимических процессов в почвах при нефтяном загрязнении и активация разложения нефти // Агрохимия.1981. № 10. 1981. С.102-111.

Белый А.И.
доцент, к.с.-х.н., Кубанский госагроуниверситет
Хомицкий Е.Е.
студент, Кубанский госагроуниверситет
Замотайлов А.С.
профессор, д.б.н., Кубанский госагроуниверситет
Бражник М.А.
магистрант, Кубанский госагроуниверситет

ВЛИЯНИЕ СПОСОБА ОБРАБОТКИ ПОЧВЫ НА СТРУКТУРУ И ЧИСЛЕННОСТЬ КОМПЛЕКСА ЖУЖЕЛИЦ ЛЮЦЕРНОВОГО АГРОЦЕНОЗА

В мире люцерна выращивается на площади около 35 млн. га, в России – примерно на 4 млн. га, а в Краснодарском крае – на 280-300 тыс. га, что составляет 7-8 % пашни. Люцерна является незаменимой культурой в севооборотах, поскольку увеличивает плодородие почвы, повышает урожайность последующих сельскохозяйственных культур и является прекрасным накопителем хищной напочвенной энтомофауны. Обработка почвы, при этом, является важным приемом при возделывании люцерны, влияет на рост культуры и накопление хищной энтомофауны, снижающей численность и вредоносность большинства вредных насекомых [1,72].

Исследования проводились в 2013 г. в типичном для Краснодарского края одиннадцатипольном зернотравянопропашном севообороте на базе стационарного многофакторного опыта. В опыте в первом случае использовалась люцерна, выращиваемая при нулевой обработке почвы. Во втором случае люцерна выращивалась на фоне рекомендуемой обработки почвы для указанной зоны и включала в себя три послойных обработки почвы тяжелой дисковой бороной БДТ-3 на глубину до 10-12 см и отвальную вспашку на глубину 30-32 см. Весной, при наступлении физической спелости почвы, с целью уничтожения всходов сорняков и выравнивания поверхности почвы проводилось две культивации: первая – на глубину 10-12 см (агрегатом ДТ-75М+2КПС-4,2+БЗСС-1,0) и вторая (предпосевная) на глубину 4-5 см (агрегатом ДТ-75М+КПН-4,0+ЗОР-0,7). В опыте возделывался сорт люцерны «Славянская местная», предшественником являлась озимая пшеница.

Для сбора напочвенных жесткокрылых применялись различные методы полевого изучения беспозвоночных [2; 3], оценка динамической плотности проводилась методом почвенных ловушек [6; 7]. Использовались пластиковые стаканы ёмкостью 0,5 л и 4% раствор уксусной кислоты в качестве фиксатора. Стаканы вкапывались буром вровень с поверхностью почвы. В сериях одновременно использовалось по 10 ловушек. Расстояние между ловушками – около 10 м. Выборка материала производилась подекадно на протяжении всего периода активности жуков (с апреля по октябрь). Данные, полученные с помощью почвенных ловушек, отражают не абсолютную, а так называемую динамическую плотность, которая зависит не столько от численности, сколько от активности особей. В нашем исследовании она выражается числом экземпляров на 10 ловушко-суток. Этот метод является наиболее оптимальным для получения статистически сравнимого материала. Интерпретация полученных данных производилась по общепринятыми методами [5,160]. Участие вида в составе населения выражалось в индексах по шкале Ренконена: >50% супердоминанты, >5% доминанты, 2-5% субдоминанты, <2% редкие [8].

Установлено, что в люцерновом агроценозе на фоне нулевой обработке почвы встречалось 27 видов жужелиц, при этом агроценоз люцерны на фоне рекомендуемой обработки почвы для нашей зоны отличался несколько большим разнообразием, в нем отмечено на 23% жужелиц больше, что составило соответственно 35 видов. Подобные результаты были получены при исследованиях жужелиц зерновых агроценозов [4,72]. Очевидно то, что обработка почвы повлияла на рост и развитие люцерны, а именно: густоту и высоту травостоя, количество биомассы, сформировавшийся микроклимат и соответственно численность вредных насекомых как источника кормовой базы для жужелиц. Всего за период вегетации на люцерне с нулевой обработкой почвы собрано 1204 экз. жужелиц, доминантными видами оказались Harpalus cupreus, Harpalus tardus и Chlaenius aeneocephalus.

На люцерне с рекомендуемой обработкой почвы, включающей рыхление почвы, численность жужелиц оказалась на 28% выше и составила соответственно 1560 экз., доминантными видами оказались Amara lucida, Trechus quadristriatus, Harpalus distinguendus, Harpalus cupreus и Dinodes decipiens.

Таким образом, с целью накопления хищной энтомофауны, в частности жужелиц, в условиях Краснодарского края люцерну целесообразно выращивать при рекомендуемой для зоны обработке почвы, предполагающей осеннее дискование, глубокое отвальное рыхление и весеннюю предпосевную культивацию почвы.

Литература

1. Белый А.И. Влияние агротехнических приемов на численность хищных жужелиц в агроценозе люцерны // Труды КубГАУ. – 2007. – Вып. 428(456). – С. 72-80.
2. Гиляров М. С., Стриганова Б. Р. (ред). Количественные методы в почвенной зоологии. – М.: Колос, 1987. – 288 с.

3. Гиляров М.С. Учёт крупных почвенных беспозвоночных (мезофауны) // Методы почвенно-зоологических исследований. – М.: Наука, 1975. – С. 12-29.

4. Гордеева И.С., Попов И.Б. Некоторые аспекты формирования фауны жуков-жужелиц в условиях зерновых агроценозов центральной зоны Краснодарского края // Труды Кубанского государственного аграрного университета. – 2012. – № 2(35). С. 197-201.

5. Чернов И.Ю. Основные синэкологические характеристики почвенных беспозвоночных и методы их анализа // Методы почвенно-зоологических исследований. – М.: Наука, 1975. – С. 160-216.

6. Balogh J. Lebensgemeinschaften der Landtiere, ihre Erforschung unter besonderer Berücksichtigung der zoozönologischen Arbeitsmethoden. – Berlin-Budapest: Acad.-Verl., 1958. – 260 S.

7. Barber H. Traps for cave inhabiting insects // J. Elisha Mitchell Sci. Soc. – 1931. – Bd 46. – S. 259-266.

8. Renkonen O. Statisch- ökologishe Untersuchungen über die terrestrische Kaferwelt der finnischen Bruchmoore // Annales Zoologicae Societatis Fennici Vanamo. – 1938. – № 6. – S. 1-231.

Юрганова И.И.

кандидат исторических наук, старший научный сотрудник Сектора истории Якутии Института гуманитарных исследований и проблем малочисленных народов Севера Сибирского отделения Российской академии наук, inna.yurganova@ mail.ru

ДЕЯТЕЛЬНОСТЬ РУССКОЙ ПРАВОСЛАВНОЙ ЦЕРКВИ В ЯКУТСКОМ КРАЕ (XVII – НАЧ.XX ВВ.)
(к постановке проблемы)

В истории российского государства православие, с самого начала его введения на Руси, выполняло важную роль и оказало безусловное влияние на социально-экономическое, политическое и духовное развитие общества и государства. Православная церковь в России всегда шла рука об руку с государством, являясь на разных этапах истории его партнером и орудием[1].

Опыт истории церкви в Якутии, являвшейся с XVII в. одной из окраин государства, дает возможность расширить научное представление об интеграции отдаленных регионов в выполнение общегосударственных, общеимперских задач. Рассмотрение влияния Русской православной церкви, как значимого социально-политического участника интеграции региона, в состав русского государства в рамках регионального моделирования актуально как, в контексте политической, социально-экономической и культурной истории Якутии, так и в целом для истории Отечества. Определение вектора развития православия в Якутии является закономерным и необходимым для изучения процесса утверждения государственной власти на окраинах империи, так как православие стало одним из основных средств интеграции этносов якутского региона в общероссийскую социально-экономическую структуру в рамках процесса межцивилизационного взаимодействия, так как в национальных регионах Российской империи цивилизованная поляризация проходила по линии социальных групп. В условиях Якутии, при незначительности влияния чиновничества и крестьянства, деятельность духовного сословия представляется основным цивилизационным вектором интеграции региона в состав русского государства.

В настоящее время Русская Православная церковь стала одним из атрибутов общественной жизни и актуальным и возможным представляется изучение вопросов взаимоотношения власти и религии, религии и государственных интересов, выявление ихвзаимовлияния на развитие общества, учитывая, что Якутия представляет неотъемлемую часть России и её изучение невозможно без учета общероссийских факторов.

История церкви и духовенства всегда привлекала внимание исследователей; их труды, основанные на анализе российского законодательства и обширных фактических данных, содержат историю православного духовенства - разработан ряд периодизаций истории церкви и концепций её развития, определено место и роль РПЦ, дана оценка её деятельности в истории России[2]. В работах дореволюционного времени, авторы обращались к некоторым аспектам церковной истории сибирского региона и, используя фактический материал, приводили статистические данные, изучали персоналии высших иерархов сибирского духовенства и отдельные вопросы развития церкви[3].

В XVIII в. Восточная Сибирь становится объектом внимания Российской Академии наук и в трудах исследователей этого научного центра имеются в том числе упоминания о восприятии христианства народами северо-востока Азии[4].

В конце XIX –нач. XX вв. была создана историография, посвященная изучению Якутии, разработанная трудами ссыльных, которые, среди прочего, описывали верования местного населения и его отношение к государственной религии[5]. В этот же период духовным ведомством Иркутска и Якутска были изданы брошюры о жизнедеятельности якутских епархиальных архиереев и их поездках «для обозрения приходов», содержащие описания якутских храмов, богослужений и взаимоотношений клира и паствы[6].

Первым специальным изданием, посвященным истории православия в Якутском крае можно считать труд Г.А. Попова, на страницах которого была предпринята попытка дать объективную характеристику деятельности РПЦ в Якутии; отмечая просветительскую роль христианства, автор, вместе с тем, указывал и на злоупотребления, допускаемые священно- и церковнослужителями[7].

Во второй половине XX в. была проведена комплексная работа по изучению истории Якутии, но деятельность Русской Православной церкви осталась либо вне поля исследований ученых, либо описывалась на уровне фрагментарных упоминаний и отдельных фактов[8].

Впервые вопросы практики землеустройства и землепользования церковных земель, численность и состав духовенства были рассмотрены в трудах Ф.Г. Сафронова, изучавшего крестьянскую колонизацию и русское население Якутии. Ученый исследовал историю Якутского Спасского монастыря, изучал деятельность служилых людей, упоминая, в том числе, и ружников (духовенство), рассмотрел историю распространения христианства в Якутии, сформировал представление о строительстве церквей, создании церковно-приходских школ, опубликовал материалы о ведении богослужения на якутском языке[9].

Начиная с 1970-1980 гг. история православной церкви, в том числе, и в восточных регионах Российской империи, становится сферой внимания исследователей[10]. В работах Е.С. Шишигина рассмотрена христианизация народов Якутии и введены в научный оборот новые источники[11].

Изменившиеся приоритеты российского общества в условиях перестроечных явлений способствовали повышению исследовательского интереса к истории Русской православной церкви[12]. Были опубликованы обобщающие труды по истории края, содержащие сведения по распространению христианства, авторы которых, в частности, отмечали, что «к концу XIX в. Сибирь уже являлась одной из наиболее православных территорий (почти 87 %) и, что православие было основным звеном, цементировавшим целостность мира России-Евразии»[13]. Вклад в разработку темы внесло современное поколение исследователей в диссертационных работах, освещающих историю православия в различных регионах России[14]. В статьях и монографиях И.И. Юргановой воссоздано представление об епархиальном управлении, деятельности Якутской духовной консистории и, на основании архивных данных, установлено количество храмов и численность духовных лиц, источники финансирования духовного сословия, вопросы церковного учета и метрикации[15].

История православия Якутии отражена и в многочисленных исторических источниках, предоставляющих необходимые и достаточные возможности для ее изучения. В Российской империи была создана нормативно-правовая база деятельности Русской православной церкви, как части государственного аппарата, что нашло отражение в «Актах исторических» и их дополнениях к ним, «Полном собрании законов Российской империи», «Своде законов Российской империи», «Полном собрания постановлений и распоряжений по ведомству Православного Вероисповедания Российской империи», а также в «Отчетах обер-прокуроров Святейшего Синода по ведомству православного вероисповедания». Систематизированные данные о крещении народов Восточной Сибири содержатся в документальных сборниках и статистических материалах, как светской, так и церковной статистики[16]. Интерес для изучения представляет периодическая печать, центральная и местная, светская и церковная. Основным источником местной церковной печати являются «Иркутские епархиальные ведомости» (1863-1919) и «Якутские епархиальные ведомости» (1884-1917), уникальность которых заключается в многообразном спектре материалов по всем аспектам деятельности православного ведомства Якутии второй половины XIX – начала XX вв.

Богатейший комплекс документов по заявленной теме отложился в архивах Москвы, Санкт-Петербурга, Иркутска и Якутска.

Появление церковных архивов в Сибири следует связывать с учреждением в 1620 г. архиепископской кафедры в г.Тобольске, но пожары уничтожили значительные документальные богатства и первоисточники о раннем периоде РПЦ в Якутском крае сосредоточены в архивах Москвы[17]. Необходимо учитывать, что каких-либо систематических архивов в якутских церквях и монастыре в XVII – нач. XVIII вв. отложится не могло, так как, во-первых, большинство этих документов погибло в пламени многочисленных пожаров, уничтожавших как церковные центры Сибири, так и малые храмы, во-вторых, как подчеркивают исследователи документальной истории Сибири, документы создавались не часто, так как условия жизни первых сибирских миссионеров были чрезвычайно сложны. Наряду с этим сохранность архивных фондов низовых церковных учреждений сибирского региона, тем полнее, чем территориально удаленнее были они от административных центров, где в 1920-30–хх гг. проводились богоборческие кампании.

Документы отложившиеся в фондах Национального архива Республики Саха (Якутия) (НА РС(Я), содержат сведения о духовном ведомстве Якутии начала XIX-начала XX вв. и условно подразделяются на несколько документальных макромассивов: управленческая документация, метрикация, церковный суд и др. Материалы более раннего периода истории православия в крае отложились на хранении в Российском государственном архиве древних актов (РГАДА), Российском государственном архиве в Санкт-Петербурге (РГИА) и в Государственном архиве Иркутской области (ГАИО). Так, в фондах РГАДА находятся документы Сибирского приказа, Якутской воеводской и приказной изб, содержащие сведения о первоначальном этапе христианизации Сибири и включении её в сферу интересов Московского государства. Интерес для исследования представляют фонды канцелярии Синода, где отложились отчеты епархиальных архиереев, а также канцелярии обер-прокурора и высших органов государственной власти империи и Сибирских комитетов, находящиеся на хранении в РГИА. В 1731 – 1856 гг. Якутский край в церковно-административном отношении входил в состав Иркутской епархии документальные материалы которой сосредоточены в ГАИО.

Очевидно, что рассмотрение значительного круга литературы по различным аспектам деятельности православного ведомства на территории Якутии, при безусловном признании значимости научного вклада указанных авторов, дает основание сделать вывод, что все исследователи, не зависимо от их методологических установок и конфессиональной принадлежности, признавали вклад православия в развитие народов Якутского края. Вместе с тем, деятельность Русской православной церкви, как цивилизационного интегратора политики Русского государства на территории Якутии в XVII – нач.XX вв., остается не исследованной. Представляется востребованным изучение формирования механизмов взаимодействия религиозных структур и государственных органов, определения роли православия в системе политических и идеологических средств реализации государственных интересов империи в Якутской окраине. Изменение исследовательской парадигмы в российской истории даёт возможность специальной комплексной научной разработки истории православия на северо-востоке России при объективной оценке историографии и источникового потенциала. Имеется полноценная база для проведения комплексного изучения становления и развития православия и его структур на территории Якутии со времени включения его в состав Российской империи до нач.XX в., выявления специфики утверждения православия в регионе, как проводника российской цивилизации и основного интегратора в российское государственное пространство.

---

[1] Устинова И.А. Русское государство и православная церковь в X – нач. XX вв. Уч.пособие. М.; СПб: Альянс-Архео, 2012. С.3.

[2] Знаменский П. Руководство к русской церковной истории. Казань, 1876; Макарий, митрополит. История русской церкви в 12-ти томах. СПб., 1881-1890; Доброклонский А.П. Руководство по истории Русской Церкви. М., 1886–1893; Рункевич С.Г. Русская церковь в XIX в. СПб., 1901; Тройницкий С.И. Церковь и государство в России. М., 1909; Титлинов Б.В. Лекции по истории русской церкви, читанные студентам Санкт-Петербургской Духовной Академии в 1910-1911 уч.годах. СПб, 1912; Голубинский Е.Е. История русской церкви. М., 1917 и др.

[3] Абрамов Н. Христианство в Сибири до учреждения там в 1621 году епархии.[Семипалатинск]. [1864]; Громов П. Обзор событий в Иркутской епархии в течении полуторовекового существования. Иркутск, 1877; Ядринцев Н. Сибирские инородцы их быт, современное положение. СПб., 1891; Сулоцкий А. Святитель Филофей, митрополит Сибирский и Тобольский, просветитель сибирских инородцев. Омск, 1882; Барсуков И. Иннокентий, митрополит Московский и Коломенский по его сочинениям, письмам и рассказам современников. М., 1883; Словцов П.А. Историческое обозрение Сибири. СПб., 1886; Буцинский П. Открытие Тобольской епархии и первый Тобольский архиепископ Киприан. Харьков, 1898; Иркутские архиапастыри и викарии Иркутской епархии. Иркутск, 1896; Вениамин. Жизненные вопросы православной миссии в Сибири./ Сочинения Вениамина, архиепископа Иркутского и Нерчинского. СПб., 1895; Догуревич Т.А. Свет Азии: распространение христианства в Сибири в связи с описанием быта, нравов, обычаев и религиозных верований инородцев этого края на основании миссионерских отчетов, записок путешественников и лучших исследователей по данному вопросу. СПб., 1897; Знаменский П.В. Руководство к русской церковной истории. СПб, 1904; Никольский А.В. Забайкальская духовная миссия (1681-1903). Очерк из истории Православной миссии в Восточной Сибири. М., 1904.

[4] Об этом см.: Иванов В.Н. Русские ученые о народах северо-востока Азии (XVII-начало XX в.), Якутск, 1978. С.32-41, 43-44; Ширина Д.А. Петербургская академия наук и северо-восток Азии. 1725-1917 гг. Новосибирск, 1994. С.158–177.

[5] Трощанский В.Ф. Наброски о якутах Якутского округа/ Под ред. Э.К.Пекарского. Казань, 1911; Майнов И. Русские крестьяне и оседлые инородцы Якутской области.

СПб., 1912; Павлинов Д.М., Виташевский Н.А., Левенталь Л.Г. Материалы по обычному праву и общественному быту якутов. Т.IV. Л., 1929.; Худяков И.А. Краткое описание Верхоянского округа. Л., Наука, 1969; Серошевский В.Л. Якуты. Опыт этнографического исследования. 2-е изд. М., 1993 и др.

[6] Путевые заметки по Сибири архиепископа Нила. Ярославль, 1869; Мелетий, архимандрит. Записки и заметки, веденные во время путешествия Преосвященного Вениамина, епископа Иркутского по Якутскому тракту, р.Лене и её притокам с 19 мая по 15 июня 1874 г. Иркутск, 1874; Поездка Преосвященного Дионисия, епископа Якутского в Чукотскую миссию в 1868-1869 гг. Иркутск, 1884; Хвостов А.А. Преосвященный Мелетий, епископ Якутский и Вилюйский. Иркутск, 1894; Стуков Ф. Материалы для характеристики деятельности Якутской епархии за истекшее 25-летие со времени учреждения в Якутске самостоятельной епископской кафедры и открытия миссионерского комитета. Якутск, 1895; Его же. Переписка Н.И.Ильминского с деятелями на поприще миссионерства в Восточной Сибири. Якутск, 1898; Его же. Воспоминания о Преосвященном Иакове, епископе Якутском и Вилюйском. Якутск, 1900; Его же. Поездка его Преосвященства, преосвященного Макария, епископа Якутского и Вилюйского, вверх по рекам Лене и Витиму для обозрения приленских и приисковых церквей. Якутск, 1905 и др.

[7] Попов Г.А. Христианство в Якутском крае. Очерки по истории Якутии. Якутск, 1924.

[8] Очерки истории исторической науки в СССР. Т.1. М., 1955: Т.II. М., 1960; Башарин Г.П. История аграрных отношений в Якутии (60-е годы XVIII –середина XIX вв.). М.,1956; История Якутской АССР. Т. II. М., 1957; Мирзоев В.Г. Присоединение и освоение Сибири в исторической литературе XVII века. М., 1960; Его же. Историография Сибири (XVIII в.). Кемерово, 1965; Его же. Историография Сибири (1 пол.XIX в.). Кемерово, 1968; Его же. Историография Сибири (домарксистский период). М., 1970.

[9] Сафронов Ф.Г. Крестьянская колонизация бассейнов Лены и Илима в XVII в. Якутск, 1956; Его же. Город Якутск в XVII – нач. XIX вв. Якутск, 1957.; Его же. Русские крестьяне в Якутии в XVII - нач. XX вв. Якутск, 1961; Его же. Русские на северо-востоке Азии в XVII- середине XIX в. М., 1978; Его же. Древний и средневековый северо-восток Азии. Якутск, 1992; Его же. Православное христианство в Якутии. Якутск, 1997.

[10] Религия и церковь в истории России. М., 1975; Дамешек Л.М. Русская церковь и народы Сибири в первой половине XIX в.// Социально-экономическое развитие Сибири XIX-XX вв. Иркутск, 1976; Клибанов А.И., Волков М.Я., Рындзюнский П.Г., Литвак Б.Г. и др. Русское православие: вехи истории. М., 1989; Религия и церковь в Сибири. Вып.1-7. Тюмень, 1990-1996; Зольникова Н.Д. Сословные проблемы во взаимоотношениях церкви и государства в Сибири (XVIII в.). Новосибирск,1981; Сибирская приходская община в XVIII в. Новосибирск, 1990 и др.

[11] Шишигин Распространение христианства в Якутии. Якутск, 1991; Его же. Якутская епархия (Краткий исторический очерк). Мирный, 1997.

[12] Российская церковь в годы революции 1917–1918 гг. М, 1995; Фирсов С.Л. Православная церковь и государство в последнее десятилетие существования в России. СПБ., 1996: Наумова О.Е. Иркутская епархия. XVII- перв.пол. XIX вв. Иркутск, 1996; Смолич И.К. История русской церкви. М., 1997; Николин А. Церковь и государство: история правовых отношений. М, 1997; Дулов А.В. Иркутская епархия в 1860 – 1917 гг.«Из истории Иркутской епархии»/ Сб. научных статей. Иркутск, 1998. С.82-100; Зырянов П.Н. Русские монастыри и монашество в XIX и начале XX в. М., 1999; Римский С.В. Российская церковь в эпоху великих реформ. М., 1999; Петров П.П.

Градо-Якутские православные храмы. Якутск, 2000; Калинина И.В. Православные храмы Иркутской епархии. XVII–нач.XX в. Москва, 2000; Харченко Л.Н. Миссионерская деятельность православной церви в Сибири (вт. пол. XIX в. – февраль 1917 г.). Очерк истории. СПб., 2004; Овчинников В.А. Православные монастыри и женские общины Томской епархии во второй половине XIX-начале XX вв. Кемерово, 2004 и др.

[13] Азиатская Россия в геополитической и цивилизационной динамике XVI-XX вв./ В.В.Алексеев, Е.В.Алексеева, К.И.Зубков, И.В.Побережников; Ин-т истории и археологии Уро. М.: 2004. С.170-171. См. также: Калашников А.А. Якутия. Хроника. События. 1632 – 1917 гг. Якутск, 2000; Федоров В.И. Якутия в эпоху войн и революций (1900-1917 гг.). М., 2002.

[14] Ванина И.Ю. Миссионерская деятельность Русской православной церкви в Северо-Восточной Азии (сер.XVII-сер.XIX вв.). Автореф. дисс…канд.истор. наук. Иркутск, 1995; Адаменко А.М. Приходы Русской православной церкви на юге Западной Сибири в XVII–нач.XX вв. Автореф.дисс.канд.ист.наук. Кемерово, 1998; Митынова Г.С. Православные храмы Забайкалья. Автореф. дисс. канд. ист. наук. Улан-Удэ, 1998; Зайцева Л.Ю. История Православной церкви Зауралья (60-е гг.XIX в.-1917 г.). Автореф. дисс. доктора ист. наук. Курган, 2000; Паршина Н.В. Влияние русского православия на исторические процессы в северокавказском регионе (XVIII-XIX вв.). Автореф. дисс... канд. ист. наук. Пятигорск, 2002; Капранова Е.А. Развитие церковно-административного устройства и управления Русской православной церкви на Дальнем Востоке России (1840–1918 гг.).Автореф.дисс.канд.ист.наук. Благовещенск, 2003; Санников А.П. Организация и деятельность православной церкви на территории Прибайкалья во второй половине XVII-XVIII вв. Автореф. дисс. канд.ист.наук. Иркутск, 2004 и др.

[15] Юрганова И.И. История Якутской епархии. 1870-1919 гг. (деятельность духовной консистории). Якутск, ООО «Академия». 2003; Её же. Церкви Якутии: краткая история, Якутск, 2010; Её же. Епископы Якутии. Омск, 2010.

[16] Стрелов Е.Д. Акты архивов Якутской области с 1650 до 1800 г. Якутск, 1916; Колониальная политика Московского государства в Якутии. XVII в./под общ.ред Я.П.Алькора и Б.Д.Грекова. Л., Изд-во Института народов Севера ЦИК СССР, 1936; Сборник материалов по этнографии якутов. Якутск, 1948. С.39-40; Материалы по истории Якутии XVII в. в 3-х частях. М., «Наука» - 1970 и др. Памятная книжка Иркутской губернии за 1861 г. Иркутск, 1862; Памятная книжка Якутской области за 1863 г. СПб., 1864; Памятная книжка Якутской области на 1891 г. Якутск, 1891; Памятная книжка Якутской области на 1896 г. Вып.III. Якутск, 1896; Памятная книжка Якутской области на 1902 г. Вып.II. Якутск, 1902; Первая всеобщая перепись населения Российской империи 1897 г./ ред. Н.А.Тройницкий: Издание Центрального статистического комитета МВД. Т.LXXX. СПб., 1905. С. 2–3; Преображенский И. Церковь по статистическим данным с 1840-1841 гг. по 1890-1891 гг. СПб., 1897.

[17] Юрганова И.И. Архивы Якутии: неизвестные страницы истории./ Якутский архив. Якутск. 2007. № 3 (26),С. 40-54.

Дзюбан В.В.

к.п.н., доц. каф. «Философии, истории и социологии»
Брянский государственный технический университет
bryanskstudzuban@mail.ru

ТРАДИЦИИ СТАРОДУБСКОГО КАЗАЧЕСТВА

Наряду с проблемами, вызванными политическим, экологическим, финансово-экономическим, духовно-нравственным и прочими глобальными кризисами в жизни современного общества, в последнее время все чаще говорят и пишут о возрождении нашей страны - РФ. Это объясняется тем, что сегодня, как никогда ранее, актуальной и насущно необходимой становится проблема формирования национального самосознания, научного мировоззрения подрастающего поколения, которому предстоит стать духовным стержнем возрождающейся России, эталоном патриотизма и любви к Отечеству, носителем лучших гражданских качеств.

Важное место в этом процессе занимает казачество и его духовно-нравственные традиции, которые на протяжении многих веков были важным элементом общественного сознания, как основы российской социальной системы.

Слово казак до революции 1917 года означало принадлежность к казачьему военному сословию – одному из пяти главных сословий Российской империи.

Первые упоминания о казаках в русской летописи относится к середине XV века в описании ордынского набега на русский город Переяславль – Рязанский. С этого времени начинается развитие двух самостоятельных ветвей казаков, которые позднее сольются в однородное казачье войско.[2,176]

Стародубский полк – административно территориальная и войсковая единица Малороссии, во времена гетманщины существовавшая с середины XVII века до 1781 года. Полковой город – Стародуб.

Суровые условия жизни, соседство с воинственными племенами кочевников, иные постоянные опасности формировали своеобразный характер людей, готовых в любой момент дать отпор противнику, встать на защиту своих родных и близких, своих очагов. Это формировало и традиции, и обычаи казаков. Например, оружие в доме являлось такой же обыденной и необходимой вещью, как другие предметы быта. И дома и на службе казаки носили свою военную и форменную одежду.

Известно, что на протяжении веков казачьи основой любой казацкой общины являлось Православие.[1,132]

И даже несмотря на полную веротерпимость казаков, несмотря на постулат «каждый волен держать свой закон», оно было центром казачьей духовной жизни, и вне Православия никакое казачество существовать не могло. [3,77]Именно ему оно обязано своим возникновением и тем, что выжило и сохранилось до наших дней.

Основу в формировании морально-нравственных устоев казачьих обществ составили 10 Христовых заповедей. Приучая детей к соблюдению заповедей Господних, родители по народному их восприятию поучали: не убивай, не кради, не блуди, трудись по совести, не завидуй другому и прощай обидчиков, заботься о детях своих и родителях, дорожи девичьим целомудрием и женской честью, помогай бедным, не обижай сирот и вдовиц, защищай от врагов Отечество. Но, прежде всего крепи веру православную: ходи в Церковь, соблюдай посты, очищай душу свою – через покаяние от грехов, молись единому Богу Иисусу Христу и добавляли: если кому-то что-то можно, то нам нельзя – мы казаки!

Казаку с детства вменялось заботиться о девичьем целомудрии и женской чести. Потому как уважительное отношение к женщине – матери, жене, сестре обуславливало понятие чести казачки, честь дочери, сестры, жены – по чести и поведению женщины мерилось достоинство мужчины. В семейном быту взаимоотношения между мужем и женой определялось согласно христианского учения . «Не муж для жены, а жена для мужа». «Да убоится жена мужа». При этом придерживались вековых устоев-мужчина не должен вмешиваться в женские дела, женщина – в мужские. Кто и что в семье должен делать – четко разделено. Считалось за позор, если мужчина занимался женскими делами. Строго придерживались правила: никто не имеет права вмешиваться в семейные дела. Кто бы ни была женщина, к ней надо было относиться уважительно и защищать ее – ибо женщина – будущее твоего народа.

Большим счастьем у казаков считалось рождение мальчика. По установленной форме все данные вносились в станичные метрические книги. В них вносились дети мужского пола всех принадлежащих к казачьему сословию лиц, без различия чинов и званий. В возрастные списки малолетние вносились по дате рождения, а рожденные в один день – по жребию. [4,281] Новорожденного обязательно крестили. Огромное значение казаки придавали таинству крещения. Перед тем, как нести ребенка в церковь (на крещение), его клали в красный угол (к иконам) и молились: «Определи ему, Господи, талант и счастие, добрый разум и долгие годы».

Воспитание девочки – казачки включало в себя не только привитие ей трудолюбия и домовитости, но и верности мужу и семье. В противном случае не только она, но и весь ее род мог быть подвергнут позору, и вынужден был бы покинуть станицу. Уклад казачьей жизни, в основе которого лежала военная служба вдали от дома, прежде всего, формировал представление об обязанностях женщины как хранительницы семьи и семейного очага.

Узы брака были святыми для казаков. Женились один раз в основном в семнадцать – двадцать лет. Разводы среди казаков были очень редки. Исходя из событий, описанных Лазаревским в книге «Полк Стародубский», можно заключить, что измена жены отожествлялась с тягчайшим преступлением. Потому при вступлении в брак казаку вменялось уважать и дорожить супругой. Казаки от природы были народом религиозным без ханжества и лицемерия, клятвы соблюдали свято и данному слову верили, чтили праздники Господние и строго соблюдали посты, утверждают исследователи. [1,198] Народ прямолинейный и рыцарски гордый, лишних слов не любили и дела решали скоро и справедливо. Хотя казаки очень любили рассказать какую-нибудь дивную историю или похвастать, ложь казаки презирали, и уважение лгунам не оказывали.

Заканчивая рассмотрение основных казацких традиций, нужно отметить, что в условиях роста национального самосознания, современная наука все чаще обращается к историческим памятникам, культурным традициям, в частности, традициям казачества как средствам воспитания подрастающего поколения. Безусловно, в настоящее время нужно не только сохранять и возрождать прежние традиции, но и формировать новые.

Литература:

1) «История Стародубского казачества». Инновационные методы и модели социально – экономического развития аграрного комплекса казачьих объединений. Сборник научных трудов №7. Отв. Ред. Шпинько Э.А.-М:МГУТУ, 2011. - 326с.

2) Алмазов Б.А. Казаки. – Спб., «ДИАМАНТ» 1993.-87с.

3) В.В Дзюбан, С.А. Киселев , Я.Ю. Трифанков : «К вопросу о культуре стародубского казачества», Стародуб –город древней Руси : материалы краеведческих чтений :22 мая 2012г. / Отдел культуры администрации Стародубского муниципального района , МБУК « Стародубская межпоселенческая районная библиотека. – Стародуб , 2012 . – 80 стр. с ил.

4) Сибирское казачье войско. Алтайский отдел. Сборник исторических документов по жизнеустройству казачьих войск. / В. А. Дорофеев. - Барнаул, 1992. - -369с.

Клюшникова М.О., Клюшникова О.Н.
1)   к.м.н., ассистент кафедры терапевтической стоматологии
2)   к.м.н., ассистент кафедры стоматологии детского возраста
Иркутский государственный медицинский университет
E: mail - klush.stom@mail.ru

ДОНОЗОЛОГИЧЕСКАЯ ДИАГНОСТИКА И ПРОФИЛАКТИКА КАРИЕСА

Быстрое увеличение частоты поражения кариесом постоянных моляров уже в первые годы после их прорезывания, на стадии созревания эмали заставило искать рациональные способы прогнозирования этого процесса и пути его предупреждения.

Для определения подходов к индивидуальной профилактике кариеса моляров был разработан и внедрен в практику способ прогнозирования кариеса постоянных моляров в стадии минерализации эмали (Кисельникова Л.П., Леонтьев В.К.,1996). В его основу положен тезис о неоднородности исходного уровня минерализации прорезывающихся зубов, уровень их созревания определяет восприимчевость зубов к кариесу.

Сразу после прорезывания жевательной поверхности авторы измеряли электропроводность твердых тканей в наиболее глубоких фиссурах и ямках зуба. При значении до 8 мкА можно прогнозировать отсутствие кариеса, а при значении более 20 мкА – 100% распространенность кариеса.

Таким образом, установлено, что исходный уровень минерализации прорезывающихся моляров является наиболее ранним и достаточно объективным прогностическим критерием при проведении индивидуальных профилактических мероприятий.

Предлагаемый метод оказался для нас недоступен, ввиду отсутствия специального аппарата. Поэтому мы в своей работе использовали для определения предболезни специальную биопробу – тест резистентности эмали (ТЭР – тест). Проба основана на оценке интенсивности окрашивания тестируемого участка поверхности эмали одного из зубов, так как установлено, что развитию кариозного процесса предшествует снижение уровня кислотоустойчивости эмали. Для оценки интенсивности окрашивания мы использовали 10-польную типографическую шкалу синего цвета. Если интенсивность окрашивания тестируемого участка поверхности эмали соответствовала на оттеночной шкале цветовым полоскам, принятым за 10, 20 или 30% - обследуемого относим к 1-ой диспансерной группе, 40 или 50% - ко 2-ой группе, 60 – 70% - к 3-ей группе.

На основе выделения групп риска базировали разработку системы дифференцированной профилактики кариеса. В группе минимального риска проводили лишь мероприятия по гигиеническому уходу за полостью рта.

В группе умеренного риска профилактические курсы осуществляли один раз в году по общепринятым методикам: назначали внутрь поливитамины, препараты кальция, фтора. Местно назначалась реминерализирующая терапия препаратами, содержащими ионы кальция, фосфора, фтора в виде аппликаций, полосканий, электрофореза, покрытия зуба фторлаком и т.д.

Последняя группа максимального риска представлена лицами, находящимися в состоянии предболезни или доклинической стадии кариеса.

Герметизация фиссур выполняет две функции:

1. создает на поверхности зуба физический барьер для кариесогенных факторов, микробной бляшки;

2. при наличии в составе герметика активных ионов оказывает реминерализующее действие на эмаль в области фиссуры.

В группе максимального риска кроме назначения местной реминерализирующей терапии, гермитизации фиссур, назначались препараты противокариозного действия внутрь. В данном случае лечение проводим аскорбиновой кислотой, путем назначения ее внутрь детям в возрасте от 7 до 14 лет в дозе от 750 до 1500 мг на курс лечения. Особенность метода заключается в том, что весь курс проводился в течении 3х дней (250 – 500 мг – разовая доза).

Повторный курс целесообразно проводить через 6 месяцев только при наличии показаний – падения кислотоустойчиврости эмали Проведение вышеперечисленных диагностических и профилактических методов обеспечивает хороший клинический эффект.

Клюшников О.В., Подкорытов Ю.М., Галченко В.М.
1) к.м.н., ассистент кафедры ортопедической стоматологии;
2) к.м.н., доцент кафедры ортопедической стоматологии;
3) к.м.н., ассистент кафедры терапевтической стоматологии
Иркутский государственный медицинский университет
E: mail - klush.stom@mail.ru

ЧЭНС В ЛЕЧЕНИИ НЕЙРОСТОМАТОЛОГИЧЕСКИХ ЗАБОЛЕВАНИЙ

Глоссалгия – хронически протекающее заболевание, характеризующееся мучительными жгучими болями и парастезиями слизистой оболочки полости рта, снижает трудоспособность, угнетает психику и создает депрессивное состояние больного. Заболевание часто встречается в возрасте 40 – 60 лет, то есть наиболее трудоспособном периоде, что определяет социальную значимость проблемы

Глоссалгия относится к группе нейростоматологических заболеваний. Частота обращаемости в стоматологические поликлиники больных с глоссалгией среди больных с заболеваниями слизистой оболочки полости рта составляет 20-25%. Глоссалгией чаще страдают люди пожилого и старческого возраста, особенно женщины старше 50 лет. Заболевание, как правило возникает внезапно и может продолжатся от 1-2 недель до 20 лет и более. До настоящего времени вопросы этиологии, патогенеза, особенности клинических проявлений и методы лечения этого мучительного страдания остаются недостаточно изученными. Согласно исследованиям В.А.Смирного с соавторами (1976г.), Е.Н.Дычко (1974г.), глоссалгия возникает на фоне заболеваний желудочно-кишечного тракта. К.И.Гуркина и Н.С.Домбровская (1966г.) почти у всех больных с данной патологией отмечали изменения со стороны нервной системы. С.П.Юркова (1970г.) предлагает выделять истинную, или неврогенную глоссалгию и симптоматическую. Ряд авторов выделяют три клинических формы глоссалгии:
1. Симпатикотоническая форма;
2. Ваготоническая форма;
3. Смешанная форма.
Для каждой из этих форм характерна определенная клиническая картина. Больные с симпатикотонической формой обычно предъявляют жалобы на интенсивные жгучие боли и парастезии в области спинки, боковых поверхностей и кончика языка, иногда губ и щек, сухость полости рта, головокружение, повышенную раздражительность и возбудимость, бессонницу, сниженный аппетит. Пациенты с ваготонической формой глоссалгии жалуются чаще на интенсивные жгучие боли и парастезию в области языка, слизистых оболочек полости рта, повышенную саливацию, головную боль, подавленное настроение. В связи с отсутствием единого мнения

о причине возникновения данной патологии лечение больных глоссалгией проводится комплексно, при активном сотрудничестве стоматолога, невропатолога, эндокринолога и гастроэнтеролога. При лечении глоссалгии целесообразно применять психотерапию, гипнотерапию, электросон, иглорефлексотерапию, лазарорефлексотерапию, бальнеотерапию, различные физиотерапевтические процедуры. Из медикаментозных препаратов применяются седативные, назначаются снотворные, проводится санация полости рта и т.п. При всех формах глоссалгии обязательно назначение местной симптоматической терапии, оказывающей обезболивающее действие.

Нами проведено лечение 32 больных в возрасте 45-68 лет. При проведении комплексного обследования у 11 человек были диагностированы заболевания ЖКТ, у 5 гинекологическая патология, у 14 человек выявлены изменения со стороны нервной системы. В зависимости от фонового заболевания проводилось общее лечение, санация полости рта, включающая рациональное протезирование, были даны рекомендации о режиме питания, гигиене полости рта.

Целью нашего исследования была апробация аппарата «TensMed-911» для снятия болевого синдрома. У 15 больных для снятия боли использовали местноанестизирующие средства (взвесь анестезина на глицерине, растворы тримекаина, лидокаина) в виде аппликаций, ротовых ванночек, аэрозольного орошения. Остальным пациентам (17 человек) обезболивание проводилось с использованием аппарата «TensMed-911». В отличие от других подобных аппаратов «Tens Med – 911» имеет 8 заводских установок параметров электростимуляции и ручной режим управления, в котором пациент самостоятельно подбирать оптимальные для себя параметры. Так же полезной функцией аппарата является таймер использования, с помощью которого можно контролировать лечение пациента в домашних условиях. Аппарат прост в использовании, оборудован LCD монитором, на котором отображаются текущие параметры, совместим с любыми электродами, применяемыми в электростимуляции. Самоклеющиеся электроды могут применяться несколько раз. При лечении мы применяли усовершенствованные электроды для чрескожной электронейростимуляции (рацпредложение № 4368).

Наиболее выраженный анальгетический эффект достигается при использовании двух программ (H и I стандартное обозначение). При использовании программы H – частота импульса 110 Hz, а ширина импульса за 12 секунд изменяется 50 – 250 µs, программа I – частота изменяется автоматически в интервале 20 – 100 Hz, а ширина импульса постоянная 100µs. Время сеанса составляет от 10 до 60 минут.

В первой группе при использовании традиционных методов обезболивания после 10-12 процедур больные отмечали изначальное уменьшение болей, или полное отсутствие эффекта (5 человека). Во 2-й группе больных после 2-3 процедур отмечалось значительное уменьшение болей в языке, а к 5-6 процедуре полное исчезновение болей и парестезии. Все больнее взяты на диспансерный учет. В 1 группе повторные курсы проводились каждые 2 месяца. Во 2-й группе в течение 1,5 лет рецидивов не наблюдалось. Электростимуляционное воздействие проводили точечными электродами справа и слева в области носогубных складок изменяющимися параметрами импульсов по программе «Н» в течение 15-20 минут.

Полученные результаты лечения, а именно стойкий клинический эффект, который заключается в полном исчезновении симптомов (болей, парестезий) в области языка, дает нам основание рекомендовать использовать предложенный метод обезболивания в комплексном лечении глоссалгии. Кроме того, нами отмечено, что наряду с купированием болевых ощущений, использование аппарата «TensMed-911» положительно влияет на психо-эмоциональное состояние пациентов с глоссалгией.

Чайкин Д.А., Черданцев Д.В., Чайкин А.Н., Трофимович Ю.Г., Большаков И.Н., Шестакова Л.А., Дворниченко П.А.

Чайкин Дмитрий Александрович. – заочный аспирант кафедры и клиники хирургических болезней им. проф. А.М. Дыхно с курсом эндоскопии и эндохирургии ПО, ГБОУ ВПО Красноярский государственный медицинский университет им. проф. В.Ф. Войно-Ясенецкого МЗ РФ, врач-хирург клиники «Центр Эндохирургических Технологий»

Адрес: 660022, г. Красноярск, ул. Партизана Железняка, д. 1, тел. 8(923)3396632, e-mail: Conte4@yandex.ru

Черданцев Дмитрий Владимирович – доктор медицинских наук, профессор, заведующий кафедры и клиники хирургических болезней им. проф. А.М. Дыхно с курсом эндоскопии и эндохирургии ПО, ГБОУ ВПО Красноярский государственный медицинский университет им. проф. В.Ф. Войно-Ясенецкого МЗ РФ

Адрес: 660022, г. Красноярск, ул. Партизана Железняка, д. 1 тел. 8(391)2201559 , e-mail: gs7@mail.ru

ПРИМЕНЕНИЕ КОМБИНИРОВАННОЙ КОНСТРУКЦИИ ЭНДОПРОТЕЗА ДЛЯ УЛУЧШЕНИЯ РЕЗУЛЬТАТОВ ГЕРНИОПСТКИ У БОЛЬНЫХ ПАХОВЫМИ ГРЫЖАМИ

ГБОУ ВПО Красноярский государственный медицинский университет им. проф. В.Ф. Войно-Ясенецкого Министерства здравоохранения РФ, ректор – д.м.н., проф. И. П. Артюхов; научно-образовательный центр «Хирургия», Кафедра хирургических болезней им. проф. А. М. Дыхно с курсом эндоскопии и эндохирургии ПО, зав. – д.м.н., проф. Д. В. Черданцев; ООО Центр эндохирургических технологий, Красноярск, директор – А. Н. Чайкин

Введение.

Оперативные вмешательства при паховых грыжах в структуре плановых операций относятся к наиболее частым. В Российской Федерации ежегодно выполняется до 500 тысяч грыжесечений, в США – 700 тысяч, в Европе – до 1 миллиона. В развитых странах почти четверть операций проводится с помощью лапароскопического доступа [1,7,10].

Основным методом лечения паховых грыж на современном этапе является ненатяжная протезирующая герниопластика, предложенная И.Л.Лихтенштейном. [3] Доставка протеза в область имплантации может осуществляться как эндовидеохирургически, так и паховым открытым доступом [4,5,8,9].

Большинство пациентов с паховыми грыжами заинтересованы в хорошем косметическом результате и максимально быстрой реабилитации. Эти требования могут быть выполнены при определенных условиях, главными из которых являются минимизация травмирования тканей в ходе хирургического вмешательства и моделирование воспалительного ответа на имплантацию эндопротеза. Проблема снижения травматичности операции решается, в основном, благодаря применению эндохирургических технологий [5,8,9]. Воздействие на тканевую реакцию проблема более сложная, но большинство исследователей считают преимущественным направлением применение эндопротезов из комбинированных материалов, способных оказывать влияние на разные стадии раневого процесса [2,6].

Материалы и методы.

Для улучшения результатов герниопластики был разработан комбинированный эндопротез, состоящий из полипропиленовой сетки (ПСЭ) и коллаген-хитозановой пластины (КХП).

С целью изучения реакции тканей на раздельную имплантацию составляющих эндопротеза и на комбинированную конструкцию проведен эксперимент на 90 белых крысах-самцах линии Vistar. Эксперимент включал 3 серии. У животных 1 серии (n=30) в предбрюшинную позицию был имплантирован ПСЭ (ООО «Линтекс», ЭСФИЛ легкий, г. Санкт-Петербург); животным 2 (n=30) в аналогичную позицию установлен КХП (ООО «КОЛЛАХИТ», Россия г. Железногорск); животным 3 серии (n=30) выполнена одновременная имплантация ПСЭ и КХП (к брюшине располагалась коллаген-хитозановая пластина, а к мышцам – полипропиленовая). Размеры имплантатов составляли 1,0x1,0 см. Поочерёдно на 3-и, 7-е, 10-е, 28-е и 90-е сутки из каждой серии выводилось по шесть животных. Проводилось макроскопическое описание тканей передней брюшной стенки в месте имплантации, выявление осложнений хирургического вмешательства.

Выполнялся забор тканей передней брюшной стенки для гистологического и иммунногистохимического (ИГХ) исследования. Макропрепараты и парафиновые срезы окрашивали по стандартной методике гематоксилином и эозином, пикрофуксином по Ван Гизон, орсеином на выявление эластических волокон. Микроскопическое исследование проводилось с применением светового микроскопа Axiostar plus Karl Zeiss (Германия), с микроморфометрическим анализом клеточных популяций вокруг сосудов микроциркуляторного русла (МЦР). Процесс формирования и созревания соединительной ткани оценивался морфометрическим критериям соединительной ткани: численная плотность фибробластов (Nvф); численная плотность сосудов микроциркуляторного русла (Nvc); объемная плотность эластических волокон (Vvэв). В ИГХ анализе использовали первичные моно- и поликлональные антитела: Ki 67 (Clone SP6), CD34 (Antibody Endothelial Cell Marker (Clone QBEnd/10)), F8 (Anti-Human von Willebrand factor (Clone 36B11)), Anti-Collagen III (Clone HWD1.1), Anti-Collagen IV (Clone CIV22) ("SPRING BIOSCIENCE" США) по соответствующему протоколу, с постановкой положительного и отрицательного контроля для исключения ложнонегативных и ложнопозитивных результатов.

В клинический раздел вошли результаты исследования эффективности эндовидеохирургической герниопластики у 60 больных. Все больные были разделены на две группы: I группа - 30 больных паховыми грыжами, оперированных лапароскопически с применением ПСЭ; II группа - 30 больных, перенесших подобную операцию с применением оригинальной комбинированной конструкции из коллаген-хитозановой платины и полипропиленовой сетки. Группы были сопоставимы по возрасту, полу, тяжести грыжи и сопутствующим заболеваниям.

Все операции выполнены под общей анестезией на видеокомплексе «OLYMPUS», Япония. В качестве имплантата применяли полипропиленовые сетки «ООО «Линтекс», ЭСФИЛ легкий, г. Санкт-Петербург» 6,0*11,0 см и 7,5*15,0 см. Предварительное ушивание грыжевых ворот не производили, так как считаем, что это противоречит принципам ненатяжной протезирующей герниопластики. Фиксировали имплантат и восстанавливали целостность брюшины эндогерниостеплерами «Auto suture» (США) и «Гера-5» (Россия).

При оценке результатов учитывали продолжительность операции, госпитализации, наличие послеоперационных осложнений и возникновение рецидивов грыжи. Кроме того, изучали качество жизни больных с помощью опросника MOS SF-36 до операции, в 1-е и 7-е сутки после операции. На 7-е сутки послеоперационного периода выполнялось УЗИ тканей области хирургического вмешательства.

Для статистической обработки полученных данных использовались методы вариационной статистики в программах «MS Excel 2007» и «SPSS, версии 19.0». Описательная статистика для качественных признаков представлена в виде процентных долей и их стандартных ошибок, для количественных – в виде средних арифметических (М) и стандартных отклонений средних (σ), медиан (Ме) и перцентилей (P_{25}, P_{75}). Критерий Шапиро-Уилка использовался для определения характера распределения признаков в группах. Для определения статистической значимости различий качественных показателей использовался критерий χ^2 Пирсона. Для сравнения количественных переменных использовались непараметрические критерии Краскела-Уолеса (при множественных сравнениях) и Манна-Уитни (для парных сравнениях). Различия оценивались как статистически значимые при p<0,05.

Результаты.

В 1 серии эксперимента у животных произошло прорезывание швов и отторжение имплантата в 17 случаях из 30 (56,7±9,0%, p<0,001 относительно 2 и 3 серии). Воспаление в области послеоперационного шва и расхождение краёв послеоперационной раны выявлено в 23 случаях (76,7±7,7%), воспаление прилегающих тканей в области имплантата в 29 случаях (96,7±3,3%) из 30. Различия статистически значимые в сравнении со 2 и 3 серией (p<0,001). У животных 2 серии на некропсии: имплантат полностью деградировал на 10-е сутки эксперимента, и не было зафиксировано воспалительных осложнений, связанных с имплантацией коллаген-хитозанового комплекса. В 3 серии (КХП+ПСЭ) случаев было (p<0,001 относительно 1 серии). При некропсии наблюдалось прорастание имплантата соединительной тканью.

При анализе результатов морфометрического исследования выявлено, что миграцию тех или иных клеток во многом определяют особенности структуры антигена (имплантата). На 3-е сутки у животных 2 серии важной предпосылкой для развития грануляций явилась миграция в область имплантации КХП нейтрофильных гранулоцитов, моноцитов/макрофагов (Nvф=7,7±1,03). Пик их миграции совпал с началом деградации КХП на 3-е сутки после операции, что соответствует появлению признаков краевой эпителизации: пролиферация фибробластов, появление коллагеновых волокон 3-го и 4-го типа. На 7-е сутки происходило образование грануляционной ткани и появление коллагена 1-го типа и эластических волокон (Vvэв=7,7±1,03). Полная субституция КХП наблюдалась на 10 сутки эксперимента с появлением молодой соединительной ткани, которая характеризовалась увеличением удельной доли волокнистого (эластические и коллагеновые волокна) и сосудистых компонентов. Клеточный компонент был представлен в основном фибробластами, малочисленными макрофагами и лимфоцитами (табл. 1).

ПСЭ у животных 1 серии индуцировал мобилизацию лимфоцитов (преимущественно Т-клеток) и в меньшей степени макрофагов, пик миграции которых совпадал со сроками отторжения эндопротеза. На 3-ти сутки зафиксировано выраженное образование капилляров (Nvc=17,5±1,4) в сравнении с 7-ми, 10-ми, 28-ми и 90-ми сутками эксперимента (p<0,05). Миграция фибробластов (Nvф=6,8±1,2) с образованием коллагеновых волокон 3-го типа происходила медленно. После окончания эксперимента установлено, что заживление раны произошло с формированием грубоволокнистой соединительной ткани, содержащей большое количество коллагеновых волокон и сосудов микроциркуляторного русла (Nvc=4,2±1,2), а также значительное число фибробластов (Nvф=9,2±1,2) с выраженной синтетической активностью (табл. 1).

В 3 серии эксперимента на 3-е сутки зафиксирована индуцированная коллаген-хитозаном миграция ПЯЛ и макрофагов в ПСЭ и КХП, последние, прикрепляясь к внеклеточному матриксу, трансформировались в воспалительные и репаративные клетки, тем самым стимулировали заживление и создавали условия для неоваскуляризации. Одновременно с активацией макрофагов, синтезирующих коллаген 1-го типа, активировались фибробласты (Nvф=19,3±1,4), синтезирующие коллаген 3-го типа, эластические волокна (Vvэв=5,7±1,4), протеогликаны. Формировалась широкая зона молодой соединительной ткани с большим количеством сосудов микроциркуляции (Nvc=25,1±1,6), формировался временный матрикс (табл. 1).

На 7-е сутки происходила частичная деградация КХП, уменьшение числа коллагеновых волокон 3-го типа с созреванием их в зрелые коллагеновые волокна. На 10-е сутки наблюдения удовлетворительная фагоцитарная активность фибробластов, сопровождаемая адекватной репарацией, способствовала образованию зрелой соединительной ткани, содержащей зрелые коллагеновые и эластические волокона (Vvэв=19,33±1,5). Клеточный компонент был представлен в основном фибробластами (Nvф=9,5±2,07), малочисленными макрофагами и лимфоцитами (табл. 1). В основе этого процесса – сбалансированная деградация коллагена, которая предотвращает образование грубой соединительной ткани. На 90-е сутки эксперимента происходила полная эпителизация раны за счёт коллагеновых волокон 1-го типа и эластических волокон (Vvэв=36,8±1,7, p=0,002).

Морфометрические параметры препаратов у животных 1 и 2 серий эксперимента различались, на 7-е сутки происходило статистически значимое увеличение Nvc у животных 2 серии в сравнении с 1 серией (p=0,002), а к 28-м суткам у животных 1 серии в сравнении со 2 серией (p=0,015). С 1-х суток наблюдения у животных второй серии отмечался активный синтез незрелой соединительной ткани с большим количеством эластических волокон и сосудов микроциркуляции, но по мере деградации имплантата он замедлялся. У животных 1 серии с 28-х по 90-е сутки наблюдения выявлено, что показатели Nvф и Vvэв существенно выше, чем во 2 серии, p_{90}=0,002 и p_{90}=0,009 соответственно (табл. 1). При сравнении морфометрических параметров 3 серии животных с показателями 1 и 2 серии, выявлены статистически значимые их отличия на протяжении всего эксперимента (p<0,05), за исключением: показателя Nvф на 28-х сутках – нет статистически значимого отличия в сравнении с показателем 2 серии (p=0,132), и показателя Nvc на 10-х и 90-х сутках в сравнении с показателем 1 серии (p>0,05). Таким образом, у животных 3 серии эксперимента высокая фагоцитарная активность фибробластов сопровождается адекватной репарацией с достаточно быстрым образованием зрелой соединительной ткани. При этом состав соединительной ткани у животных 3 серии отличается от показателей в 1 и 2 серии, за счет наличия высокой Vvэв, а также сбалансированной деградации коллагена, которая предотвращает образование выраженного фиброза и разрастание грубого соединительнотканного рубца.

Таблица №1

Результаты морфометрических исследований у животных 1-3 групп

Сутки	Показатель	n	№ группы, M± σ			p
			1	**2**	**3**	
3	Nvф	6	6,8±1,2	7,7±1,03	19,3±1,4	p_{1-2}=0,24 p_{1-3}=0,002* p_{2-3}=0,002*

	Nvc	6	17,5±1,4	19,0±2,4	25,2±1,6	$p_{1-2}=0,24$ $p_{1-3}=0,002^*$ $p_{2-3}=0,002^*$
	Vvэв	6	1,8±0,8	3,2±1,2	5,7±1,4	$p_{1-2}=0,065$ $p_{1-3}=0,002^*$ $p_{2-3}=0,009$
7	Nvф	6	5,8±1,2*	6,5±1,1*	11,2±1,7	$p_{1-2}=0,394$ $p_{1-3}=0,002^*$ $p_{2-3}=0,002^*$
	Nvc	6	8,2±2,0	21,8±1,7	28,7±1,8	$p_{1-2}=0,002^*$ $p_{1-3}=0,002^*$ $p_{2-3}=0,002^*$
	Vvэв	6	7,2±1,2	7,7±1,03	11,3±1,03	$p_{1-2}=0,485$ $p_{1-3}=0,002^*$ $p_{2-3}=0,002^*$
10	Nvф	6	6,7±1,0*	5,8±1,2	9,5±2,1	$p_{1-2}=0,24$ $p_{1-3}=0,015^*$ $p_{2-3}=0,004^*$
	Nvc	6	20,0±1,4	18,7±1,97*	21,2±1,2	$p_{1-2}=0,18$ $p_{1-3}=0,18$ $p_{2-3}=0,026^*$
	Vvэв	6	8,7±1,0	10,2±1,2	19,3±1,5	$p_{1-2}=0,065$ $p_{1-3}=0,002^*$ $p_{2-3}=0,002^*$
28	Nvф	6	12,5±1,4	10,7±1,03	9,3±1,5	$p_{1-2}=0,041^*$ $p_{1-3}=0,009^*$ $p_{2-3}=0,132$
	Nvc	6	8,7±1,0	6,7±1,03	10,8±1,2	$p_{1-2}=0,015^*$ $p_{1-3}=0,015^*$ $p_{2-3}=0,002^*$
	Vvэв	6	15,8±1,2	14,0±1,4	27,3±1,5	$p_{1-2}=0,041^*$ $p_{1-3}=0,002^*$ $p_{2-3}=0,002^*$
90	Nvф	6	9,2±1,2	3,7±1,03	7,0±1,4	$p_{1-2}=0,002^*$ $p_{1-3}=0,026^*$ $p_{2-3}=0,002^*$
	Nvc	6	4,2±1,2	3,0±1,7	4,3±1,03	$p_{1-2}=0,024^*$ $p_{1-3}=0,818$ $p_{2-3}=0,18$
	Vvэв	6	18,8±1,6	15,8±1,3	36,8±1,7	$p_{1-2}=0,009^*$ $p_{1-3}=0,002^*$ $p_{2-3}=0,002^*$

* - статистически значимые отличия p<0,05

Результаты клинических исследований

Средний возраст больных составил 55 ±8,7 лет. Большая часть оперированных – мужчины 49 (81,7±5%). У 41 больного (68,3±6%) диагностированы косые грыжи, у 19 (21,7±6%) – прямые. Пахово-мошоночные грыжи встречались в 5 (8,3±3,6%) случаях. У 6 больных (10±3,9%) грыжи были рецидивными.

Стоит отметить, что I и II группы пациентов были сравнимы по клиническим характеристикам грыж. При обследовании учитывались классификация по Nyhus и Schumpelick (Рисунок№1 и №2).

Рисунок №1. Распределение больных паховой грыжей по классификации Schumpelick

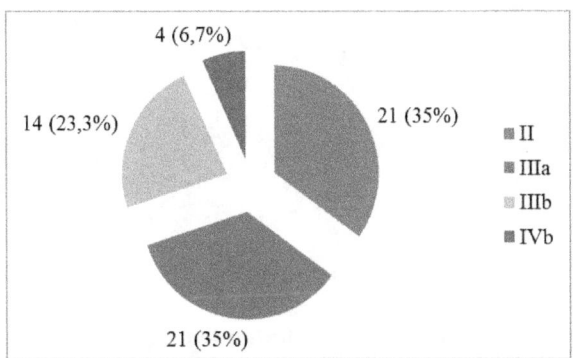

Рисунок №2. Распределение больных паховой грыжей по классификации Nyhus

Средняя продолжительность операции у больных 1 группы составила 24,5±5,7 минуты, второй – 26,9±4,7 минут. Конверсий не было. Рецидивов не зафиксировано. Достоверных различий по продолжительности операции в двух группах нет, а это означает, что добавление КХП не привело к увеличению времени операции (р>0,05)

Средний койко-день у больных I группы составил 2,8±0,4 дней, у пациентов II группы – 3,2±0,7 дней. Выполнение операций с использованием КХП не сопровождалось увеличением продолжительности пребывания больных в стационаре.

Ультразвуковое исследование области хирургического вмешательства, проведенное на 7 сутки после операции, выявило воспалительный инфильтрат и жидкостные образования, такие как клинически значимые и субклинические серомы. Под субклиническими серомами, мы подразумеваем серомы, выявленные на УЗИ, не проявлявшие себя клинически и не потребовавшие лечения.

Средняя толщина воспалительного инфильтрата у больных первой группы составила 1,2±0,3 см, второй группы – 0,9±0,3 см. Статистически значимых различий по толщине воспалительного инфильтрата не выявлено. В то же время при использовании комбинированного эндопротеза субклинические серомы возникали в реже (р=0,12).

Результаты исследования КЖ у больных I-II групп представлены на рисунке №3.

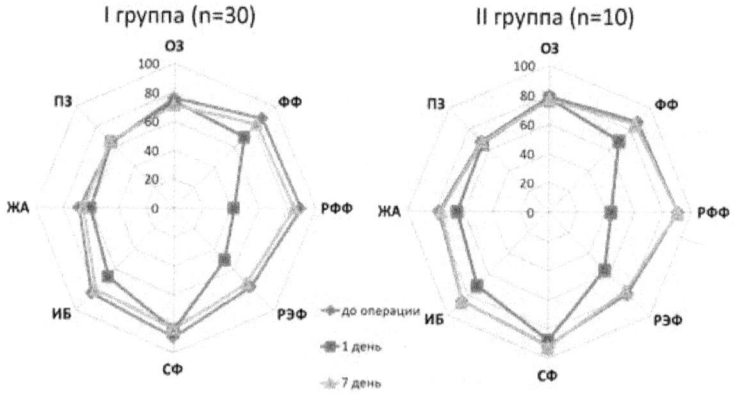

Рисунок №3. Качество жизни по опроснику SF-36 у больных I-II групп

(Примечание: Физическое функционирование (ФФ), ролевая деятельность (РФФ), телесная боль (ИБ), общее здоровье (ОЗ), жизненная активность (ЖА), социальное функционирование (СФ), эмоциональное состояние (РЭФ), психическое здоровье ПЗ)

Анализируя результаты, мы обнаружили, что статистически значимых различий по всем шкалам у больных I и II групп в 1 сутки после операции не выявлено. В обеих группах были существенно снижены все показатели как физического, так и душевного здоровья, за исключением психического здоровья.

На седьмые сутки после операции в обеих группах наблюдается повышение по всем шкалам, однако у пациентов II группы показатели КЖ статистически значимо выше (p=0,01) по сравнению с пациентами I группы, в среднем на 4,2% (за исключением, категории ПЗ).

Пациенты обеих групп были прооперированы с использованием эндовидеохирургического доступа, преимущества которого были показаны на большом количестве исследований и изложены в «Руководстве Европейского общества герниологов по лечению паховых грыж у взрослых пациентов». Это такие преимущества как снижение частоты развития раневой инфекции, образования гематом и более раннее возвращение к повседневной деятельности и к труду. В нашем исследовании мы также получили малое снижение показателей КЖ в обеих группах. Большинство исследователей считают, что возникновение рецидивов при правильной технике выполнения операции связано с наличием у пациента недифференцированной дисплазии соединительной ткани. С целью дальнейшего улучшения результатов лечения был разработан комбинированный эндопротез. В экспериментальной части исследования продемонстрировано более раннее формирование зрелой соединительной ткани. Клиническая часть исследования подтверждает результаты эксперимента. У пациентов прооперированных с использованием комбинированной конструкции была меньше толщина воспалительного инфильтрата и реже возникали серомы, а в связи с этим и выше качество жизни в послеоперационном периоде.

Выводы.

1. Реакция тканей на коллаген-хитозановую пластину характеризуется полной деградацией полимера с образованием зрелой соединительной ткани, состоящей преимущественно из коллагена 3 типа и эластических волокон.

2. Полипропиленовый эндопротез, придавая механическую прочность конструкции, совместно с коллаген-хитозановой пластиной, которая модулирует местную воспалительную реакцию, обеспечивают более раннее формирование зрелой соединительной ткани со сбалансированным качественным составом коллагеновых и эластических волокон.

3. При сравнении непосредственных результатов лечения больных паховой грыжей с помощью эндоскопической имплантации полипропиленового эндопротеза и комбинированной конструкции, содержащей пластину из коллаген-хитозана, отмечаются более благоприятные непосредственные результаты при применении комбинированной конструкции за счет модуляции воспалительной реакции тканей на эндопротез.

Список литературы

1. Борисов А. Е., Митин С. Е. Современные методы лечения паховых грыж // Вестн. хирургии им. И. И. Грекова. - 2006. - № 4. – С. 20-22.

2. Киреев А. А., Богданов Д. Ю., Алишихов Ш. А. Сравнительный анализ непосредственных и отдаленных результатов паховых аллогерниопластик // Эндоскоп. хирургия. - 2009. - № 4. - С. 6-13.

3. Оскретков В. И., Ганков В.А., Бубенчиков С.П. Протезирующая герниопластика паховых грыж // Эндоскоп. хирургия. – 2008. - №4. – С. 18-20

4. Совцов С. А., Пряхин А. И., Миляева О. Б. Лапароскопическая протезирующая герниопластика наружных грыж живота // Анналы хирургии. - 2008. - № 2. - С. 50-52.

5. Стрижелецкий. В. В., Рутенбург Г. М., Гуслев А. Б. Место эндовидеохирургических вмешательств в лечении паховых грыж // Вестн. хирургии им. И. И. Грекова. - 2006. - № 6. - С. 15-20.

6. Яковлев А. В., Маркелова Н. М., Шишацкая Е. И., Винник Ю. С. Лечение паховых грыж с использованием полипропиленовых сетчатых эндопротезов и эндопротезов с покрытием на основе полигидроксиалканоатов. // Сибирское медицинское обозрение -2010. - № 2. – С. 76-80.

7. Dedemadi G., Sgourakis G., Radtke A. Laparoscopic versus open mesh repair for recurrent inguinal hernia: a meta-analysis of outcomes // Am. J. Surg. – 2010. – V. 200, № 2. – P. 291-297.

8. Efem S. Laparoscopic versus Open Mesh (Lichtenstein) Repair of Inguinal Hernia: Current Status from Literature Review // World J. Laparoscopic Surg. – 2009. – V. 2, №3, P. 53-55.

9. Fegade S. Laparoscopic versus Open Repair of Inguinal Hernia // World J. Laparoscopic. Surg. – 2008. – V. 1, №1. – P. 41-48.

10. Smink D., Paquette I., Finlayson S. Utilization of laparoscopic and open inguinal hernia repair: a population-based analysis // J. Laparoendos. Adv. Surg. Tech. A. – 2009. – V. 19, №6. – P. 745-748.

Денисова Е.В. - к.б.н., доц., den_ev@mail.ru, **Супрунчук В.Е.** - магистр 2 к. специальности «Химия», **Пилипенко М.А.** - студент 6 к. специальности «Медицинская биохимия», **Кораблинова Н.В.** - студент 5 к. специальности «Медицинская биохимия», **Фофанова Д.Ю.** - студент 5 к. специальности «Медицинская биохимия» Институт живых систем ФГАОУ ВПО «Северо-Кавказский федеральный университет»

РАЗРАБОТКА МАТРИЦ ДЛЯ МЕДИЦИНСКИХ ПРЕПАРАТОВ НА ОСНОВЕ ПОЛИСАХАРИДОВ БУРЫХ ВОДОРОСЛЕЙ

Полисахариды представляют собой распространенную группу природных соединений, вызывающую интерес благодаря своим уникальным физическим, биохимическим и технологическим свойствам, использование которых открывает широкие перспективы в различных областях науки и жизни.

Современный прогресс в медицинской биотехнологии, развитии биоаналитических и терапевтических методов во многом обязан использованию новых полимерных носителей: сорбенты, микроносители, гели, гранулы, мембраны, пленки, липосомы и др [1, 7; 2, 10; 5, 206; 8, 184]. Указанные материалы весьма разнообразны по своим физическим и химическим свойствам, однако их объединяет между собой не только назначение, но и способность специфически взаимодействовать с биологическими молекулами и частицами при минимуме неспецифических взаимодействий, денатурации и цитотоксичности.

Создание медицинских материалов и препаратов со сниженной токсичностью и улучшенными фармакокинетическими свойствами невозможно без создания специальных матриц, взаимодействующих с биологическими объектами и обеспечивающих достижение поставленной задачи.

Полисахариды в наибольшей степени отвечают требованиям, предъявляемым к полимерным матрицам при создании физиологически активных полимеров. Они, как правило, не токсичны, не вызывают аллергических реакций, не накапливаются в организме. За последние десятилетия накоплено достаточно большое количество данных о противоопухолевых, антимикробных, противовирусных, фармакологических, антиоксидантных, антисептических, иммуномодулирующих, антитромбических и других свойств полисахаридов [3, 533; 4, 30].

Перспективными объектами для создания медицинских материалов являются фукоидан и ламинаран бурых водорослей. Они обладают биологической активностью, биодеградируемостью, отсутствием токсичности [6, 30; 7, 542]. Целью нашего исследования являлась разработка матриц на их основе. В соответствии с целью решались следующие задачи:

1. Выделить ламинаран и фукоидан из растительного материала.

2. Исследовать полученные образцы на способность образовывать нерастворимые соли с различными ионами металлов, а также на устойчивость осадков к изменению pH.

3. Оптимизировать технологию включения полисахарида в структуру полиакриламидного геля (ПААГ), выявить зависимость от pH, конечной концентрации и природы полисахарида. А также оптимизировать процесс гелеобразования полисахарида органическим модификатором SALCARE SC – 80.

4. Разработать методику получения полиэлектролитных микрочастиц на основе фукоидана. Исследовать влияние природы и концентрации действующего вещества на образование, размеры и стабильность микросистем.

5. Оптимизировать методику получения полиэлектролитных микрочастиц на основе фукоидана. Исследовать влияние природы и концентрации действующего вещества на образование, размеры и стабильность микросистем.

Результаты исследования могут представлять интерес для фармацевтов и врачей, занимающихся поиском новых форм лекарственных препаратов, обладающих заданными свойствами.

На первом этапе для извлечения суммы ламинаранов и фукоиданов высушенную и измельченную ламинарию подвергали фракционной экстракции. Низкомолекулярные вещества и пигменты извлекали трехкратной экстракцией смесью хлороформ – этанол – вода (2:4:1). Остаток водоросли обрабатывали 80% этанолом для извлечения фракции маннита. Далее с помощью 2% водного раствора хлорида кальция экстрагировали ламинаран и фукоидан А, остаток водоросли экстрагировали разбавленной соляной кислотой для извлечения фукоидана Б. Затем экстракцией 3% водным раствором соды получали смесь фукоидана В и альгината. Растворимые полисахариды выделяли из экстрактов диализом и лиофилизацией.

Для экстракции галактоманнана семена гледичии трехколючковой измельчили в ступке и экстрагировали водой при комнатной температуре при непрерывном перемешивании. Осадок отделяли, экстракт высушивали на песчаной бане при 140°. Получили препарат коричневого цвета с выходом 15% Содержание галактоманнана 85%.

Далее проводили исследование способности полученных полисахаридов образовывать осадки с ионами металлов, а также их стабильности при различных pH.

В 13 пробирок помещают по 1 мл водного раствора исследуемого полисахарида, добавляют 5 капель 3% раствора соли. Результаты представлены в таблице 1.

Таблица 1 – Растворимость солей полисахаридов

№ п/п	Соль	Образование осадков с полисахаридом		
		Ламинаран	Фукоидан А+Б	Фукоидан В
1	$MgSO_4$	±	–	–
2	$ZnSO_4$	+	–	±
3	$Co(NO_3)_2$	+	–	±
4	$Al_2(SO_4)_3$	+	–	–
5	$Cr_2(SO_4)_3$	+	–	±
6	$(CH_3COO)_2Pb$	+	+	+
7	$CuCl_2$	+	–	+
8	$FeSO_4$	+	±	+
9	$FeCl_3$	+	±	+
10	$CaCl_2$	+	–	±
11	$NiSO_4$	+	–	–
12	$BaCl_2$	+	+	+
13	$Bi(NO_3)_3$	±	–	–

Ламинаран образует нерастворимые соли со всеми ионами металлов, выбранных для исследования. Фукоидан А+Б – со свинцом, железом (II), железом (III) и барием. Фукоидан В – со всеми кроме магния, алюминия, никеля и висмута.

На следующем этапе исследования осадки солей полисахаридов испытывали на растворимость в кислой и щелочной средах. Результаты опытов представлены в таблицах 2-4.

Таблица 2 – Растворимость солей ламинарана в различных средах

№ п/п	pH	Соли ламинарана											
		Mg^{2+}	Zn^{2+}	Co^{2+}	Al^{3+}	Cr^{3+}	Pb^{2+}	Cu^{2+}	Fe^{2+}	Fe^{3+}	Ca^{2+}	Ni^{2+}	Ba^{2+}	Bi^{3+}
1	H^+	–	±	±	–	±	+	–	–	–	±	–	+	
2	OH^-	+	+	±	+	±	±	±	±	+	±	+	+	–

Таблица 3 – Растворимость солей фукоидана А+Б в различных средах

№ п/п	pH	Соли фукоидана А+Б			
		Pb^{2+}	Fe^{2+}	Fe^{3+}	Ba^{2+}
1	H^+	+	–	–	±
2	OH^-	±	±	+	+

Таблица 4 – Растворимость солей фукоидана В в различных средах

№ п/п	pH	Соли фукоидана В								
		Zn^{2+}	Co^{2+}	Cr^{3+}	Pb^{2+}	Cu^{2+}	Fe^{2+}	Fe^{3+}	Ca^{2+}	Ba^{2+}
1	H^+	–	–	±	+	±	+	+	±	–
2	OH^-	+	–	±	+	+	+	+	±	–

Растворимость солей ламинарана и фукоидана А+Б в кислой среде происходит лучше, чем в щелочной. У фукоидана В растворимость в обеих средах незначительна.

На следующем этапе исследования проведена высокомолекулярная модификация полимеров. Для этого нами созданы полимерные комплексы с использованием гелеобразователя SALCARE SC 80, а так же включение полисахаридов в трехмерную структуру полиакриламидного геля.

Для получения геля смешивали растворы в следующем соотношении: 30% раствор акриламида в 1% метиленбисакриламиде – 0,750 мл; раствор полисахарида – 2,2 мл; 10% раствор додецилсульфата натрия – 30 мкл; 10% раствор персульфата аммония – 30 мкл; ТЕМЕД – 3 мкл.

Одну пробу делали с исходным pH, вторую доводили до щелочной среды 10% раствором NaOH. Результаты показаны в таблице 5. Все гели заполимеризовались.

Таблица 5 – Зависимость времени гелеобразования от pH и природы полисахарида

Полисахарид	pH	Время гелеобразования, мин
Ламинаран	5	25
Ламинаран	11	34
Фукоидан А+Б	3	26
Фукоидан А+Б	10	32
Фукоидан В	4	25
Фукоидан В	12	35

Далее получали гели полисахаридов с использованием модификатора вязкости SALCARE SC 80 – загустителя, который обеспечивает прозрачность гелей и гидрогелей, используется в жидких мылах, шампунях, гелях для ванн и других прозрачных гелях. Для этого готовили 3% водный гель модификатора (pH=10). Смешивали 8 проб с различным соотношением геля SALCARE SC 80 и полисахаридов. Как видно из таблицы 6, заполимеризовались только пробы №1 и 4.

Таблица 6 – Модификация вязкости растворов полисахаридов

№ пробы	Полисахарид	Соотношение компонентов	Результат
1	Ламинаран	2:1	+
2	Ламинаран	1:1	–
3	Фукоидан А+Б	2:1	–
4	Фукоидан А+Б	1:1	+
5	Фукоидан В	2:1	–
6	Фукоидан В	1:1	–

Кроме того проведено получение липосомальных форм препаратов на основе нативного и модифицированного фукоидана. Химическая модификация по активному компоненту проведена путем периодатного окисления фукоидана, с образованием полисахаридальдегида, синтеза с N-нуклеофилом, в качестве которого использовался анилин и синтезом с малоновым эфиром, в результате которого в структуру полимера вводится карбоксильная группа.

На втором этапе осуществлялась оптимизация методики получения полиэлектролитных микрочастиц на основе фукоидана. За основу взяты два способа получения липосом. Первый основан на полимеризации водной эмульсии акриламида и бисметакриламида в гексане. Второй – на образование водной эмульсии ПАВ при pH 4,22.

Проведена модификация данных методик. Получены 8 липосомальных препаратов.

1 – образец, полученный по методике 1;

2 – полная замена акриламидного раствора на водный раствор фукоидана с использованием в качестве эмульгатора ПЭГ;

3, 4 – замена акриламидного раствора раствором фукоидана в соотношении 1:1 и 1:3 соответственно;

5, 6, 8 – образцы, образованные в результате замены акриламидного раствора на производные полисахарида, так в 5 произвели замену на полисахаридальдегид (ПА), 6 – на продукт, полученный в результате взаимодействия ПА с N-нуклеофилом, 8 – на производное, полученное в результате конденсации с малоновым эфиром.

7 – полная замена акриламидного раствора на водный раствор фукоидана с использованием в качестве эмульгатора циклометикона.

Полученные липосомальные препараты обладают разными размерами. Сравнив их друг с другом, получаем следующий размерный ряд.

$$8 > 1 > 3 > 6 > 2 > 5 > 4 > 7$$

Минимальными размерами характеризуются липосомы образца 8, максимальным – 7, представляющие собой тип везикул «капсула в капсуле» (рис.1).

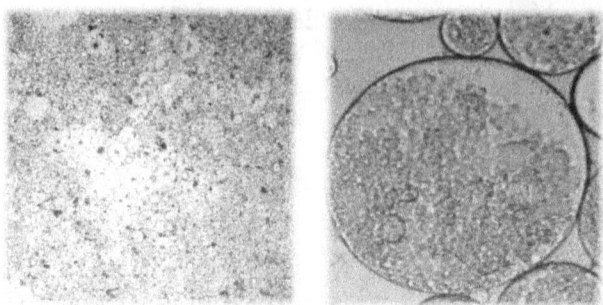

Липосомы 8   Липосомы 7
Рисунок 1 – Относительные размеры полученных липосом

Интересно, что на размер частиц влияет изменение концентрации фукоидана в системе, а именно с увеличением концентрации фукоидана в системе происходит уменьшение размера частиц.

На следующем этапе исследовали стабильность полученных липосом (рис.2).

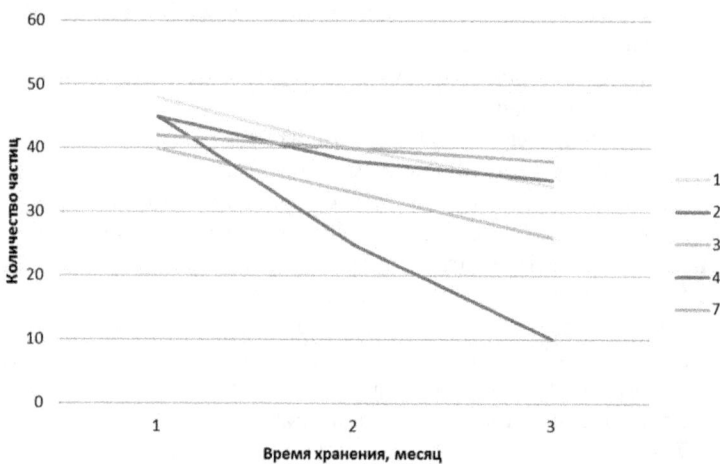

Рисунок 2 – Стабильность полученных липосомальных препаратов

Образцы 5,6,8 имели схожую устойчивость с образцом 2.

Установлено, что смешанные ПЭК полученные на основе полиакриламида и фукоидана в отдельности обладают приблизительно одинаковой устойчивостью во времени, но при их совместном использовании в разных соотношениях (1:1 и 1:3), стабильность уменьшается, что может свидетельствовать об отсутствии взаимодействий между полимерами. При этом 7 ПЭК обладают, несмотря на весьма большие размеры, большей устойчивостью.

Таким образом, ПЭК, полученные на основе фукоидана, обладают малым размером и достаточно высокой стабильностью во времени. А вот природа эмульгатора существенного влияния на устойчивость во времени и размеры микрочастиц не оказывает.

Список литературы

1. Кабанов, В.А. Полиэлектролитные комплексы в растворе и в конденсированной фазе // Успехи химии. – 2005. – Т.74, №1. – С. 5-23.
2. Красильникова, В.В. Алгоритм выбора наночастиц как носителей лекарственных субстанций: дис. канд. хим. наук. – М., 2009. – 106 с.
3. Кузнецова, Т.А., Беседнова, Н.Н., Мамаев, А.Н. и др. Антикоагулянтная активность фукоидана из бурой водоросли Охотского моря Fucus evanescens // Бюл. экспер. биол. – 2003. – Т. 136, №11. – С. 532-534.
4. Макаренкова, И.Д., Компанец, Г.Г., Беседнова, Н.Н. и др. Скрининг биополимеров из морских гидробионтов, влияющих на адсорбцию вируса Хантаан // Вопросы вирусологии. – 2007. – № 2. – С. 29-32.
5. Сливкин, А.И., Лапенко, В.Л., Болгов, А.А.. Синтез лекарственных аналогов хитозана // Вестник ВГУ. Серия: Химия. Биология. Фармация. – 2005. – № 2. – С. 205-208.
6. Berteao, O., Mullou, B. Sulfated fucans, fresh perspectives: structures, functions and biological properties of sulfated fucans and an overview of enzymes active toward this class of polysaccharide// Glycobiology. – 2003. – Vol. 13, №6. – P. 29-40.
7. Cumashi, A., Ushakova, N.A., Preobrazhenskaya, M.E. et al. A comparative study of the anti-inflammatory, anticoagulant, antiangiogenic, and antiadhesive activities of nine different fucoidans from brown seaweeds // Glycobiology. – 2007. – Vol.17, №5. – P. 541-552.
8. Mayya, S., Schoeler, B., Caruso, F. Preparation and organization of nanoscale polyalactrolyte-coated gold nanoparticles // Adv. Funct. Mater. – 2003. – V.13, №3. – P. 183-188.

Бессчастный Д.С., Газинский В.В., Гончаров И.С.
Иркутский государственный медицинский университет
Кафедра ортопедической стоматологии

МЕТОДЫ ДИАГНОСТИКИ ОККЛЮЗИОННЫХ ВЗАИМООТНОШЕНИЙ У ПАЦИЕНТОВ С ЗАБОЛЕВАНИЯМИ ВИСОЧНО-НИЖНЕЧЕЛЮСТНОГО СУСТАВА

Окклюзия — частный вид смыкания зубных рядов, означающий положение нижней челюсти, при котором то или иное количество зубов находится в контакте. Это всегда комплексное действие, с участием жевательных мышц, височно-нижнечелюстного сустава (ВНЧС) и зубных рядов. Данные литературы свидетельствуют о частом наличии тех или иных отклонений от нормальной окклюзии у больных с заболеваниями ВНЧС. Увеличение окклюзионной нагрузки приводят к многочисленным осложнениям. Клинически при осмотре зубного ряда обнаруживаются вертикальные трещины и сколы коронок; чувствительность и стираемость твердых тканей зубов; абфракционные дефекты и рецессия десны. Может наблюдаться патология ВНЧС, парафункция жевательных мышц, болевой синдром. В более тяжелых случаях возникают морфологические изменения в ВНЧС, что влечет за собой интенсивное стирание зубов . Совершенно очевидно, что диагностика травматической окклюзии является необходимым этапом обследования таких пациентов.

Термин «травматическая окклюзия» впервые предложил P. R. Stillman в 1919г. Для характеристики перегрузки периодонта существуют и другие определения: «травматическая артикуляция», «функциональный травматизм», «патологическая окклюзия», «функциональная травматическая перегрузка зубов» и др. Травматическая окклюзия — это патологическое состояние смыкания зубных рядов, при котором возникает гиперфункциональное напряжение отдельных зубов или группы зубов, приводящее к изменениям в тканях периодонта, мышечным дисфункциям, заболеваниям височно-нижнечелюстных суставов .

По механизму развития различают 3 вида травматической окклюзии : первичная, вторичная, комбинированная. Первичная травматическая окклюзия развивается на фоне непораженного (интактного) периодонта в результате действия чрезмерной по величине или необычной по направлению окклюзионной нагрузки. Характерными особенностями первичной травматической окклюзии являются: бессимптомность патологического процесса (связано с повреждением рецепторов периодонта и пульпы перегруженных зубов) и ограниченность зоны поражения зубного ряда.

Вторичная травматическая окклюзия возникает при заболеваниях периодонта вследствие ослабления опорных тканей зубов. В связи с этим, на оставшийся периодонт падает еще большая нагрузка, что усугубляет травму и ускоряет резорбцию костной ткани лунок. Под действием сил окклюзии эти зубы часто смещаются, поворачиваются по оси или выдвигаются из лунок.

Комбинированная травматическая окклюзия возникает при сочетании повышенной нагрузки с заболеваниями периодонта. При диагностике такой комбинированной формы заболевания возникают значительные трудности, так как имеются признаки первичной и вторичной травматической окклюзии.

По клиническому течению травматическая окклюзия бывает острая и хроническая. Вследствие нарушения окклюзии или при неравномерном истирании зубов возникают суперконтакты. Суперконтакт (преждевременный контакт) – окклюзионный контакт, блокирующий или нарушающий плавное движение нижней челюсти при достижении передней или боковой окклюзии. Суперконтакты блокируют плавные и скользящие движения нижней челюсти и вызывают перенапряжение мышц.

Методы обследования и диагностики окклюзии у пациентов должны быть простыми и доступными. Эти методы включают осмотр зубных рядов, определение вида прикуса, получение и анализ окклюдограмм, анализ диагностических моделей челюстей в артикуляторе, маркировку суперконтактов с помощью копировальной бумаги, метод аускультации. Исследование окклюзии должно быть частью полного обследования пациента при первичном обращении к врачу – стоматологу. Простейшим способом экспресс – диагностики является проверка плавного, скользящего движения нижней челюсти из положения центральной окклюзии в переднюю, правую и левую боковые окклюзии. Различают рабочую сторону, на которой осуществляется жевание или исследование, и балансирующую сторону – противоположную рабочей.

При определенных навыках преждевременные контакты зубов выявляются методом аускультации: смыкание зубных рядов, сопровождающееся глухим, раздвоенным звуком свидетельствует о наличии супраконтактов. Преждевременный окклюзионный контакт с последующим вынужденным смещением нижней челюсти в привычную окклюзию дает длинный и глухой окклюзионный звук. Данная ситуация является частой причиной постепенного развития окклюзионных нарушений и мышечно – суставной дисфункции.

Более точно суперконтакты выявляются на обзорных окклюдограммах. Окклюдограмма – это рельефный оттиск окклюзионных контактов зубных рядов на восковой пластине. Для получения окклюдограмм можно применять несколько способов:

интерпретировать окклюзионные отпечатки на бумаге, фольге, воске. Получение окклюдограмм и изучение окклюзионных взаимоотношений можно провести только в центральной окклюзии, но иногда этого недостаточно. Согласно данным литературы, разные авторы предлагали проводить диагностику окклюзии в различных положениях нижней челюсти. Ильина Л. П. рекомендует проводить пробу на наличие травматической артикуляции в центральной, передней и боковой окклюзиях. Каламкаров Х. А. предлагает анализировать преждевременные контакты и далее проводить избирательное пришлифовывание не только в статических, но и в динамических фазах, т.е. при экскурсии нижней челюсти. Методика Максимовой О. П. заключается в исследовании контактов между верхними и нижними зубами в 7 ключевых позициях: центральная окклюзия; антериальная (передняя) окклюзия; дистальная (задняя) окклюзия; боковое положение нижней челюсти на клыках (правая и левая сторона); накусывание на рабочую и нерабочую стороны.

Одним из методов получения окклюдограмм является регистрация отпечатков зубов на пластинках бюгельного воска размером, соответствующим размерам зубного ряда. Пластинку накладывают на зубной ряд, пациент плотно смыкает зубы в положении центральной окклюзии. Воск осторожно выводят из полости рта, промывают под проточной водой, анализируют при хорошем освещении (оценивают характер смыкания зубов на просвет). Супраконтакты выявляются как участки истонченного или перфорированного воска. Неудобством таких восковых окклюдограмм является то, что преждевременные контакты можно выявить только в положении центральной окклюзии и трудности их длительного хранения, т.к. необходимо сохранять первую и последнюю окклюдограммы.

Другой способ регистрации окклюзионных отпечатков – с помощью специальной окклюзионной бумаги подковообразной формы, с получением копии окклюдограммы на белой бумаге (авторская методика Максимовой О. П., 1983 г.). Данный способ наиболее удобен не только в качестве диагностического, но и в качестве юридического, поскольку такие копии (на бумаге) удобно хранить в стоматологической карте пациента долгое время, отражая динамику окклюзионного редактирования. Для получения окклюдограммы, подковообразная копировальная бумага дублируется слоем обычной белой тонкой бумаги невысокой гигроскопичности, после чего накладывается на нижний зубной ряд таким образом, чтобы копировальная бумага располагалась сверху. Затем предлагают пациенту сомкнуть зубы в том или ином положении, извлекают отпечаток и оценивают его. Непосредственно после получения окклюдограмм происходит их интерпретация, исходя из норм смыкания зубных рядов. На следующем этапе диагностики окклюзионных взаимоотношений необходимо провести маркировку суперконтактов с помощью копировальной бумаги непосредственно на твердых тканях зубов и оценить их.

Наиболее эффективно использование копировальной бумаги различной толщины (от 200 до 8 мкм). Известно, что суммарная площадь всех окклюзионных контактов составляет 4 мм² (цит. по [9]). Если рассчитать площадь окклюзионного контакта на каждый зуб, то мы получим ничтожно маленькую цифру, которая может быть сравнима с острием иглы. Для того чтобы выявить самую точную локализацию этой точки, рекомендуется применять двухфазный метод проверки окклюзии с помощью бумаги 200 мкм и 8 мкм, предложенный Bausch. На первом этапе происходит проверка окклюзии артикуляционной бумагой толщиной 200 мкм с нарастающей интенсивностью цвета. Получают цветные четко видимые отпечатки, значительной площади и хорошего качества даже на влажных и труднодоступных поверхностях зубов. На втором этапе пользуются контрастной тонкой бумагой или фольгой толщиной 8 мкм, которая надежно окрашивает «эпицентры» окклюзионных отпечатков и передает истинные, отчетливо видимые окклюзионные контакты. Преждевременные контакты становятся моментально четко видимыми и могут быть целенаправленно устранены.

Во время оценки окклюзионных контактов на твердых тканях зубов следует учитывать некоторые морфологические и функциональные особенности окклюзионной поверхности зубов, а также знать нормы смыкания и уметь интерпретировать патологию. Эти знания помогут при дальнейшем окклюзионном редактировании.

Окклюзионная поверхность естественных зубов – часть поверхности зуба от вершин бугорков до самого глубокого участка центральной фиссуры. Бугры зубов – основной элемент окклюзионной поверхности, они подразделяются на опорные (основные, удерживающие), и направляющие (неопорные, «защитные»). Опорные бугры раздавливают пищу, определяют характер перемещений нижней челюсти в пределах окклюзионного поля, перераспределяют жевательные силы таким образом, чтобы основная жевательная нагрузка была по оси зуба. К ним относятся щечные бугры нижних и небные бугры верхних жевательных зубов. Направляющие – язычные бугры нижних и щечные бугры верхних жевательных зубов. По мнению некоторых авторов, они не должны иметь контакта с зубами – антагонистами. Функции этих бугров сводятся к: разделению пищи, создания на своих скатах скользящих поверхностей для антагонистов при артикуляции, защите языка и щек от попадания между зубами.

Правильные окклюзионные контакты соответствуют окклюзионной схеме «бугорок – краевой гребень», поскольку в норме именно такая схема окклюзии встречается чаще всего. Подобная схема позволяет идеально распределить окклюзионную нагрузку и обеспечить стабильность зуба. Резцы и клыки являются наиболее фронтально расположенными зубами. Они определяют фронтальную направляющую при протрузионных и боковых движениях нижней челюсти. С помощью реставраций, избирательного пришлифовывания, ортодонтического лечения стоматолог может осуществлять непосредственный контроль над этой важной составляющей окклюзии. Любая модификация морфологических особенностей этих зубов может изменить фронтальную направляющую и крайне негативно сказаться на состоянии окклюзионных поверхностей боковых зубов.

Контакты фронтальных зубов определяют характер движений нижней челюсти. Это, в свою очередь, влияет на расположение и высоту бугорков, глубину и направление бороздок реставрации в области боковых зубов. Чем больше вертикальное перекрытие передних зубов, тем длиннее могут быть бугорки жевательных зубов, и наоборот. Чем больше горизонтальное перекрытие передних зубов, тем короче должны быть бугорки дистальных зубов, при меньшем горизонтальном перекрытии бугорки могут быть длиннее. В норме, окклюзионные контакты на верхних резцах выглядят в виде пунктира, находятся на небной поверхности, приблизительно на 1/3 длины коронки от режущего края. На нижних резцах окклюзионные контакты располагаются по режущему краю, также в виде пунктира. Верхние клыки имеют единичный контакт на небной поверхности, расположенный на медиально – аппроксимальном валике. Окклюзионный контакт клыка нижней челюсти находится на вестибулярной поверхности, дистальнее, относительно оси зуба . На премолярах и молярах должны быть точечные (не плоскостные) множественные, равномерные контакты. Это самая благоприятная для функции жевания форма окклюзии. В норме на жевательных зубах может быть несколько групп окклюзионных контактов. Они делятся на первичные и вторичные. Первичные – контакты, которые легче всего получить, или предпочтительные контакты (искл.: первый верхний премоляр) . В идеале, окклюзионная поверхность должна иметь все контакты (как первичные, так и вторичные), характерные для данного зуба. Следует избегать одиночных контактов, размещенных на скатах бугров, поскольку это может привести к смещению зуба. Краевые гребни также не имеют достаточно места для оптимального количества окклюзионных контактов. На окклюзионной поверхности жевательных зубов следует стремиться получить, по меньшей мере, две или три группы контактов. Одна группа располагается вокруг вершин опорных бугров, вторая – вокруг центральной фиссуры, третья – на аппроксимальных валиках. Безупречно проведенный этап диагностики окклюзионных взаимоотношений и тщательно выверенные контакты обеспечивают четкую дифференцировку нормы от патологии (суперконтактов), что облегчает последующее окклюзионное редактирование. С точки зрения современных гнатологических принципов функциональное оформление окклюзионных поверхностей зубов не должно являться проблемой, благодаря совершенствованию методов регистрации окклюзии.

Литература:

1. Аболмасов Н. Г. Ортопедическая стоматология. М.: МЕДпресс-Информ, 2007. – 496 с.

2. Антоник М. Клинический функциональный анализ зубочелюстной системы. // Дент Арт. – 2006. - №4.- С. 70 – 74.

3. Баранникова И.А. Избирательное пришлифовывание зубов в комплексной терапии заболеваний периодонта: (Лекция). М.: 1992. – 14 с.

4. Величко Л. С. Профилактика и лечение артикуляционной перегрузки парадонта. Минск, Беларусь, 1985. – 141с.

5. Гросс М. Д, Мэтьюс Дж. Д. Нормализация окклюзии. М.: Медицина, 1986. – 287 с.

5. Ильина Л.П. Травматическая артикуляция: диагностика и лечение в условиях пародонтологического кабинета: учеб. пособие для врачей – слушателей. Ленинград: ЛенГИДУВ, 1989.- 12с.

7. Каламкаров Х. А. Избранные лекции по ортопедической стоматологии: Рук. для врачей / Х. А. Каламкаров; М.: МИА, 2003. 59с.

8. Клинеберг И., Джагер Р. Окклюзия и клиническая практика. М.:МЕДпресс-информ, 2006. – 200с.

9. Максимова О. П. Окклюзионное редактирование реставрируемых зубов. // Клиническая стоматология.- 2002. - №1. – с. 22-24.

10. Наумович С. А. Избирательное пришлифовывание зубов при заболеваниях периодонта: Учеб.- метод. пособие / С. А. Наумович, Ю. И. Коцюра, В. В. Пискур и др. – Мн.: БГМУ, 2002. – 11с.

11. Новиков В. Окклюзия в реставрации зубов. // Дент Арт. – 2003. - №3. – С. 35-40.

12. Трофимова Е. К. Окклюзия и ее роль в развитии периодонтита. // Стоматологический журнал. – Минск. – 2007. - №1. стр. 25-27

13. Хватова В. А. // Новое в стоматологии. – 1999. - № 1. С. 13 – 27.

14. Шиллинбург Г. Восковое моделирование окклюзионных поверхностей зубов. М.,2004.

15. Bausch J. Средства для проверки артикуляции и окклюзии. Кельн, 2007.

Газинский В.В., Гончаров И.С., Бессчастный Д.С.
Иркутский государственный медицинский университет
Кафедра ортопедической стоматологии

ВЛИЯНИЕ СИНДРОМА ДИСФУНКЦИИ ВИСОЧНО-НИЖНЕЧЕЛЮСТНОГО СУСТАВА НА КАЧЕСТВО ЖИЗНИ ПАЦИЕНТОВ

В последние годы все шире применяется нетрадиционный подход к оценке эффективности медицинской помощи при различных заболеваниях, основанный на оценке качества жизни, в том числе связанного со здоровьем, методы его оценки активно изучаются и экспериментально апробируются во многих экономически развитых странах (В.В.Гришин с соавт., 1995; Torrange G.W., 1987; Fletcher A., et al, 1992).

Группа экспертов ВОЗ определяет качество жизни как "способ жизни в результате комбинированного воздействия факторов, влияющих на здоровье, счастье, включая индивидуальное благополучие в окружающей среде, удовлетворительную работу и образование, социальный успех, а также свободу, возможность свободных действий, справедливость и отсутствие какого-либо угнетения" (Recht P., 1981). Для синдрома дисфункции ВНЧС характерно не только многообразие причин и клинических проявлений, но и наличие последствий заболевания, снижающих качество жизни человека.

Основной проблемой здесь является измерение "качества жизни", поскольку трудно разработать приемлемые всеми критерии и единицы измерения (Kind P., 1990). Критерии могут разниться от симптомов заболевания до наличия боли и потери сознания, от побочных эффектов медикаментов до семейных отношений и работоспособности .

С целью оценки качества жизни используется так называемая "полезность", которая подразумевает величину специфического уровня состояния здоровья (или его улучшения). Она может быть измерена предпочтениями отдельных людей по отношению к любому конкретному набору "исходов заболевания". Все это необходимо учитывать при оценке эффективности медицинской помощи (Drummond M.F., Stoddart G.L., 1985).

При оценке эффективности медицинской помощи в зависимости от методологии применяются самые разнообразные критерии. В абсолютном большинстве случаев, считает Я.С.Миндлин с соавторами (1991), основным критерием качества и эффективности медицинской помощи следует считать динамику заболевания.

Вместе с тем, на необходимость осторожного использования таких привычных "критериев", как, "выздоровление" или "улучшение" указывает Б.Г.Веденко (1989), при этом, по мнению автора, нивелируются индивидуальные особенности течения заболевания и организма пациента, что можно считать вполне обоснованным.

М.Д.Дубовик и А.П.Постричев (1990) в качестве критерия эффективности медицинской помощи предлагают использовать величину отклонения индивидуального срока оказания медицинской помощи от нормативного (среднестатистического) его значения, то есть длительности лечения. На наш взгляд, данный подход нельзя считать объективным, поскольку здесь опять-таки не учитываются индивидуальные особенности пациента и его исходное состояние, более того средняя длительность лечения дисфункции ВНЧС так и не установлена.

Для установления возможной причинной связи между результативностью лечения необходим учет ряда факторов, среди которых необходимо оценивать разницу между базовым состоянием здоровья пациента и состоянием после медицинского вмешательства для внесения корректив с учетом меняющихся уровней тяжести заболеваний среди пациентов. В данном случае наиболее четкими индикатором подобной динамики будут являться показатели качества жизни пациентов.

По мнению Н.Н.Мизулина (1997) состояние здоровья человека, в том числе стоматологического, зависит как от самого человека (уровня его развития, культуры), так и от уровня развития общества в целом. Исходя из этого, выявляются два направления формирования здорового человека. Первое - "обучение" здоровью, формирование культуры здоровья (медицинской культуры) каждого гражданина. Второе - создание благоприятных социально-экономических, политических, экологических, нравственных и иных условий для повышения уровня здоровья всего населения.

Требуют расширения исследования процесс приспособляемости организма к новым условиям, физиологического обоснования режима труда, разработки мероприятий профилактики заболеваний, связанных с большим количеством элементарных, повторяющихся в быстром темпе движений, которые по нашему мнению в большом количестве имеют место у больных с синдромом дисфункции ВНЧС. Клиническая картина синдрома дисфункции ВНЧС включает в себя большое количество признаков. Одним из первых симптомов являются звуковые явления в ВНЧС, болевые ощущения в ВНЧС, челюстно-лицевой области, мышцах шеи и пояса верхней конечности и плеча, ограниченное открывание рта. Часто многообразие клинических проявлений синдрома дисфункции не позволяет врачу поставить правильный диагноз. Это обусловливает необходимость проведения полного комплексного обследования пациентов с привлечением врачей специалистов различного профиля, не следует ограничивать границы обследования только одной зубочелюстно-лицевой системой. Кроме того, при анализе литературы не удалось выявить ведущие факторы, обусловливающие возникновение и течение синдрома дисфункции ВНЧС. Также приходится констатировать, что до сих пор не разработано четкой этиологической концепции, возможно во многом связанной с социальными факторами.

Лишь отдельными авторами затрагивались аспекты взаимосвязи качества жизни человека с состоянием зубочелюстной системы, в большей степени с состоянием зубов и функцией жевания (Леонтьев В.К., 2000). Автор рассматривает взаимосвязь качества жизни с тремя основными функциями зубов: фактор обеспечения качества питания, эстетическая функция, символ благополучия и указывает на то, что концепция взаимосвязи высокого качества жизни и здоровых зубов должна стать идеологической основой в работе каждого стоматолога с пациентами, коллективом, обществом.

Анализ доступной литературы показывают, что до настоящего времени не сформировалось единой концепции этиологических и патогенетических факторов возникновения синдрома дисфункции ВНЧС. Это обуславливает отсутствие единой методологии диагностики и лечения данного заболевания. Изобилие данных об этиологии дисфункции ВНЧС еще раз подтверждают, что до настоящего времени так и не сформировалось единого мнения об наиболее значимых факторах, определяющих возникновение данной патологии, которую справедливо относят к полиэтиологичной. Подобная ситуация во многом усложняет как лечение, так и реабилитацию пациентов с синдромом дисфункции ВНЧС. Вместе с тем становится актуальным определить какую роль играют факторы поведения, условий и образа жизни пациентов в возникновении внутрисуставных расстройств, так как знание последних позволило бы внести определенную ясность в повседневную практику врача-стоматолога. Не маловажное значении при этом имеет оценка качества жизни данных пациентов.

Данные о качестве жизни, полученные до лечения, могут дать врачу ценную информацию о динамике развития заболевания и его исходе и, таким образом, помочь в выборе правильной программы лечения. Оценка качества жизни как прогностического фактора может быть полезна при выборе стратегии индивидуального лечения больного и может явиться основой реабилитационных программ, контроля качества оказанной медицинской помощи.

СПИСОК ИСПОЛЬЗУЕМОЙ ЛИТЕРАТУРЫ:

1.   Вакуленко В.И., Голуб Г.Б., Подпругин А.Л. Комплексное лечение больных с патологией височно-нижнечелюстного сустава// Врожденная патология лицевого скелета. Патология височно-нижнечелюстного сустава: Сб. науч. тр. – М., 1989. –С.112-114.

2.   Гришин В.В., Киселев А.А., Кардашев В.Л. и др. Контроль оказания медицинской помощи в условиях медицинского страхования в ведущих странах мира: Аналитический обзор по данным зарубежной печати. - М.,1995. - С.31.

3.   Дубовик М.В., Постричев А.П. Опыт построения критерия эффективности процесса оказания медицинской помощи// Модели-рование и управление здравоохранением. - М.,1990.-С.243-249.

4.   Леонтьев В.К. Здоровые зубы и качество жизни // Стоматология. – 2000. - №5. – С.10-13.

5.   Мизулин Н.И. Социально-философские аспекты проблемы здоровья// Актуальные вопросы соц.медицины и организации здравоохранения.- Астрахань, 1997. - С.288-290.

6.   Миндлин Я.С., Калмыков А.А., Утенков А.В. Больные хроническими заболеваниями: образ жизни, состояние здоровья, профилактика и организация медицинской помощи. - М., 1991. - 208с.

7.   Drummond M.F., Stoddart G.L. World Health Stat.Quart. 1985. - Vol.38.-P.355-367.

8.   Kind P. Measuring Valuation fore health states: Asurvey of patient in General practice. Centre for health Economics, Healthy Economics Consotium. University of York. Discussion Paper 76. November 1990. - 40p.

9.   Recht P. Les multeples facettes du probleme Sante-Environment//Proceeding of the scientific Bases for Environtemental Regulatory Actions. - France:Evrg, 1981, CEC,EHR,7952.

10.   Fletcher A., Gore S., Jones D. et al. Quality of life measures in health care II: Design, analysis and interpretation//BMJ. - 1992. -VOL.305,7 nov.-P.1145-1148.

11.   Torrance G.W. Utility approach to measuring health-related quality of life//J.Chronic.Dis. - 1987.-Vol40. -P.593-600.

Уланкина А.В.
старший преподаватель, кандидат биологических наук,
Московский государственный университет им. М. В. Ломоносова

СОДЕРЖАНИЕ СВИНЦА В ПОЧВАХ И ДОЖДЕВЫХ ЧЕРВЯХ ЗАВИДОВСКОГО ЗАПОВЕДНИКА

Высокая миграционная активность свинца в атмосфере способствует поступлению его в водные экосистемы и почвы, оказывает негативное влияние на жизнедеятельность многих видов живых организмов. Территории заповедников, которые изъяты из хозяйственного использования, могут служить фоновыми объектами с концентрациями металла близкими к природным, так как основным источником поступления свинца в них является атмосферный перенос.

Ранее была установлена зависимость содержания свинца в органах и тканях живых организмов от концентрации металла в почвах [4,43; 7,159; 9,49; 10,1304; 11,103]. Эти результаты свидетельствуют о возможности поступления свинца в живые организмы с пищей. В связи с этим, целью наших исследований было определение концентрации свинца в верхних горизонтах почвы и обитающих в них земляных червях рода Lumbricus.

Отбор образцов почв проводился на территории Московской и Тверской областей в Завидовском заповеднике в июле 2012 года. Объектами исследования были дерново-подзолистые почвы, сформированные на территории заповедника и земляные черви, обитающие в этих почвах. Отбор образцов и червей производился в нескольких биотопах, а именно – разнотравно-злаковом лугу с примесью осок, березняке, ельнике и ольшанике. На каждом участке отбора проб производилось взятие почвенных образцов из гумусо-аккумулятивного и дернового горизонта. Отбор дождевых червей производился из верхних 25-30 см почвенного профиля, только половозрелых особей. Всего было отобрано 60 особей.

Чтобы кишечник червей очистился от содержащейся в нем почвы, на 24 часа они помещались в стеклянные стаканы с влажной фильтровальной бумагой. После чего черви в течение 7 дней высушивались на открытом воздухе до сухого состояния. Подготовка почвы к анализам осуществлялась по общепринятой методике [2,400]. Почвенные образцы были проанализированы в 5 повторностях на содержание органического углерода по методу Тюрина [5,272]. Перед началом анализа тело червей делилось на 3 части. Определение содержания свинца во всех образцах проводилось методом атомной-абсорбции на спектрометре с электротермической атомизацией и Зеемановской коррекцией неселективного поглощения «МГА-915МД».

Математическая обработка результатов анализа включала в себя вычисление средних арифметических содержания свинца, коэффициента корреляции показывающего зависимость между содержанием свинца в почве и теле земляных червей. Все расчеты проводились по общепринятым формулам математической статистики [3,320]. Для статистической обработки результатов использовалась программа Statgraphics Plus 5.0.

В каждом из исследуемых биотопов сформировались свои специфические типы почв, отличающиеся как по морфологическим признакам, так и по содержанию углерода и свинца (табл. 1). Наиболее насыщенными органическим веществом являются почвы луга, отличающиеся от всех остальных наличием мощного дернового горизонта. В почвах ольшаника и березняка этот показатель варьирует в пределах 1,59-2,06 %. В дерново-подзолистой почве ельника содержание углерода в гумусовом горизонте составляет 1,75 %, снижаясь до 0,98 % в эллювиально-аккумулятивном горизонте.

Таблица 1.

Содержание углерода и концентрация свинца в исследуемых почвах

Биотоп	Почва	Горизонт	C, %	Pb, мг/ кг
Луг	Аллювиальная	$A_Д$	2,56	10,7
	дерново-луговая почва	A_1	1,72	9,2
Березняк	Дерново-подзолистая	A_1	2,01	7,5
	на тяжёлом суглинке	$A_1 A_2$	1,59	5,3
Ельник	Дерново-подзолистая	A_1	1,75	7,8
	песчаная	$A_1 A_2$	0,98	5,9
Ольшаник	Дерново-подзолистая	A_1	2,06	8,2
	супесчаная	$A_1 A_2$	1,81	6,7

Максимальные концентрации свинца отмечаются в верхних дерновых и гумусовых горизонтах всех почв, достигая своего максимума в дерновом горизонте аллювиальной дерново-луговой почвы. В гумусовом и эллювиально-аккумулятивном горизонтах всех представленных почв содержание металла уменьшается, достигая минимальных значений в почвах березняка.

Также установлено, что свинец в теле червей распределён равномерно (рис. 1). Минимальные концентрации отмечены в передней части тела червей 2,1±0,3 мг/кг. Большие концентрации установлены для заднего конца тела (2,6 ±0,3). Максимальное содержание зарегистрировано в центральной части тела дождевых червей (3,9±0,3). Разница в концентрациях свинца в различных частях тела червей является статистически достоверной.

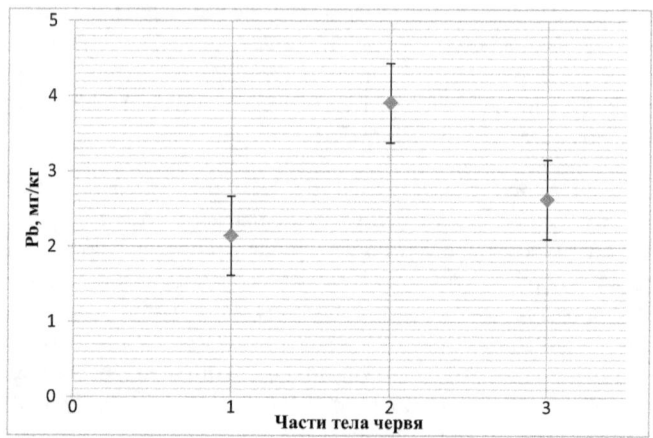

Рис. 1. Распределение свинца в частях тела червя: 1- передняя часть, 2 – средняя часть, 3 – задняя часть.

Длина тела всех червей варьировала от 5 до 12 см. Средняя величина особей составила 7,4 см. Статистически достоверной зависимости между длиной червя и концентрацией свинца в теле не установлено.

Концентрация свинца в теле дождевых червей различна для червей из разных биотопов. Так, например, максимальное среднее содержание металла зарегистрировано в червях, обитающих в аллювиальной дерново-луговой почве луга (3,8 мг/кг). Меньшие концентрации свинца установлены для червей из почв ольшаника и березняка (2,3 мг/кг и 2,7 мг/кг соответственно) и ельника (1,9 мг/кг).

Отмеченное нами неравномерное распределение свинца в теле червей ранее в литературе не упоминалось. Вероятно, повышенное содержание этого металла в средней и задней частях тела, по сравнению с передней, связано с наличием специфической кишечной микрофлоры, которая потенциально может аккумулировать свинец.

Концентрация свинца во всех изученных нами почвах ниже или равна установленному кларку для почв [1,480; 6,22; 8,35]. В целом, во всех почвах заповедника содержание свинца ниже, чем в окружающих почвах этих районов.

ВЫВОДЫ

Содержание свинца в организмах земляных червей рода Lumbricus определяется типом биотопа, в котором они обитают.

Максимальное содержание свинца наблюдается в червях лугового биотопа, который характеризуется повышенными концентрациями металла в дерновом и гумусовом горизонтах по отношению к почвам других биотопов. Пониженное содержание свинца в гумусовом и эллювиально-аккумулятивном горизонтах может свидетельствовать о поступлении металла в организм червей преимущественно из лесной подстилки.

Свинец в организме червей распределён не равномерно. Наименьшие концентрации металла наблюдается в передней части тела червя. В средней и задней частях червей концентрация свинца выше.

СПИСОК ЛИТЕРАТУРЫ

1. Войткевич Г. В., Кокин А. В., Мирошников А. Е., Прохоров В. Г. Справочник по геохимии. – М.: Недра, 1990, с. 480.
2. Воробьева Л. А. Теория и практика химического анализа почв. – М.: ГЕОС, 2006, с. 400.
3. Дмитриев Е. А. Математическая статистика в почвоведении. – М.: МГУ, 1995, с. 320.
4. Кузьмина Л. Р. Вестник Астраханского государственного технического университета, 2007, вып. № 3, с. 43-47.
5. Орлов Д. С., Гришина Л. А. Практикум по химии гумуса. – М.: МГУ, 1981, с. 272.
6. Пат. № 22258926 Способы токсического действия химических веществ на органы и ткани рыб. // Каниева Н. А., Аюпова А. К./ ФИПС.- М., 2005, с. 22.
7. Покаржевский А. Д. Геохимическая экология наземных животных. – М.: Наука, 1985, с. 159.
8. СанПиН 2.1.7.2014-06 «Предельно допустимые концентрации (ПДК) химических веществ в почве», с. 35.
9. Davies N. A., Hodson M. E. and Blanck S. Is the OECD acute worm toxicity test environmentally relevant? The effect of mineral form on calculated land toxicity. Environmental Pollution, 2003, 121: 49-54.
10. Ernst G., Mercury, cadmium and lead concentrations in different ecophysiological groups of earthworms in forest soils. / G. Ernst [et al.] // Environmental Pollution. – 2008, № 156, p. 1304-1313.
11. Murata T., Kanao-Koshikawa M., Takamatsu T., Effect of Pb, Cu, Sb, Zn and Ag contamination on the proliferation of soil bacterial colonies, soil dehydrogenase activity, and phospholipid fatty acid profiles of soil microbial communities // Water, Air and Soil Pollution, 2005, vol. 164, p. 103-118.

Демидова П.М.
Национальный минерально-сырьевой университет "Горный", кандидат технических наук, ассистент кафедры инженерной геодезии
Снытко А.М.
Национальный минерально-сырьевой университет "Горный", студент V курса

АНАЛИЗ ПРИМЕНЕНИЯ МЕТОДОВ МАТЕМАТИЧЕСКОЙ СТАТИСТИКИ ДЛЯ КАДАСТРОВОЙ ОЦЕНКИ ЗЕМЕЛЬ НАСЕЛЕННЫХ ПУНКТОВ НА ПРИМЕРЕ Г. ВСЕВОЛОЖСКА

В настоящее время в Российской Федерации массовую кадастровую оценку земель населенных пунктов с видом разрешенного использования – для индивидуального жилищного строительства (ИЖС) осуществляют на основе методов построения регрессионных зависимостей значений кадастровой стоимости от значений ценообразующих факторов [5]. Чтобы убедиться в корректности применения данного подхода, в рамках исследования была проведена кадастровая оценка земель города Всеволожска по принятой в 2007 году методике. В качестве объекта исследования был выбран именно этот населенный пункт, так как он является типичным представителем категории средних и малых городов.

Для целей исследования была составлена выборка из 61 земельного участка с известной рыночной ценой. Вид разрешенного использования – для ИЖС.

В ходе анализа информации о городе Всеволожске был составлен перечень ценообразующих факторов:

1. Наличие магистрального газоснабжения;
2. Наличие водопровода;
3. Наличие канализации;
4. Расстояние до Санкт-Петербурга;
5. Расстояние до ближайшей железнодорожной станций;
6. Близость к зонам рекреации;
7. Расстояние до водоема;
8. Расстояние до трассы А128;
9. Расстояние до ближайшей остановки общественного транспорта;
10. Расстояние до супермаркета;
11. Расстояние до школы;
12. Расстояние до детского сада;
13. Удаленность от промышленной зоны;
14. Престижность территории.

Исходные данные представлены в табл. 1.

Таблица 1

Исходные данные

№	Кадастро-вый номер квартала	Рыночная цена, руб./кв.м	Наличие газопровода (1-есть, 0-нет)	Наличие водопровода (1-есть, 0-нет)	Наличие канализации (1-есть, 0-нет)	Расстояние до Санкт-Петербурга, км	Расстояние до ближайшей ж/д станции, км	Близость к зонам рекреации, км	Расстояние до водоема, км	Расстояние до трассы А128, км	Расстояние до ближайшей остановки, км	Расстояние до супермаркета, км	Расстояние до школы, км	Расстояние до детского сада, км	Удаленность от промзоны, км	Престижность территории (1-да, 0-нет)
		y	x_1	x_2	x_3	x_4	x_5	x_6	x_7	x_8	x_9	x_{10}	x_{11}	x_{12}	x_{13}	x_{14}
1	47:07:13020	3444	1	1	0	11,0	0,85	1,05	0,52	3,48	0,35	1,79	1,62	1,13	6,29	0
								...								
53	47:07:09570	2200	1	1	0	16,7	3,28	1,19	1,72	7,48	2,19	3,32	3,17	1,96	2,79	0
								...								
61	47:07:13021	3100	1	1	0	15,4	3,01	0,49	1,51	6,41	0,55	2,31	2,51	1,31	5,15	0

Процедура формирования выборки рыночных цен не может гарантировать ее однородности, поэтому на начальном этапе была проведена проверка гипотезы о нормальном распределении выборочных данных. Подтверждение гипотезы нормальности выборочных данных о ценах аналогов требуется для корректного применения корреляционно-регрессионных методов при определении стоимости объекта оценки с учетом отличий его от аналогов по одному или нескольким влияющим факторам. Известно, что наличие оптимальных свойств у метода наименьших квадратов, применяемого при построении регрессионных зависимостей, тесно связано с нормальностью распределения выборки рыночных цен.

Исследование на нормальность распределения проводилось при помощи критерия χ^2 («хи–квадрат»), что обусловлено достаточным объемом выборки (более 50 элементов). При использовании критерия χ^2 выдвигается гипотеза H_0: выборочные данные получены из генеральной совокупности с известным законом распределения, альтернативной гипотезой является H_1: выборочные данные получены из генеральной совокупности с другим законом распределения.

При проверке гипотезы H_0 о предполагаемом нормальном законе распределения неизвестного распределения генеральной совокупности, из которой получена выборка с использованием встроенных функций Excel, выяснилось, что $\chi^2 = 6{,}886$, а $\chi^2_{крит} = 7{,}815$, что говорит о справедливости гипотезы H_0. Значит гипотезу H_1 необходимо отвергнуть. Следовательно, гипотеза нормальности распределения выборочных данных цены земельных участков под ИЖС в г. Всеволожске подтверждается (рис.1).

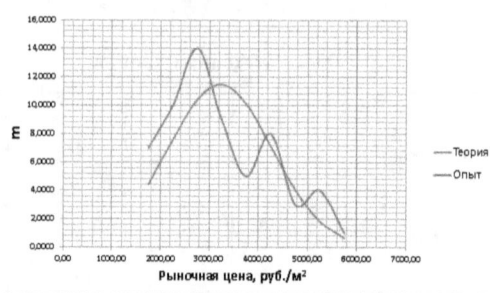

Рис.1. Проверка гипотезы о нормальном законе распределения

Еще одним условием построения корректной регрессионной модели является условие линейной независимости факторов. Если это условие нарушается, т.е. если один из факторов может быть выражен через несколько других, то говорят что, существует полная коллинеарность. На практике полная коллинеарность встречается редко, гораздо чаще встречается ситуация, когда между факторами наблюдается высокая степень корреляции, и тогда говорят о наличии мультиколлинеарности факторов [4].

Для определения наличия мультиколлинеарности в данных была построена матрица парных линейных коэффициентов корреляции, для ее составления использовалась надстройка Excel «Анализ данных – Корреляция» (рис. 2).

	y	x1	x2	x3	x4	x5	x6	x7	x8	x9	x10	x11	x12	x13	x14
y	1														
x1	0,45	1													
x2	0,79	0,32	1												
x3	0,78	0,17	0,53	1											
x4	0,27	0,26	0,43	0,19	1										
x5	-0,46	-0,46	-0,19	-0,26	0,24	1									
x6	-0,70	-0,31	-0,68	-0,52	-0,40	0,19	1								
x7	-0,33	-0,09	-0,29	-0,20	0,34	0,46	0,28	1							
x8	0,26	0,40	0,42	0,17	0,92	0,20	-0,46	0,28	1						
x9	-0,48	-0,12	-0,36	-0,31	0,31	0,49	0,28	0,36	0,35	1					
x10	-0,22	0,07	0,04	-0,19	0,69	0,63	0,00	0,51	0,73	0,71	1				
x11	-0,41	-0,02	-0,19	-0,38	0,51	0,51	0,08	0,50	0,49	0,62	0,73	1			
x12	-0,53	-0,12	-0,32	-0,42	0,30	0,43	0,38	0,49	0,29	0,61	0,69	0,63	1		
x13	-0,32	-0,31	-0,40	-0,25	-0,94	-0,07	0,30	-0,29	-0,87	-0,29	-0,62	-0,41	-0,26	1	
x14	0,80	0,18	0,55	0,95	0,19	-0,28	-0,51	-0,26	0,17	-0,31	-0,21	-0,43	-0,46	-0,26	1

Рис.2. Матрица парных линейных коэффициентов корреляции

Значения коэффициентов линейной парной корреляции некоторых факторов высоки (больше 0,7), т.е. эти факторы явно коллинеарны (находятся между собой в линейной зависимости). Из двух явно коллинеарных факторов уравнения регрессии рекомендуется один исключить. Предпочтение при этом отдается тому фактору, который при достаточно тесной связи с результатом имеет наименьшую тесноту связи с другими факторами.

В результате анализа данных выяснилось, что построение модели необходимо выполнять методом включения – это пошаговый отбор переменных. Для данных целей была выбрана программа SPSS Statistics 17.0, в результате была построена модель и получены коэффициенты регрессии по отобранным переменным (табл. 2).

Таблица 2

Коэффициенты регрессии по пяти переменным

Переменные	Коэффициенты
Y - пересечение	2741,013
x_1	445,323
x_2	779,831
x_5	-161,152
x_6	-223,877
x_{14}	1118,801

Расчетное уравнение представлено формулой (1):

$$y = 2741,013 + 445,323x_1 + 779,831x_2 - 161,152x_5 - 223,877x_6 + 1118,801x_{14}, \qquad (1)$$

где y – удельный показатель кадастровой стоимости, руб./кв.м; x_1 – наличие газопровода (1-есть, 2-нет); x_2 – наличие водопровода (1-есть, 2-нет); x_5 – расстояние до ближайшей ж/д станции, км; x_6 – близость к зонам рекреации, км; x_{14} – престижность территории (1-да, 2-нет).

Уравнение (1) описывает зависимость стоимости земельного участка от влияющих на него факторов, и может быть использовано для определения удельных показателей кадастровой стоимости (УПКС) земельных участков города Всеволожска с видом разрешенного использования – для ИЖС. Все коэффициенты при неизвестных в нем значимы и коэффициент детерминации R^2 равен 0,88.

Минимальное значение ошибки аппроксимации для данного уравнения равно 0,4%; максимальное – 44,1%; среднее – 8,9%. О хорошем качестве полученной модели можно говорить при ошибке аппроксимации от 10% до 12% [2].

Достаточно большое значение ошибки аппроксимации в некоторых точках (40-44%) говорит о плохом качестве модели, это связано с тем, что предметом анализа математической статистики являются случайные величины, использование которых предполагает выполнение следующих условий:

1) должна быть хотя бы теоретическая возможность бесконечного повторения испытаний (реализаций) в результате которых случайная величина приобретает численные значения;

2) результат каждого из испытаний должен быть независим от результатов всех других испытаний [1].

В статье "Обоснование применения геостатистического метода интерполирования исходных данных для массовой кадастровой оценки земель населенных пунктов на примере г. Всеволожска" доказано существование пространственной автокореляции в исследуемых данных, что опровергает гипотезу о независимости рыночных цен земельных участков, на основании чего предлагается использовать более приемлемый, в данных условиях, геостатистический метод интерполяции: ординарный кригинг с применением сферической модели полувариограммы [3]. При исользовании данного подхода точность полученных результатов увеличивается в 13 раз.

Список литературы

1. Демьянов, В.В. Геостатистика: теория и практика / В.В. Демьянов, Е.А. Савельева – М.: Наука - 2010.-327 с.

2. Елисеева, И.И. Эконометрика: учебное пособие / И.И. Елисеева. – М.: Финансы и статистика, 2001. – 344 с.

3. Киселев В.А., Снытко А.М. Обоснование применения геостатистического метода интерполирования исходных данных для массовой кадастровой оценки земель населенных пунктов на примере г. Всеволожска [Электронный ресурс] // «Инженерный вестник Дона», 2013, №3. – Режим доступа: http://ivdon.ru/magazine/archive/n3y2013/1797 (доступ свободный) – Загл. с экрана. – Яз. рус.

4. Магнус Я.Р. Эконометрика. Начальный курс. Учебное пособие. / Я.Р. Магнус, П.К. Катышев, А.А. Пересецкий - М.: Дело - 2004. - 576 с.

5. Об утверждении методических указаний по государственной кадастровой оценке земель населенных пунктов: Приказ Министерства экономического развития и торговли Российской Федерации от 15.02.2007 №39.-М.: Минэкономразвития Российской Федерации, 2007 (ред. от 11.01.2011).

Сайгушев Н.Я.
доктор педагогических наук, профессор Магнитогорского
технического университета им. Г.И. Носова
nikolay74rus@mail.ru

РЕФЛЕКСИВНО-ПИКТОГРАФИЧЕСКИЕ ПЕДАГОГИЧЕСКИЕ ЗАДАЧИ

В настоящее время остро встала проблема разработки нестандартных задач, которые были бы вне времени, были бы актуальны безотносительно социально-политического состояния общества и которые могли бы понимать все студенты независимо от языковой принадлежности. В этом плане особый интерес представляет конструирование таких специальных задач, путем решения которых можно было бы способствовать росту процесса профессионального становления будущего учителя, актуализировать коллективную мыследеятельность студентов, задействовать витагенный опыт будущего учителя, дать им возможность представить себе то или иное педагогическое явление, мысленно поставить себя в положение воспитанника и воспитателя, выразить свою самость.

Наше исследование показало, что процесс профессиональной подготовки студентов будет протекать успешнее, если с будущими учителями мы будем моделировать такие педагогические задачи:

- которые составляются самими студентами и отражают структуру профессионально-педагогической деятельности будущих специалистов;

- где будущий учитель сможет отразить профессиональные способности и реализовать свой профессиональный интерес;

- когда студент чувствует значимость своей деятельности, что составленные им модели задач успешно помогают студентам других факультетов в подготовке к предстоящей деятельности;

- если они будут способствовать отражению рефлексивности самой педагогической деятельности;

- если эти задачи будут способствовать рефлексивным продвижениям будущего учителя.

В то же время следует констатировать, что в педагогической литературе практически отсутствуют задачи, которые были бы разработаны и составлены самими будущими учителями и были бы использованы при подготовке к предстоящей педагогической деятельности. Наше исследование показало, что задачи, составленные самими студентами под нашим руководством, способствовали осознанию ими своей будущей профессионально-педагогической деятельности и видению себя в этой деятельности, помогли представить учебно-воспитательную ситуацию, себя и ученика в этой ситуации.

Поэтому мы считаем, что системообразующим компонентом технологии процесса профессиональной подготовки будущего учителя являются составленные самими студентами разнообразные социальные ситуативные психолого-педагогические задачи с широким спектром содержания учебно-воспитательной деятельности.

В нашей опытно-экспериментальной работе мы практиковали моделирование подобных задач со студентами. Эти задачи нами были названы рефлексивно-пиктографическими педагогическими задачами. Они изданы в сборнике задач по пиктографической педагогике[1].

Таким образом, педагогические категории, предметы, действия, события, явления, идеи мы пишем рисунками и изображаем задачи рисунками. Ибо считаем, что с «рисуночной» педагогикой каждый встречается ежедневно в жизни. В наших рисунках присутствует очевидное значение, но педагогическая интерпретация никогда не может быть однозначной или определенной. Будущие учителя, дополняя их своим пониманием, раскрывают их смысл.

Таким образом, мы считаем правомерным название задач, составленных будущими учителями, рефлексивными. Это подтверждается и нашими исследованиями. В нашей работе студентам экспериментальной группы задавался вопрос: «Откуда Вы брали материал для составления задач, которые рисовались вами?». Нами были получены такие ответы:

88,9 % студентов ответили, что нарисованные ситуации брались из школьной жизни, из своей школы, из личной жизни, участниками которых мы были или переживали эти события с классом;

8,3 % студента ответили, что ситуации когда-то видели в кинофильмах, в телепередаче «Ералаш», из книг, которые читали;

2,8 % студентов ответили, что подсказали родители, работающие в школе, а мы их интерпретировали.

Итак, составляя задачи, студенты в основном обращались к апперцепции, переосмысливали прошлую предметно-чувственную деятельность и, осознавая ее, переносили уже на бумагу, отражая будущую профессионально-педагогическую деятельность.

Эти задачи составляются самими студентами художественно-графического факультета под нашим руководством. Задачи моделируют всевозможный спектр ситуаций, возникающих в практике учебно-воспитательной работы учителя, родителей и общественности, и используются в процессе подготовки будущих педагогов в качестве средства для отработки тех или иных качеств, умений. Педагогические задачи изложены языком рисунка и графики. Рисунки символически раскрывают педагогические понятия и педагогические ситуации.

Выбор и формулировка педагогических задач должны отвечать определенным критериям, определяющим этот выбор. В педагогической литературе существуют такие критерии [2]. Это:

- функциональная направленность учебной педагогической задачи;
- степень проблемности учебных педагогических задач;

- характер содержания учебной педагогической задачи .

Принимая эти критерии за основу составления рефлексивно-пиктографических педагогических задач, мы, в свою очередь, уточняем их, добавляем и свои критерии:

- профессионально-педагогическая направленность рефлексивной пиктографической задачи;

- отражение в рефлексивной пиктографической задаче противоречия педагогической ситуации;

- выражение степени проблемности педагогической ситуации в рефлексивной пиктографической задаче;

- соответствие содержания рефлексивно-пиктографической задачи процессам школьного и социального развития;

- наглядность представляемой педагогической задачи;

- профессионально грамотно выполненный рисунок (нарисованная задача).

Анализ и осмысление вышесказанного с педагогической позиции о задачах показывает, что в решении рефлексивно-пиктографических педагогических задач могут возникать различные ситуации. Составленные задачи состоят из педагогических ситуаций, а интерпретация последних каждым студентом может воссоздать через свое видение рисуночного текста «свою» ситуацию.

В частности, возможны репродуктивные ситуации, требующие от будущего учителя применение известного алгоритма, способа, приема деятельности. Возможны и творческие ситуации.

Опытно-экспериментальная работа показала, что ценность наших ситуаций-иллюстраций заключается в стремлении студентов художественно-графического факультета в использовании профессиональных умений сохранить естественность ситуаций, и в их умении найти, поставить и отразить в них проблему, и в проявлении неотрывности педагогического мышления студентов от их практической деятельности.

Нам представляется важным в вузе создавать для студента и ставить его в такую ситуацию, где бы он смог показать себя в разрешении педагогического противоречия путем полученных знаний и умений, что показало бы степень его профессионального становления. В наших рефлексивно-пиктографических педагогических задачах, выраженных в ситуативных иллюстрациях, дается проблемная ситуация в виде разнообразных не повторяющихся (с частным) набором исходных данных, что отражается в рисунке.

С этой целью рефлексивно-пиктографические задачи были проанализированы и прошли экспертную оценку. В качестве экспертов выступили студенты заочного отделения художественно-графического факультета Магнитогорского государственного университета, стаж работы которых в школе составил от пяти до пятнадцати лет. Экспертами был проанализирован «Сборник задач по пиктографической педагогике»[1], составленный под нашим руководством со студентами экспериментальной группы.

На вопрос: Понятно ли экспертной группе условие задачи, которое изображено рисунками студентов? Были получены такие данные: 87,5 % экспертов отметили – да, понятно; 12,5 % отметили – понятно, но мы в некоторых задачах усматривали двойное условие, которые можно решать и по первому условию и по второму условию.

На вопрос: Доступна ли, отраженная педагогическая ситуация в задаче решению, все эксперты ответили утвердительно – 100 %.

На вопрос: Есть ли проблема в задачах, 100 % ответили - да, студентам удалось проблему задачи передать рисунком.

В ответе на вопрос: Может ли экспертная группа сформулировать проблему, обозначенную в задаче, эксперты были тоже единодушны. Анализируя рефлексивно-пиктографические задачи, экспертная группа отметила, что задачи, составленные студентами экспериментальной группы, содержат в себе визуальную проблему, обозначенную рисуночной ситуацией.

На вопрос: Сколько вариантов решения вы усматриваете в представленных студентами рисуночных педагогических ситуациях? Нами были получены следующие ответы – все члены экспертной группы единодушно – 100 % отметили, что представленные студентами рисуночные педагогические ситуации имеют несколько способов решения поставленной проблемы.

Составленные рефлексивно-пиктографические педагогические задачи наглядны и просты для восприятия будущих учителей. Это ситуации «здесь» и «сейчас». При решении задачи студенту нет необходимости удерживать ее в уме, она постоянно перед его глазами в отличие от тех задач, которые даются в различных сборниках задач по педагогике, которые к тому же еще и морально устарели.

Таким образом, в процессе профессиональной подготовки студентов в вузе мы должны уделять достаточно внимания развитию педагогического рефлексирующего ума, формируя тем самым рефлексивно направленный ум на профессионально-педагогическую деятельность.

Литература

1. Сайгушев Н.Я. Сборник задач по пиктографической педагогике: учебное пособие для студентов педагогических учебных заведений - Магнитогорск: МГПИ, 1998. - 60с

2. Симонов В.П. Диагностика личности и профессионального мастерства преподавателя: Учеб. пособие для студентов педвуза, учителей и слушателей ФПК. - М.: Межд. пед. акад., 1995. С. 57-62.

Анненкова С.В., Батыркаев Р.Р., Корепанова Ю.А., Паначев В.Д.

д.социол.н., проф., академик МАНПО, РАЕ, зав. каф. физ. культуры, Пермский национальный исследовательский политехнический университет

panachev@pstu.ru

ФИЗИЧЕСКОЕ ВОСПИТАНИЕ В СОВРЕМЕННОМ УНИВЕРСИТЕТЕ

Для научного исследователя очевидна тесная связь между системой образования и жизнью общества, его социальными институтами, государственными организациями и учреждениями, заинтересованными в сохранении и нормальном функционировании всех сфер жизни общества. Именно система образования, в том числе и высшая школа, обеспечивает преемственность культуры и приобщает подрастающие поколения к знаниям, нормам и ценностям общества [6, с.6]. Каково же реальное состояние физического воспитания в настоящее время в мировом сообществе и у нас, в России? Основная характеристика социума конца 20 – начала 21 веков – это кризис. Об этом много говорят и много пишут, особенно после трагических событий на Украине [1, с. 10]. В результате в настоящее время в нашей стране в состоянии кризиса оказались все основные сферы государственной жизни – промышленность и сельское хозяйство, наука и образование, армия, правоохранительная система, культура, здравоохранение, общественная мораль, геополитическая сфера и пр. По некоторым данным, численность работников сферы образования составляет около 9 %, занятых в экономике (примерно 5,9 миллиона человек). Подавляющее большинство из них (81% в целом по отрасли) женщины [5, с.6]. По охваченному пространству и времени – это самый широкомасштабный социальный институт страны. Базовым показателем человеческого потенциала принято считать здоровье населения [4, с.5].

Сегодняшний человек, учитывая имеющиеся данные, не вправе считать себя образованным, если он не освоил основ культуры здоровья. Культуру здоровья определяет, прежде всего, умение жить, не вредя своему организму, а принося ему пользу. В последнее время большое внимание привлекает концепция физического воспитания, системно объединяющего общее, профессиональное и дополнительное образование в сочетании с здоровьеформирующими технологиями.

Физическое воспитание, по мнению авторов, есть составная часть общего образования – процесс формирования физической культуры личности. Основной целью физического воспитания студентов является формирование физической культуры как неотъемлемого компонента всестороннего развития личности [3 с.6]. Развивая, интерпретируя и дополняя целевую значимость в направлении физкультурно-оздоровительной деятельности, необходимо подчеркнуть, что здесь важно уделить особое внимание формированию у студентов способности направленного использования разнообразных средств физической культуры для сохранения и укрепления своего здоровья, а также психофизической готовности к профессиональной деятельности. Результат данного вида образования – компетентность студентов в области оздоровительной физической культуры. Образовательный аспект физической культуры особенно актуален для студентов вузов. Это связано с тем, что, во-первых, для осуществления продуктивной профессиональной деятельности в ближайшем будущем им самим необходимо иметь высокий уровень соматического здоровья. Во-вторых, будущим бакалаврам, специалистам и магистрам однозначно придётся уделять внимание сохранению и укреплению здоровья работников в трудовых коллективах, которые они будут возглавлять после получения диплома.

Особенностью модульной технологии физического воспитания является совместная физкультурно-оздоровительная деятельность студентов и преподавателей по двум направлениям: на академических занятиях, а также внеаудиторная физкультурно-оздоровительная работа. Содержание учебного материала также имеет двойную направленность: формирование у студентов знаний, умений и навыков в области физической культуры и практическое их применение в социально-профессиональной деятельности. Как показывает практика, физкультурная компетентность студентов в большей степени формируется в процессе методико-практических занятий, основная цель которых – операциональное овладение методами и способами самостоятельной физкультурно-оздоровительной деятельности для достижения учебных, профессиональных и жизненных целей. Формированию мотивации к занятиям может способствовать целесообразное, с точки зрения методики, построение учебного процесса. Здесь важно учитывать исходные показатели физической подготовленности, функциональные возможности основных систем организма и степень готовности студентов к физкультурно-оздоровительной деятельности. Принимая во внимание негативное отношение к физической культуре большей части студентов-первокурсников, на первом этапе пристальное внимание необходимо уделять пропаганде значения физической культуры как основного средства в формировании функциональных резервов организма, устранения физических недостатков, повышения устойчивости организма к неблагоприятным воздействиям окружающей среды и т.д. Физическое воспитание способствует формированию положительной мотивации к обучению, адекватной оценки достижений и других личностно и социально значимых качеств. Учебная деятельность приобретает личностный смысл, студенты становятся активными субъектами образования.

Литература

1. Десневская Л.Б. Факторы развития высшего образования в условиях кризиса // Совет ректоров. 2008. № 6. С. 10.

2. Добрынина В.И., Добрынин В.В. Вузы России: реальность и перспективы // Alma mater: Вестник высшей школы. 2009. № 6. С. 4.

3. Загревская А.И., Шилько В.Г. Концептуальные основы физкультурного образования студентов с ослабленным здоровьем на основе модульного обучения // Теория и практика физической культуры . 2010. № 10. С. 6.

4. Кочеткова А., Захарова Н. Современный российский человеческий потенциал: социокультурный подход // Alma mater: Вестник высшей школы. 2006. № 11. С. 5.

5. Рыжаков М.В., Кузнецов А.А. Российская система образования: состояние и перспективы //Стандарты и мониторинг в образовании. 2006. № 6. С. 6.

Илюшина Н.С.
аспирант кафедры Педагогики и психологии профессионального
образования ФГБОУ ВПО «Башкирский государственный педагогический
университет им. М.Акмуллы»
Амирова Л.А.
д.п.н., профессор кафедры Педагогики и психологии
профессионального образования
ФГБОУ ВПО «Башкирский государственный педагогический
университет им. М.Акмуллы»

АНАЛИЗ СТУДЕНЧЕСКОГО СПРОСА НА ПРОГРАММЫ ДОПОЛНИТЕЛЬНОГО ОБРАЗОВАНИЯ

Проблема подготовки педагогических кадров для системы общего образования в России на сегодняшний день весьма актуальна [1]. С 1 января 2015 года вступит в силу профессиональный стандарт педагога, согласно которому все учителя, независимо от преподаваемого предмета, должны владеть формами и методами обучения, выходящими за рамки предметного обучения и непосредственного программного материала (проектная деятельность, лабораторные эксперименты, полевая практика и т.п.), уметь работать с детьми с особыми потребностями в образовании, а также быть способным продуктивно организовывать различные виды внеурочной деятельности: игровую, учебно-исследовательскую, художественно-продуктивную, культурно-досуговую и т.д. [2]. Но в российской системе педагогического образования традиционно так сложилось, что основные образовательные программы подготовки учителей-предметников акцентируют внимание на профильных предметах, для формирования перечисленных умений и способностей в учебном плане время не выделено.

Профессиональный стандарт в настоящее время приобретает статус нормативно-оценочного документа, и в ближайшем будущем на его основе будет производиться отбор кадров на работу в школу, а так же аттестация учителей, оценивание результатов их работы [3]. При этом и высшая педагогическая школа, и студенты педагогических вузов оказывается в сложной ситуации: необходимо снять противоречие между достигнутым образовательным уровнем тех выпускников, которые завершили этап профессионального образования и требованиями работодателей (требования профессионального стандарта). По сути дела, речь идет о коррекции набора профессиональных компетенций педагога общего образования, которую можно осуществить с помощью организационно-методического потенциала системы дополнительного профессионального образования [4, 259].

Проанализировав спрос рынка труда на кадры с педагогическим образованием, учебные планы по УГС 050000 и профессиональный стандарт педагога, мы разработали перечень программ дополнительного профессионального образования для корректировки профессиональных компетенций и образовательных траекторий студентов. В этот перечень вошли программы: организатор-экскурсовод, специалист дистанционного обучения, аниматор, репетитор, воспитатель детского мини-сада, проектный менеджмент в социальной сфере, основы тьюторского сопровождения, домашнее обучение, работа с подростком-девиантом, режиссура детских представлений и праздников, мастерство публичного выступления, организация исследовательской работы учащихся, модератор профессиональной виртуальной среды, педагогическая конфликтология, event-менеджмент в сфере образования. Данный перечень был представлен на голосование со следующей формулировкой: «Какую образовательную программу (дополнительно к основной специальности, получаемой на данный момент) Вы бы хотели освоить?» (рис. 1).

Рисунок 1. Результаты голосования

По результатам проведенного опроса был проведен экспресс-анализ и сформулированы следующие выводы:

• программа «Мастерство публичного выступления» лидирует, за нее проголосовало 39 человек. Данная программа формирует и развивает навыки и умения, которые являются базовыми для педагога и являются основой педагогического мастерства. Умения и навыки, полученные при освоении программы, являются универсальными и могут быть востребованы в любой общественной профессии.

• программы «Режиссура детских представлений и праздников», «Репетитор» и «Организатор-экскурсовод» набрали по 20, 21 и 19 голосов соответственно. Обучение по данным программам позволяет студентам быть востребованными не только в стенах школы, но и иметь подработку по профессии во время студенчества.

• программа «Домашнее обучение» осталась невостребованной в студенческой среде. При этом, няни и гувернеры достаточно востребованы социумом, предпочтение отдается людям, имеющим педагогическое образование. Данный факт свидетельствует о неосведомленности студентов о положении дел на рынке труда. Многие студенты начинают задумываться об источнике заработка только по окончанию вуза и склонны выбирать вакансии и профессии, традиционно считающиеся престижными (юристы, экономисты, банковские служащие и др.).

• остальные программы набрали от 3 до 12 голосов. Их непопулярность связана с непониманием студентами сути профессиональной деятельности. Так, например, аниматор вызывает устойчивые ассоциации с туристическим бизнесом, а программа «Event-менеджмент в сфере образования» изначально кажется сложной и непонятной для студента педагогического вуза.

Успешность трудоустройства выпускников вузов является одним из критериев эффективности функционирования высшего учебного заведения. В связи с этим необходимо значительно расширить перечень информационных и адаптационных механизмов к реалиям рынка труда, проводить встречи с потенциальными работодателями, проводить кадровые форумы, предлагать возможности дальнейшего обучения.

Литература

1. Путин В.В. послание Президента Федеральному Собранию - [Электронный ресурс] – Режим доступа: http://news.kremlin.ru/transcripts/19825.

2. Профессиональный стандарт педагога - [Электронный ресурс] – Режим доступа: http://www.rg.ru/2013/12/18/pedagog-dok.html.

3. Малета С.В. Современные направления модернизации системы высшего профессионального образования // Известия тульского государственного университета. Гуманитарные науки. 2013. №2. С. 436-442.

4. Амирова Л. А. Развитие профессиональной мобильности педагога в пространстве его личной самореализации.- Уфа: Восточный университет, 2006. 460 с.

Владимирова А.Л.
старший преподаватель кафедры педагогики факультета
дошкольного и начального образования
Херсонского государственного университета
Alla.vladi@mail.ru

ТЕХНОЛОГИЧЕСКОЕ ОБЕСПЕЧЕНИЕ ЭСТЕТИЧЕСКОГО ОБРАЗОВАНИЯ И ВОСПИТАНИЯ УЧАЩИХСЯ СРЕДСТВАМИ НАЦИОНАЛЬНОГО ПЕСЕННОГО ФОЛЬКЛОРА

Эстетическое воспитание является процессом, который сопровождает человека в течение всей жизни, оказывая при этом в каждом периоде жизнедеятельности возможность воспринимать, познавать и творить прекрасное, сопереживать его проявления в сфере народного и классического искусства, приобретать эстетический опыт путем непосредственного участия в деятельности по законам красоты, гармонии, выразительности, целостности.

Искусство аккумулирует в себе значительный опыт познания и освоение действительности по законам красоты. Это те законы, которые разрешают человеку действовать не только верно, но и красиво, выразительно, утонченно. Законы красоты тяжело объяснить словами, формулами, тем не менее, их можно передать с помощью ощущения, сопереживания, творческого состояния человека, художественных образов и художественных решений. Отсюда возникает необходимость последовательной подготовки человека к взаимодействию с миром искусства, восприятия и освоения произведений художественной культуры [1, 4].

Для достижения цели эстетического воспитания младших школьников средствами национального песенного фольклора важно учитывать как общие, так и специфические принципы построения этого процесса. К таким принципам отнесены (научность, ориентация на духовно-практическую активность, направление педагогического воздействия на эстетическое воспитание учащихся средствами национального песенного фольклора, единство педагогических воздействий и устремлений учащихся, эмоционального и сознательного достижения эстетического наслаждения от общения с произведениями национального песенного фольклора, художественно-творческое общение, опора на возрастные психофизиологические особенности учащихся, последовательность и систематичность учебно-воспитательного процесса, взаимодействия учителя и учащихся, единства индивидуального и коллективного воздействия, атмосферы толерантности, организация и осуществление эстетического воспитания средствами национального песенного фольклора, наглядность, прочность знаний, навыков, самостоятельность и активность, соответствующая подготовка профессиональных педагогических кадров начальных классов и др.).

В младшем школьном возрасте происходит активный процесс духовного формирования личности, становления учащихся в качестве носителей и выразителей определенных культурных ценностей народных традиций, поклонников песенного творчества. Это предопределяет необходимость проведения воспитательной работы с учащимися, направленной на развитие у них духовного самосознания, ответственности за сохранение и обогащение материальных и духовных ценностей, стимулирование и поддержку их художественно - творческой и эстетической активности.

Учебно-воспитательный процесс начальной школы призван способствовать привлечению учащихся к миру прекрасного, связывая с национальными песенными традициями и ценностями, формирование у них эстетических чувств, умение любоваться и сопереживать тому, что несет в себе и передает людям народная песня.

Украинский музыкальный фольклор многожанровый, он содержит родственно-бытовые, общественно-бытовые (чумацкие, рекрутские, солдатские), детские, игровые, колыбельные, шуточные песни, считалки заклички, дразнилки и т.п.. Каждый жанр непосредственно связан с культурно-историческим опытом народа, отбивает реалии его жизни, события, наполненные глубоким эмоциональным содержанием [3, 32].

В научной литературе (Н. Бутенко, Г. Тарасенко, С. Мельничук, Ю. Шевченко и др.) отмечается, что эстетическое воспитание учащихся должно быть тесно связано с формированием широкого спектра духовных качеств личности, в частности ее гражданственности, нравственного сознания, патриотизма, ответственности за сохранение природы родного края и т.д. В связи с этим ученые-педагоги предлагают эстетическое воспитание младших школьников средствами национального песенного фольклора сочетать с последовательным решением вопросов морального, патриотического, экологического и трудового содержания. В раскрытии эстетики природы, общественных отношений, красоты моральных чувств и творческой деятельности произведения национального песенного фольклора могут быть полезными, побуждать младших школьников к активному освоению проявлений прекрасного в повседневной жизни, труде, общении, обучении, отдыхе и творчества.

Успешную организацию эстетического воспитания младших школьников средствами национального песенного фольклора ученые связывают с целесообразностью внедрения на практике современных технологий эстетико-воспитательного воздействия, которые бы охватывали систему педагогических средств, форм и методов привлечения к миру прекрасного. В частности, формы и методы музыкально-эстетического воспитания младших школьников призваны учитывать специфику и особенности разновидностей и жанров народного музыкального искусства. На этой основе необходимо привлекать учащихся к таким способам его освоения, как наблюдение за фольклорной музыкой, глубокому осмыслению и импровизации (Б. Асафьев), любованию народной музыкой и ее сопереживанию (Н. Ветлугина), участию в моделировании художественно-творческого процесса (Л. Школьник), использованию эмоциональной драматургии на материале этномузыкальных произведений (Д. Кабалевский) и др.

Ученики на основе изучения национального песенного фольклора получают представление о видах и жанрах хорео-музыкально-поэтической (Н. Лысенко) деятельности, понимание взаимосвязи: искусства и природы, искусства и жизни человека, искусства и современной техники, расширяют художественно-эстетичный опыт [2, 5].

Как отмечает Ю. Шевченко, для успешной организации эстетического воспитания младших школьников средствами национального песенного фольклора целесообразно внедрение на практике различных форм художественно-творческой и исполнительской деятельности учащихся.

Литература:

1. Бутенко В. Использование искусства в современной воспитательной практике. Теория и методика воспитания: Научно-педагогический вестник, под редакцией члена-корреспондента Национальной академии педагогических наук Украины, доктора педагогических наук, профессора В. Г. Бутенка. Херсон, Гринь Д. С., 2013. - Вип. 3. - 76 с.

2. Владимирова А. «Перлинки-звідусільки» /А. Владимирова // Эстетичное воспитание детей средствами национального песенного фольклора: Учебно-методическое пособие. - Херсон: Гринь Д. С. 2013. - 136 с.

3. Танько Т. П. Формирование духовных ценностей студенческой молодежи средствами украинского народного искусства / Т. П. Танько // Время художественного образования: сб. науч. работ I Междунар. науч.-практ. конф. (11-12 апреля 2013 / за общей редакцией доктора педагогических наук, профессора Т. А. Смирновой. - Харьков: ХНПУ имени Г. С. Сковороды, «Федорко», 2013. – 315с.

Винокурова Н.Ф.
доктор педагогических наук, профессор, НГПУ им.К.Минина
Мартилова Н.В.
кандидат педагогических наук, доцент, НГПУ им.К.Минина

ФОРМИРОВАНИЕ КУЛЬТУРЫ ПРИРОДОПОЛЬЗОВАНИЯ СРЕДСТВАМИ ЭЛЕКТИВНОГО КУРСА «ОКУЛЬТУРИВАНИЕ ЛАНДШАФТОВ МОЕГО КРАЯ»[1]

Современное общество характеризуется всё возрастающими темпами потребления – увеличивается численность населения, расширяется спектр потребностей человека, с развитием науки и техники усложняются производства. Таким образом возрастает роль человеческого фактора в трансформации географической оболочки, причём подобное антропогенное воздействие проявляется как на локальном, так и на глобальном уровне. В этих условиях важным становится формирование культуры природопользования, адекватной настоящему этапу культурно-исторического развития человечества.

Культура природопользования рассматривается как центральное звено культуры современного человека, поскольку ориентирует на гармоничное сосуществование природы и общества, обеспечивая возможность устойчивого развития территорий. Следовательно, культура природопользования базируется на ведущих методологических идеях – коэволюции и устойчивого развития. Идея коэволюции отражает единство человека и природы, такое их соразвитие, когда находятся компромиссы между материальными потребностями человека и сохранением жизнепригодных свойств природной среды [3]. Идея устойчивого развития предполагает баланс экономического, экологического и социального развития. Она закрепила приоритетность такого развития, которое удовлетворяет потребности настоящего времени, но не ставит под угрозу способность удовлетворять свои потребности будущих поколений. В 2002 году Конференция «Рио+10» определила «ключевым фактором перемен» в достижении устойчивого развития систему образования подрастающего поколения. Ведущую роль в этом должно сыграть геоэкологическое образование, поскольку именно оно в полной мере способно отразить диалектику взаимоотношений человека и природы, раскрыть всю глубину негативных экологических изменений социоприродной действительности, помочь в выявлении и осмыслении экологических противоречий, сложившихся в реальной социоприродной среде, определении путей гармонизации отношений человека и природы, следовательно, призвано

---

[1] Статья опубликована в рамках реализации Государственного задания Минобрнауки России, проект «Исследование теоретико-методологических оснований формирования культуры природопользования средствами проектно-модульного обучения»

выполнить опережающую функцию в достижении устойчивого развития [1].

Центральное место в структуре содержания геоэкологического образования занимают области научного знания, в которых объект изучения и познавательная модель отражают диалектику взаимоотношений человека с целостным природным окружением, раскрывают органическую включенность человека в природные системы, изучают изменение природных систем человеком не только деструктивного, но в первую очередь конструктивного (созидательного) характера как образцов сотворчества человека и природы.

Новое содержание образования должно быть ориентировано на «погружение» школьника в реальное социоприродное окружение, в разнообразную деятельность по освоению его природных условий и ресурсов, что обеспечивает становление культуры природопользования индивида, активный личностный поиск способов жизнедеятельности в социоприродном мире, отвечающих рациональному (гармоничному) природопользованию.

Центральным объектом изучения, отвечающим отмеченным требованиям, становится современный ландшафт, а его окультуривание, как процесс и как результат, свидетельствует о формировании культуры природопользования. Культурные ландшафты рассматриваются как «островки ноосферы», территории устойчивого развития, которые отвечают требованиям экологического благополучия, отражают традиционные и инновационные культурные ценности различных групп населения, являются важным ресурсом и вмещающей средой для формирования культуры природопользования.

В целях реализации отмеченных направлений развития образования нами разработан элективный геоэкологический курс «Окультуриваем ландшафты родного края», ориентированный на развитие культуры природопользования подрастающего поколения посредством включения учащихся в различные виды созидательной творческой деятельности в процессе познания и преобразования ландшафтов ближайшего окружения.

В программе курса учитывались и реализовывались научно-географические и психолого-педагогические основы окультуривания ландшафтов и формирования культуры природопользования.

Научно-географическую основу исследования составили: теоретические основы ландшафтоведения; идеи прикладного ландшафтоведения; о культурно-экологическом подходе в изучении ландшафтов и концепциях культурного ландшафта; о связи прикладного ландшафтоведения с этикой и эстетикой [2].

Психолого-педагогическую и методическую основу составили исследования о культурологическом и экологическом подходах в образовании; идеи личностно-деятельностного подхода; идеи средового подхода, в том числе ландшафтно-средового; о личности как субъекте деятельности и культуры, об экологической этике и экологическом императиве, культуре природопользования.

Цель курса – формирование культуры природопользования учащихся в процессе изучения многообразия современных ландшафтов, методов их окультуривания и сохранения.

Задачи курса ориентированы на формирование и развитие системы знаний и познавательной деятельности, связанных с культурными ландшафтами как отпечатками пространственной организации природы и общества, отражением культуры природопользования прошлых и настоящих поколений; развитие ценностного отношения школьников к современным ландшафтам и причастности к их окультуриванию, сохранению природных и культурно-исторических богатств родного края; развитие творческо-созидательной деятельности по изучению и сохранению культурных ландшафтов, а также готовности к решению их проблем.

Курс включает блок теоретической подготовки и личностно-деятельностный блок, реализуемый на основе взаимосвязи методов проблемного обучения, коммуникативных методов и метода проектов. В рамках теоретического блока школьники знакомятся с теоретическими основами окультуривания ландшафтов: его объектом, целями, задачами, методами, рассматривают опыт современного природопользования в различных странах мира, изучают историю изменения культуры природопользования жителей России в различные исторические эпохи и историю планирования территории. Личностно-деятельностный блок предполагает комплексную оценку территории, выявление проблем ландшафта, его потенциальных возможностей, предложение рекомендаций по использованию исследуемой территории (возможные варианты выделения функциональных зон: размещения производственных, рекреационных, сельскохозяйственных, транспортных и других объектов), обоснование проекта с точки зрения соответствия потенциалу ландшафта и предложение экологических ограничений использования территории, чтобы не допустить возникновения на ней новых экологических проблем, а также предлагает учащимся оценить свою роль и внести посильный вклад в окультуривание ландшафтов родного края.

Реализация курса «Окультуриваем ландшафты родного края» в практике школы подтвердила его эффективность в формировании культуры природопользования подрастающего поколения при изучении современных ландшафтов, особенностей природопользования на различных исторических этапах и в разных регионах мира, а также посредством включения учащихся в различные виды деятельности по изучению и окультуриванию ландшафтов.

Литература:

1. Геоэкологическое образование: теория, методология, методика / под ред. Н.Ф. Винокуровой, Н.Н. Демидовой. – Н.Новгород: Деловая полиграфия, 2007. – 160 с.

2. Мартилова Н.В. Формирование опыта творческой деятельности учащихся на основе изучения прикладного ландшафтоведения в профильном географическом образовании: Монография / Под ред. Н.Ф. Винокуровой. – Н.Новгород: НГПУ, 2011. – 114 с.

3. Рациональное природопользование: учебное пособие / Н.Ф. Винокурова, Г.С. Камерилова, В.В. Николина, В.М. Смирнова. – Н.Новгород: НГПУ, 2011. – 163 с.

Новикова И.В.
профессор, доктор социологических наук,
Северо-Кавказский федеральный университет
Iren-n@rambler.ru

СОЦИОЛОГИЧЕСКИЕ ИССЛЕДОВАНИЯ КАК ОСНОВА РАЗРАБОТКИ МАРКЕТИНГОВОЙ СТРАТЕГИИ ПРОДВИЖЕНИЯ ТУРИСТСКО-РЕКРЕАЦИОННОГО КОМПЛЕКСА РЕГИОНА

Ставропольский край является одним из наиболее богатых по своему курортно-рекреационному потенциалу регионов Российской Федерации. При этом, его особенностью является наличие на территории края особого курорта федерального значения – Кавказских Минеральных Вод (КМВ). Причем, на территории КМВ находится около трети разведанных запасов минеральных вод и лечебных грязей бывшего СССР. Источники городов Пятигорск и Кисловодск, входящих в состав особого эколого-курортного региона КМВ, по химическим свойствам и лечебному воздействию похожи на источники № 1, 2 и 3 Трускавца (Украина), Друскиненкая (Литва) и Висбадена (Германия), а источники Железноводска - на источники Карловых Вар (Чехия). При этом, регион КМВ значительно превосходит мировой аналог - Карловы Вары - по потенциалу курортных ресурсов. Это относится как к количеству источников, так и к их разнообразию по составу [2].

На территории края, кроме региона КМВ, также имеется значительный и многообразный туристско-рекреационный потенциал, однако, несмотря на это, туристическая отрасль не является значительной по количеству доходов в бюджете края. Требуется исследование причин недостаточной востребованности туристско-рекреационного комплекса края, а также разработка мер, направленных на его продвижение на внутренние и внешние рынки страны. Для этих целей одним из основных методов является проведение социологических исследований, так как, по мнению одного из видных социологов современности П.Сорокина, «тщательное научное исследование конкретных социальных условий должно предшествовать любой практической реализации их реформирования» [1,134].

В октябре-ноябре 2012 года на базе Северо-Кавказского федерального университета нами были проведены социологические исследования, послужившие основой разработки маркетинговой стратегии развития региона. В качестве методов исследования были применены: количественные исследования в виде анкетирования, контент-анализ, метод фокус-групп, глубинные интервью.

Количественные исследования были проведены в виде анкетирования жителей трех регионов Российской Федерации –

Ставропольского края, Ростовской и Новосибирской области. Выборка осуществлялась стратифицированная. Выборочная совокупность по всем трем регионам составила 1095 человек. Целями анкетирования явились следующие:

- определение восприятия Ставропольского края реальными и потенциальными потребителями туристических услуг;

- выявление приоритетных видов и направления туристско-рекреационной деятельности;

- актуализация конкурентных проблем туристско-рекреационной отрасли.

Обработка результатов количественных исследований была произведена с помощью программы обсчета VORTEX 8.0.

При определении сложившегося восприятия Ставропольского края, результаты которого показаны на диаграмме 2, большинство респондентов самого края определили его как сельскохозяйственный регион (67,6%), в основном как сельскохозяйственный регион его знают жители Новосибирской области (31 %), большинство ростовчан определяют край как регион для санаторно-курортного лечения (52%). В Новосибирской области 12 % респондентов ответили, что знают край как промышленный центр и 25 % вообще затруднились ответить.

Предпочтения респондентов по поводу привлекательных в крае туристических ресурсов сложились следующим образом: в основном респондентов всех регионов привлекают туристические ресурсы, связанные с санаторно-курортным лечением: самолечение, минеральные воды. Значительная часть респондентов выделила природу как привлекательный туристический ресурс края – 15-25 %. Далее по привлекательности идут горы – 5-14 %, лечебные грязи – 7-11 %, исторические места и памятники – 6-13%, святые места православия – 5-7 %.

Выбор респондентами приоритетных видов туризма показал следующее: наиболее привлекательными видами туризма для большинства респондентов во всех регионах исследования явился познавательный (культурно-исторических, экологический, этнографический, сельский) и развлекательный туризм. Лечебно-оздоровительный вид туризма предпочитают от 5 до 22 % респондентов, активный (экстремально-спортивный) – 14-16 %. Остальные виды туризма предпочитают меньшее количество респондентов.

Для определения требованиям к качеству отдыха респондентам был задан вопрос: «В сравнении с отдыхом за границей, чем для Вас привлекателен отдых в России?» Большинство респондентов ответили, что к основным плюсам отдыха в стране относится отсутствие языкового барьера – от 14 до 32 %. Важным также являются такие факторы, как стоимость проезда до места назначения – 10-25 %, время проезда – 7-24%

и цена – 12-19 %. Такой фактор отдыха в России, как качество туристического обслуживания и комфортность отдыха, не отметил никто, что косвенно указывает на главный недостаток отдыха в России.

В то же время к основным факторам привлекательности отдыха за границей респонденты всех исследуемых регионов отнесли качество туристического обслуживания и комфортность отдыха – 20-56%, на втором месте – возможность познакомиться с другой повседневной бытовой культурой населения – 23-34 %, на третьем – цена и вариант «все включено».

Анализ глубинных интервью и контент-анализ показал, что большая проблема Ставропольского края – имидж региона, позиционирование турпродуктов и территорий. Недостаточный рост туристического потока и недоиспользование значительного туристического потенциала края связано с отсутствием надлежащей информации о крае, особенно в отдаленных регионах, таких, как, например, Новосибирская область.

Главный фактор, определяющий туристическую привлекательность региона – это его безопасность, а также комфорт пребывания в регионе. Естественно, что эта проблема находится вне компетенции турфирм, но оказывает значительное влияние на развитие их деятельности. Поэтому первым по важности фактором является деятельность региональных властей по позиционированию региона, созданию его положительного имиджа. Какими бы ни были привлекательными историко-культурные объекты показа, культурная программа и прочее, отрицательный имидж неспокойного региона, криминальной обстановки в нем, а также несовершенство транспортной инфраструктуры (виды транспорта, которым можно добраться) резко понижают их конкурентоспособность.

Другой важный фактор – законодательная поддержка туристического бизнеса региона. По мнению опрошенных, мало разрабатывается новых туристических программ, пакетов, маршрутов, плохо налажена профессиональная подготовка гидов, экскурсоводов. Это, во многом, объясняется наличием незарегистрированных турагентов, которые организуют туристическую деятельность по краю без соответствующего разрешения, не обеспечивая надлежащее качество услуг и безопасность туристов. В результате, многим турфирмам не выгодно разрабатывать новые турпродукты.

Одним из отрицательных факторов является то, что, по экспертным оценкам, в высших и средних учебных заведениях по специализации «Туристический бизнес» в основном готовятся специалисты только по выездному зарубежному туризму, но практически нет подготовки специалистов по въездному туризму. В результате, имеющиеся сотрудники не могут грамотно разработать новый туристический продукт.

По значимости факторы, определяющие туристическую привлекательность региона, распределились следующим образом:

1. безопасность региона;
2. архитектурные и культурные достопримечательности;
3. выдающиеся природные объекты;
4. оздоровительные ресурсы;
5. места для активного отдыха и спорта.

Факторы, влияющие на развитие туризма в регионе, по значимости распределись следующим образом:

1. безопасность и комфорт пребывания в регионе;
2. географическое расположение региона и его климатические условия;
3. экономическое развитие региона;
4. деятельность турфирм по продвижению региона на рынке въездного туризма.

По мнению опрошенных, без государственных инвестиций невозможно развитие базы въездного туризма: транспортной инфраструктуры, ремонта и реставрации памятников истории и культуры, создания зон рекреации и спортивных зрелищ и т.п. Частному туристическому бизнесу решение этих задач пока не по силам.

Таким образом, проведенные социологические исследования позволили, во-первых, выявить проблемы позиционирования края и его туристско-рекреационной отрасли, во-вторых, выявили приоритетные для потребителей виды туризма, а значит, основные направления повышения инвестиционной активности, в-третьих, определили основные проблемы развития туристско-рекреационного комплекса региона.

Литература

1. Сорокин П. Человек. Цивилизация. Общество. - М.: Политиздат, 1992.
2. Стратегия развития рекреационно-туристского комплекса Ставропольского края до 2020 г. URL: //http://www.regionz.ru (дата обращения: 12.10.2012).

Сорокина Л.Я.
кандидат философских наук, доцент
Иркутский государственный университет, Институт социальных наук,
кафедра социальной философии и социологии (адрес: Россия, 664003, г.
Иркутск, ул. К.Маркса. № 1. Тел. (3952) 243-748; (3952)200-205
Lsor@mail.ru

ГЛОБАЛЬНЫЙ КРИЗИС В АСПЕКТЕ КРИЗИСА СОЦИАЛЬНЫХ ЦЕННОСТЕЙ

Современное общество характеризуется гуманизацией социальных отношений. Это объективно-субъективный процесс, объективность которого состоит в том, что человеку как живому существу присущ инстинкт самосохранения. Субъективный потому, что иерархию социальных ценностей общество создает на основе имеющегося на данный момент миропонимания и особенностей условий жизни в данном социуме. Меняется научное понимание мира, условия жизни общества – меняются и социальные ценности. Современная иерархия ценностей, например, базируется на имеющемся уровне научного знания и соответствующих ему технологиях, которые лежат в основе современного уровня развития нашей цивилизации.

Можно согласиться с В.В. Орловой, которая считает, что ценности и потребности представляют собой две стороны одного целого. [1,54]. Продолжая мысль В.В.Орловой, можно определить *социальные ценности как материальное и смысловое выражение человеческих потребностей и интересов человека, группы или общества(Л.С.)*.

Научная теория нам говорит, что самая главная ценность в человеческом мире – это жизнь человека. На этом основывается концепция современного гуманизма, который рассматривает человеческую жизнь как объективно-субъективную ценность. История развития нашей цивилизации и практика общественной жизни показывают, что есть еще ценности, которые могут претендовать на статус базовых и фундаментальных в развитии нашей цивилизации в целом. Сам человек материален, он живет в материальном мире, воспринимая только ту часть реальности, которая укладывается в трехмерное пространство. Поэтому главными для него являются именно материальные блага и наиболее устойчивое их выражение – деньги и их эквивалент (золото, нефть, меха и т.д.). Приоритетность этих ценностей связана с базовыми потребностями человека как био-социального существа.

Главная потребность человеческого индивида связана с сохранением его жизни. Она включает в себя потребности в питании, тепле, жилище и безопасности. Поэтому «разумность» человеческого бытия и его сознания, начинает свое развитие с решения именно этих проблем: создание охотничьих принадлежностей, средств защиты, создания жилищ.

Накормить, одеть и предоставить жилище всем членам человеческого общества - эти идеи лежат в основе социального прогресса, опирающегося на идеи гуманизма и разумности человеческого бытия.

Эти ценности остаются неизменными во всех культурах и на всех этапах развития нашей цивилизации. Именно эти потребности и основанные на них социальные ценности остаются неизменными на протяжении всей истории развития человеческого общества и образуют стержень, вокруг которого формируются все остальные ценности. Назовем их *первичными* ценностями. Тогда все остальные ценности будут *вторичными*.

Вторичные ценности исторически изменчивы и, более того, имеют индивидуальное (различное) проявление и толкование, формируя культуру конкретного социума. Социальные ценности образуют стержневую основу культуры общества и личности, определяя мотивацию действий по достижению желаемых целей. Ценности создают возможность регуляции поведения личности, общества и человечества в целом. Наряду с обычными нормами, утверждавшимися внешними и внутренними обстоятельствами светской жизни, выделяются особые нормы, получающие высшую санкцию через механизм религиозной сакрализации или правовое требование.

Нормы «не убей», «не укради», «не лги» являлись священными запретами, нарушение которых обрекало человека на тяжкое наказание, отторжение от общества или муки совести. Предписания «чти отца и мать», «поклоняйся Богу единому», «трудись в поте лица своего» становились теми позитивными заповедями, соблюдение которых повышало престиж человека в глазах окружающих и его самого.

Динамика изменения социальных ценностей есть результат изменений ценностных ориентаций конкретных индивидов, составляющих данное общество. Но изменения эти происходят в результате объективных и субъективных причин. Изменение социальных ценностей конкретного человека часто является результатом изменений условий его жизни. Необходимость приспособиться к изменившимся условиям часто оказывается сильнее моральных принципов, усвоенных ранее.

Так, например поколение, воспитанное в дореволюционной России, очень болезненно воспринимало нашествие сексуальной революции. Но инстинкт самосохранения требовал принятия изменившихся правил нравственности. Многие из тех, кто дожил до этого времени, смирились с ситуацией, не изменяя собственных моральных устоев.

Шкала ценностей человека составляет стержень его личности. Мы характеризуем человека как личность в зависимости от того, на какие ценности он ориентируется, и совпадают ли выбранные им ценности с теми, которые общество признает в числе наиважнейших. Прежде всего-это этические и религиозные ценности. Во всех культурах они всегда занимали верхнюю часть шкалы общественных ценностей. Вторичные социальные ценности биологически не наследуемы и усваиваются в обществе в процессе социализации личности. Развитая система ценностей личности — результат правильной социализации.

Для каждого конкретного человека ценностью является, прежде всего, его собственная жизнь и ее условия: внутренние и внешние. У каждого человека складывается свое, индивидуальное представление о том, что для него нужно и важно, своя система и иерархия ценностей. Для того, чтобы он мог жить, ему нужны его жизненные силы, способности, возможность действовать и удовлетворять свои потребности, т.е. такая окружающая среда, в которой он мог бы реализовывать свое личностное предназначение. На различных этапах жизни человека и при различных обстоятельствах те или иные ценности выдвигаться на передний план, из них складывается определенная иерархия, но при этом остается осознание своей жизни как высшей ценности.

Это обстоятельство, а также то, что соединение людей в общность порождает общие для всех потребности и интересы, общую систему ценностей - социальную, порождает необходимость социальной регуляции ценностных ориентаций и социального поведения людей в интересах сохранения их социального единства, самой социальной общности.

Избирательность освоения социальных ценностей обеспечивает индивидуальность и уникальность системы ценностей общества и личности, что в свою очередь определяет неповторимость и своеобразие всего общества в целом. Например, нравственные ценности, которые связаны с репродуктивной функцией организма начинают формироваться одновременно с ценностями благосостояния, т.к. они также связаны с инстинктом. На уровне общества это выступает как функция его биологического самовоспроизводства. Однако в разных культурах и на разных этапах развития общества существовало и существует разное представление о браке и табу на некоторые формы сексуального поведения.

Например, изначально имевшее место многообразие видов семейных отношений в древних племенах, со временем привело к сексуальному хаосу в современном обществе. Причина в том, что, во-первых, человек – не моногамное существо; а, во-вторых, человеку объективно свойственна тяга к изменениям, которая основывается на изменяющемся представлении об окружающем мире.

Секс – это ничто иное как извращенный вариант репродуктивной функции организма. (Л.С.) Практика стран, переживших сексуальную революцию, показывает, что ее последствия являются катастрофическими, т.к. они подрывают био-социальные основы общества, приводя к разрушению национальной культуры, института брака и семьи, сокращению рождаемости, и как следствие демографическому кризису, который имеет место в настоящее время во всех развитых странах. Статистика говорит о том, что прирост рождаемости населения земли происходит за счет тех стран и регионов, которые не пережили сексуальной революции – это Китай, Индия, Южно-Африканские республики.

Общество, пережившее сексуальную революцию, утратило религиозные (в частности, для России православные) ценности. Старообрядцы Лыковы ушли в глубокую тайгу, добровольно изолировались от общества, чтобы сохранить именно православные ценности. В настоящее время носителем православных ценностей в России является только Церковь. Вернуть православие в России можно только в том случае, если вернется его основа - натуральное хозяйство и патриархальная семья. Но возможно ли это в обществе, находящемся в состоянии активной модернизации?

О том, что современная семья как социальный институт находится в состоянии распада, свидетельствует статистика расторжения браков и рождения внебрачных детей. Тем не менее, пассивное принятие обществом изменившихся нравственных ценностей привело общество к моральной вседозволенности и деградации, от которой сегодня не выиграл никто, кроме тех, кто делает на этом деньги. Больше всего от этого пострадали дети, т.к. изменение нравственных ценностей пагубно сказалось на стабильности брака как социального института. Сиротство в современной России достигло такого уровня, какого не было даже во время гражданской и Великой Отечественной войн.

Изменение или разрушение нравственных ценностей является ответом со стороны общества на переход от теологии к материализму, от высоких идеалов, олицетворением которых является представление о Боге к атеизму, диалектике природы, от механической к органической солидарности с ее рационализмом, конкуренцией, либерализмом, где открыто появляется возможность достижения одной и той же цели различными путями. Крайнее выражение этой ценности – тезис «цель оправдывает средства». И в этом случае главная ценность человеческого общества – человеческая жизнь – утрачивает свою однозначность.

Например, именно это стало одной из главных причин поражения Белого движения в большевистской России, когда представители Белого движения, возглавляемого обученными и морально выдержанными людьми (А.Колчак, П.Сорокин и др.) не могли даже представить себе до какой моральной низости может опуститься человек, добиваясь для себя все тех же материальных благ.

Считается, что в нормальном обществе шкала индивидуальных ценностей жестко не закреплена. Это значит, что ценности постоянно переходят с одного уровня на другой, что на одном уровне может находиться сразу несколько альтернативных ценностей. Это многомерная шкала индивидуальных ценностей соответствует свободе выбора, предоставляемой открытым, демократическим обществом.

Изменение моральных ценностей – это объективный процесс, который является результатом изменения условий жизни общества. Еще в первой половине двадцатого столетия об этом писал П.Сорокин, говоря о культурных флуктуациях. Общеизвестно, что устойчивость социокультурной системы, а значит и цивилизации находится в прямой зависимости от ее способности реагировать и приспосабливаться к изменяющимся условиям. Закрытые и малоподвижные системы обречены на скорое разрушение. Подвижные, способные к изменениям системы реформируются и продолжают существовать. Именно это придает устойчивость социальной системе. Но не до бесконечности. Наступает момент, когда движение по пути гуманизации доходит до абсурда. Жизнь современного общества изобилует такими примерами.

Модернизация общества, создание новых и новейших социальных технологий, основанных на открытиях в сфере естествознания и технических наук, имевшие место в последние десятилетия, привели к смене общенаучной парадигмы, в качестве которой более столетия выступала теория диалектики природы. Это породило изменение научных воззрений в гуманитарных и общественных науках. С точки зрения диалектики природы было все удобно и просто: человек – венец природы, существо разумное, природа призвана ему служить, возможности человека неисчерпаемы и его познание окружающего мира не имеет границ.

Но как ответить с точки зрения диалектики природы на вопрос: будет ли разумное существо разрушать среду своего обитания и себя самого? Проблемы, связанные с современным уровнем развития нашей цивилизации, подсказывают мысль о том, что человек – существо мыслящее, но разумное ли? Практика показывает, что в человеческом обществе все более широкое распространение получают девиантные формы поведения людей: алкоголь, наркотики, охота как удовольствие, умышленная вырубка лесов, поджеги тайги и тропических лесов, безграничная алчность и т.д.

Будет ли разумное существо доводить дело до абсурда (золотые унитазы, извращенные формы поведения «золотой» молодежи, некоторые формы искусства (например, некоторые представители современной эстрады, картины из голов животных, проведение зимних Олемпийских игр в южном курортном городе и т.д.)? Общество оказывается бессильным перед натиском сегодняшних проблем и как результат - отчуждение людей друг от друга, легализация однополых браков, разрушение социального института семьи, утрачивание женщинами материнского инстинкта и т.д. Получается, что, двигаясь по пути гуманизации и демократизации человеческих взаимоотношений, общество легализовало те ценности, которые идут вразрез с принципами естественной природы человека?

Есть противоречие, которое человеческое общество пока еще плохо осознает. Суть его заключается в том, что то, что хорошо для одного человека, плохо для человека как биологического вида. Например, увеличение продолжительности жизни – для каждого конкретного человека – хорошо. Но, когда это явление становится массовым, то оно начинает оказывать влияние на все другие процессы, происходящие в обществе: экономические, демографические, культурные и т.д., нарушая закон естественного отбора. В материалах Всемирной ассамблеи по проблемам старения населения Земли говорится о том, что человеческое общество уже никогда не будет таким как прежде, т.е. когда численность молодых людей превышала численность пожилых и престарелых.

Исходя из всего этого, сегодняшний глобальный кризис, который рассматривается, главным образом, как экономический, по нашему мнению, необходимо рассматривать как кризис основополагающих социальных ценностей нашей цивилизации, когда деньги и материальные блага перестают выполнять функцию стимулятора социального прогресса. Банки переполнены деньгами, на исходе природные ископаемые, последние научные открытия опровергают казавшиеся незыблимыми законы природы, наука материализует абсолютно все, даже религию, то находя Бога, то отрицая правильность библейских писаний и т.д. У современной молодежи нет авторитетов, она ищет своего Бога, часто находя его в весьма сомнительных занятиях. В настоящее время все человечество как бы впало в состояние аномии. Даже наука выдвинула теорию « хаоса», которая лежит в основе развития Вселенной. Современное общество характеризуется нравственным вакуумом, когда никому не понятно, в каком направлении нужно действовать, чтобы решить все нарастающие проблемы.

Ученые всех стран сегодня серьезно озабочены этими проблемами. И, думается, что их опасения оправданы. На наш взгляд, решение всех этих проблем лежит в аспекте смены главной парадигмы сегодняшнего гуманизма, которая является стержневой парадигмой развития нашей цивилизации и которая гласит о том, что «самой главной ценностью является человек и его жизнь».

Этот тезис возник, когда людей на Земле было мало, и им приходилось выживать в тяжелой борьбе с природой. В настоящее время ситуация диаметрально противоположная. Сейчас нас уже более семи миллиардов. Если тенденция сохранится, то, как подсчитали демографы, к 2050 году на Земле уже будет девять миллиардов человек. Экосистема

Земли уже сейчас не выдерживает натиска со стороны человеческого общества. Значит, Т.Мальтус был прав?

Выход из создавшегося положения, по нашему мнению, только один, и лежит он в плоскости изменения главной концепции гуманизма в сторону ее расширения. Новая концепции гуманизма должна *отражать интересы не только людей, но Земли как живого организма и всех без исключения ее обитателей (флора и фауна) в равной степени.* (Л.С.)

ЛИТЕРАТУРА

1. Орлова В.В. Традиции и ценности молодёжи. / В.В. Орлова // Социологические исследования.- № 6. – 2007

Фидченко А.А.
студентка, ГОУ ВПО «Сургутский государственный педагогический университет»
Белошапка Р.А.
к.п.н., доцент, ГОУ ВПО «Сургутский государственный педагогический университет»

ПРОЕКТ СОЦИАЛЬНЫХ РОЛИКОВ ПО ТЕХНОЛОГИИ STOP-MOTION «НАШ ГОЛОС» НА БАЗЕ СОЦИАЛЬНО-ОЗДОРОВИТЕЛЬНОГО ЦЕНТРА «СЫНОВЬЯ»

Социальная реклама – это способ воздействия со стороны общественных объединений, преследующих духовные, нравственные, социальные цели; государства на социум в целом или на некоторые слои населения [2]. Это важнейший элемент регуляции современного общества, но не стоит забывать, что это только один из методов, чтобы изменить общество в лучшую сторону следует подходить к этому вопросу комплексными мероприятиями. Социальная реклама еще не привычна для современного российского общества. Между тем в западных странах, там, где рынок стабилен, сформирован и более эффективно регулируется со стороны государства, существует мощная социальная реклама, на которую государство выделяет деньги.

На современном этапе развития социальной рекламы, самой популярной формой является видеоролик. Связывают это со стремительным развитием технологий, что позволяет размещать социальные видеоролики не только в телевещании, но и в сети Интернет, что позволяет экономить средства. По своей сути видеоролик – это последовательность кадров, непродолжительная по времени и связанная единым художественным смыслом [1].

Сейчас все большую известность получает технология stop-motion. Stop-motion (с англ. «стоп-кадр») – это технология построения видео из статичных кадров, полученных путём фотографирования или извлечения отдельных кадров из другого видео. По этой технологии сняты такие знаменитые мультфильмы как «Труп невесты», «38 попугаев», а также большинство пластилиновых мультфильмов.

Применяя эту технологию для создания социального видеоролика возможно воплотить в жизнь самые творческие и фантастические задумки, не ограничивая себя ни в чем.

Мы выделили функции социальных видеороликов по технологии stop-motion:

• информационная. Эта функция в отношении социальной рекламы подразумевает информирование граждан о наличии определенной социальной проблемы и привлечение к ней внимания.

• воспитательная. Пропаганда правильного образа жизни, морали.

• экономическая. Сокращение социальных проблем ведет к благополучию государства, увеличивает потенциал государства.

• имиджевая. Создает имидж государства, заботящегося о своих гражданах.

• просветительская. Предусматривает распространение определенных социальных ценностей, их привитие в обществе, разъяснение путей решения проблем.

• социальная. Формирование общественного сознания, изменение поведенческих моделей.

• эстетическая. Реклама, созданная как произведение искусства, формирует у людей эстетический вкус.

• коммуникативная. Обеспечивает связь государства и общества.

Мы используем технологию stop-motion для снятия социальных роликов с посетителями социально-оздоровительного центра «Сыновья». Социальные ролики позволят раскрыть существующие проблемы у посетителей центра. В данном центре клиентами могут стать люди следующих категорий: граждане пожилого возраста (мужчины старше 60 лет и женщины старше 55 лет), инвалиды старше 18 лет, ветераны и инвалиды боевых действий, члены семей ветеранов и инвалидов боевых действий, члены семей погибших (умерших) военнослужащих и сотрудников правоохранительных органов.

Целью проекта «Наш голос» является создание социальных видеороликов по технологии stop-motion с клиентами социально-оздоровительного центра «Сыновья».

Задачи проекта:

1. Способствовать творческому развитию клиентов социально-оздоровительного центра «Сыновья».

2. Выявить социальные проблемы клиентов социально-оздоровительного центра «Сыновья».

3. Познакомить клиентов социально-оздоровительного центра «Сыновья» с технологией stop-motion.

Идея проекта «Наш голос» заключается в изготовление с клиентами социально-оздоровительного центра «Сыновья» социальных видеороликов по технологии stop-motion, в которых клиенты в необычной форме изложат проблемы или предпочтения по волнующей их теме.

База реализации проекта: автономное учреждение Ханты-Мансийского автономного округа – Югры «Социально-оздоровительный центр «Сыновья».

Уровень проекта: локальный (реализован в одном учреждении), но также может реализован в других учреждениях данного типа.

Срок реализации проекта 3 недели. Проект цикличен (в социально-оздоровительном центре «Сыновья» срок пребывания клиентов длится от 18 до 24 дней).

Ресурсная база проекта. Для реализации проекта нам потребовались определенные ресурсы. К материально-техническим относятся помещение, расходный материал для изготовления фигур, техническое оборудование, такое как: штатив, фотоаппарат, настольная лампа, компьютер, программное обеспечение. Нормативно-методический ресурс – нормативные документы, регламентирующие деятельность учреждения, рекомендации по изготовлению видеороликов по технологии «stop-motion».

Бюджет проекта. Данный проект является малозатратным, так как все необходимые ресурсы есть на базе социально-оздоровительного центра «Сыновья».

Для более эффективного достижения цели мы реализовывали проект в несколько этапов:

1. Диагностический этап – проводились мониторинговые исследования, с целью выявления актуальности изготовления социальных видеороликов.

2. Организационно-подготовительный этап – подготовка к реализации проекта: подбор методического материала, распространение рекламы, расстановка оборудования.

3. Содержательный этап – реализация проекта «Наш голос»: мастер-класс по изготовлению социальных видеороликов по технологии stop-motion, обсуждение и разработка сценария, изготовление социального видеоролика, наложение музыки, показ видеороликов.

4. Оценочно-коррекционный этап – подведение итогов реализации проекта «Наш голос»: анализ полученных видеороликов, оценивание другими видеороликов зрителями.

5. диагностический этап – выявление проблем при организации и реализации проекта «Наш голос».

Таким образом можно сказать, что социальные ролики является тем средством, которое заставляет человека обратить свое внимание на проблемы, помогает изменить настрой людей и их отношение к проблемам. Это способ привлечения внимания общественности на то, что вы хотите донести до нее. Технология stop-motion позволит тратить гораздо меньше средств на изготовление социальных роликов, при этом воплотить в жизнь самые смелые художественные задумки.

Литература

1. Николайшвили, Г. Краткая история социальной рекламы [Электронный ресурс]. – Режим доступа:

http://www.socreklama.ru/analytics/list.php?ELEMENT_ID=390&SECTION_ID=122&sphrase_id=14001

2. Федеральный закон «О рекламе» № 38-ФЗ от 13.03.2006

Мехришвили Л.Л.
д.с.н., доцент, профессор ФГБОУ ВПО «Тюменский государственный нефтегазовый университет»
E-mail: mll@tsogu.ru
Скрауч О.Н.
к.с.н., старший преподаватель ГАОУ ВПО ТО «Тюменская государственная академия мировой экономики, управления и права»
E-mail: neman_oks@mail.ru

МОЛОДЫЕ УЧЕНЫЕ: СТАТУС, МОТИВЫ, ВОЗМОЖНОСТИ

Молодежь сферы науки представляет собой значимый ресурс развития общества. Проблематика и актуальность исследования включают в себя необходимость выделения возрастных границ и выявления статуса «молодого ученого».

Молодые ученые - это специфичная социально-демографическая и социально-профессиональная группа. Социальную группу и другие функционирующие в социуме общности исследовали Г. Блумер, Э. Гидденс, Т. Гоббс, Г. Зборовский, П. Сорокин, В. Ядов и др: [4; 5,173; 10]. По мнению Н.А. Волгина именно сходство *социального положения*, а, тем самым, сходство социальных проблем объективно формируют социальную группу и качественно отличают ее от других социальных групп: [2, 25]. Теоретико-методологическая основа позволила интерпретировать социально-демографическую группу молодых ученых как – совокупность людей, выделяемую *на основе:* общих возрастных признаков (от 22 до 35 лет) и социального положения; характера профессиональной деятельности (научно-исследовательской или научно-педагогической); особенностей социально-профессиональных практик; специфики социальных отношений, связей и поведения, детерминированных определенным набором норм и ценностей; направленности на выполнение общественно значимых научно-образовательных функций.

Молодежь, занятая в сфере образования и науки, является так же одной из специфических социально-профессиональных групп, что определяет и ее социально-профессиональный статус. С одной стороны, свойства и признаки этой группы отражают тенденции развития молодежи в целом, с другой – профессионального сообщества, занимающегося интеллектуальной деятельностью (научной и научно-педагогической). На основе профессионально-статусных теорий П. Бурдье, Э. Дюркгейма, Т. Парсонса, подходов современных российских исследователей И.П. Поповой, Г.Б. Кораблевой, И.В. Воробьевой, выявляющих социальный статус молодых ученых в российском обществе: [1; 3], представляется возможным предложить следующий подход к определению социально-профессиональной группы молодых ученых (рис. 1):

Молодые ученые как социально-профессиональная группа это - тип научной общности, реальная профессиональная **группа,**
объединяющая **молодых людей***(в возрасте от 22 до 35 лет),* на основе научно-профессиональных и социальных признаков, а также специализированного вида интеллектуальной, научно-образовательной деятельности
относящихся к среднему социальному слою профессионалов научно-педагогической сферы,
имеющих особый социально-профессиональный статус научно-педагогических работников,
выполняющих специфичную социальную роль, направленную на выполнение общественно значимых научно-образовательных функций,
характеризующихся, особым стилем и образом жизни, стереотипами поведения, детерминированных традициями научно-образовательной среды высшей школы,
отличающихся общностью научно-профессиональных интересов и ценностей.

Рис. 1. Категория «молодые ученые как социально-профессиональная группа»

Применение стратификационного подхода к такой социальной группе, как молодые ученые (П.А.Сорокин: [7, 304]) позволило в ее структуре выделить подгруппы последующим признакам: с позиции получения послевузовского образования и наличия/отсутствия ученой степени; с позиции социальных критериев; с позиции дифференциации в отношении их профессиональных планов и жизненных стратегий.

Мотивы научной деятельности (базирующиеся на подходах содержательных теорий мотивации) исследуются в работах Л.М. Гохберг, Г.А. Китовой, Т.Е. Кузнецовой, О.Р. Шуваловой согласно которым, «основное значение для научной деятельности имеет интерес к познанию, формирующийся на основе осознанной мотивации, опредмеченной потребностью»: [6, 5–6]. Среди мотивов научной деятельности решающая роль, по мнению авторов, должна признаваться за «мотивом достижения» – стремления к успеху, достижению цели (Д.К. МакКлелланд). Хайнц Хекхаузен, развивая теорию достижительной мотивации, акцентирует внимание на том, что она «направлена на определенный конечный результат, получаемый благодаря собственным способностям человека», это «попытка увеличить или сохранить максимально высокими способности человека ко всем видам деятельности» [9, 17-23].

Специально разработанных методов управления мотивацией молодых ученых практически не существует. Единичные исследования по изучению мотивов прихода молодежи в науку констатируют, что ведущим мотивом для большинства начинающих научных сотрудников является самоценность научно-исследовательской работы, возможность реализовать свой творческий потенциал. Так, по мнению Л. Г. Зубовой (1998) для начального этапа научной карьеры молодого ученого характерны интенсивное научное общение познавательного типа, аккумуляция знаний, информации, опыта, новизна научного творчества.

И.А. Фролова предпринимает одну из первых попыток выделения мотивов молодых ученых к научно-исследовательской деятельности, которые заключаются в: a) медицинском обслуживании и личной безопасности, как самого человека, так и членов его семьи; b) вполне предсказуемой карьере; c) возможности работать под руководством действующего ученого высокой квалификации, в активной и дееспособной команде; d) возможности установления многочисленных контактов с сотрудниками других групп, возможности постоянного активного поиска новых приложений своих талантов и возможностей; e) материальном благополучии, спокойном воспитание детей; f) возможности работать на современном уровне; g) возможности разнообразного отдыха, возможности бесплатно, посещая конференции, путешествовать по миру: [8, 197].

Но, как представляется авторам, данная классификация, с одной стороны, достаточно комплексна и широка, с другой, несколько односторонне ограничена факторами внешней мотивации, детерминированными социальными потребностями молодых представителей вузовской науки. При этом продолжает исследователь, «актуально удовлетворить потребности более высокого порядка – такие как расширение возможностей выбора приемлемого образа жизни, использование достижений цивилизации, признание обществом: [8].

В своей научной деятельности молодые ученые ориентированы как на достижение высокого уровня научной квалификации, возможность разрабатывать собственные исследовательские проекты, так и на получение за это достойной оплаты труда. Исследования подтверждают, что применение исключительно экономических мотивов в качестве главных инструментов повышения активности научной деятельности молодых приводит к вытеснению внутренней мотивации и снижению эффективности научной деятельности. Разделяя позицию Н.В.Козловой, Д.В. Лукова, отметим, что внутренние мотивы научного поиска – это, прежде всего, «познавательная потребность, которая несет в себе, как аккумулятор, энергию для научного поиска и создает готовность ученого к проявлению интеллектуальной активности при возникновении той или иной проблемной ситуации». Таким образом, для формирования устойчивой мотивации к эффективной научно-исследовательской деятельности необходима разработка комплекса мер, включающих: исследование структуры мотивации научно-исследовательской деятельности молодежи и интенсивности влияния тех или иных мотивов.

Представляется возможным резюмировать, что наряду с традиционными, необходимо учитывать и *новые специфичные подходы* формирования мотивации молодого преподавателя вуза к научной деятельности: *1. обусловленность научной мотивации рядом внешних и внутренних факторов; 2. влияние на научную деятельность мотивационной среды; 3. наличие необходимых мотивационных условий.*

Таким образом, проблема мотивации научной деятельности молодых ученых является в настоящее время одной из центральных, детерминирующей решение многих вопросов в научно-образовательной сфере.

Литература

1. Бурдье, П. Начала / П. Бурдье. – М.: Socio–Logos, 1994. –288 с.
2. Волгин, Н.А. Социальная политика / Н.А. Волгин; 4-е изд., перераб. и доп. – М.: Издательство «Экзамен», 2008. – 943с.
3. Воробьева, И.В. Социальный статус современного российского ученого (на примере преподавателей вузов) / И.В.Воробьева // Вестник РГГУ. – 2012. – №3. – С. 260–267.
4. Гидденс, Э. Устроения общества: Очерки теории структурации /Э. Гидденс. – М.: Академический Проспект, 2005. – 528с.
5. Гоббс, Т. Левиафан или материя, форма и власть государства церковного и гражданского / Т. Гоббс. – М.: Мысль, 2001. – 478с.
6. Гохберг, Л.М. Российские ученые: штрихи к социологическому портрету / Л.М. Гохберг, Г.А. Китова, Т.Е. Кузнецова, О.Р. Шувалова. – М.: НИУ–ВШЭ, 2010. – 140 с.
7. Сорокин, П.А. Человек. Цивилизация. Общество / П.А. Сорокин. – М.: Политиздат, 1992. – 543с.

8. Фролова, И.А. Обновление научных кадров современного российского общества / И.А.Фролова // Вестник Казанского технологического университета. – 2011. – №13. –С. 196–201.

9. Хекхаузен, Х. Психология мотивации достижения / Х. Хекхаузен. – СПб.: Речь, 2001. – 240 с.

10. Ядов, В.А. Размышления о предмете социологии / В.А. Ядов // Социс. –1990. – №2. – С. 3–16.

Будугаева В.А.
кандидат технических наук,
Институт проблем нефти и газа СО РАН,
v.a.budugaeva@ipng.ysn.ru

НЕОБХОДИМЫЕ УСЛОВИЯ ОПТИМАЛЬНОСТИ ДЛЯ ПОСТРОЕНИЯ СЛОИСТОЙ ВЯЗКОУПРУГОЙ КОНСТРУКЦИИ МИНИМАЛЬНОГО ВЕСА С ЗАДАННОЙ ЧАСТОТОЙ СОБСТВЕННЫХ КОЛЕБАНИЙ

1. Постановка задачи. Пусть имеется набор $W = \{\theta_1, \ldots \theta_n\}$, состоящий из n вязкоупругих материалов, физические параметры которых $\overline{\lambda}$ и $\overline{\mu}$ описываются зависимостями [1,117]

$$\overline{\lambda}_n = \lambda_n \left[1 - \Gamma_{\lambda n}^c(\omega_R) - i\Gamma_{\lambda n}^s(\omega_R) \right]$$

$$\overline{\mu}_n = \mu_n \left[1 - \Gamma_{\mu n}^c(\omega_R) - i\Gamma_{\mu n}^s(\omega_R) \right]$$

где μ, λ - упругие константы Ламе,

$$\Gamma_{\lambda n}^c = \int_0^\infty R_{\lambda n}(\tau) \cos(\omega_R \tau) d\tau,$$

$$\Gamma_{\lambda n}^s = \int_0^\infty R_{\lambda n}(\tau) \sin(\omega_R \tau) d\tau;$$

$$\Gamma_{\mu n}^c = \int_0^\infty R_{\mu n}(\tau) \cos(\omega_R \tau) d\tau,$$

$$\Gamma_{\mu n}^s = \int_0^\infty R_{\mu n}(\tau) \sin(\omega_R \tau) d\tau;$$

в качестве ядра релаксации $R_n(\tau)$ выбиралось ядро Колтунова – Ржаницына вида

$$R_n(\tau) = A \frac{e^{-\beta_n \tau}}{\tau^{1-\alpha_n}}.$$

Из данного набора требуется синтезировать полую слоистую сферу минимального веса, при наличии ограничения на декремент затухания собственных колебаний.

Уравнение свободных колебаний вязкоупругой слоистой сферы с учетом принципа соответствия, имеет вид

$$\frac{\partial \sigma_r}{\partial r} + 2 \frac{\sigma_r - \sigma_\varphi}{r} = \overline{\rho}_n(r) \frac{\partial^2 u}{\partial t^2}$$

Здесь все величины зависят только от одной пространственной координаты r, т. е. в условиях центральной симметрии компоненты тензора деформаций ε_{rz}, $\varepsilon_{\varphi z}$, ε_{zz} равны нулю. Граница тела должна быть свободна от нагрузок

$$\sigma_r(l) = \sigma_r(R_2) = 0,$$

где l и R_2 - радиусы внутренней и внешней поверхностей, ограничивающих сферу. Отличные от нуля компоненты тензора напряжений $\sigma_r(r,t)$, $\sigma_\varphi(r,t)$ и радиальное смещение $u(r,t)$ связаны между

собой законом Гука

$$\sigma_r = (\bar{\lambda}_n + 2\bar{\mu}_n)\frac{\partial u}{\partial r} + 2\bar{\lambda}_n\frac{u}{r},$$

$$\sigma_\varphi = (2\bar{\lambda}_n + 2\bar{\mu}_n)\frac{u}{r} + \bar{\lambda}_n\frac{\partial u}{\partial r}$$

При этом $n = 1,2,\ldots,N$ и каждый из N объемов слоистой сферы заполнен вязкоупругой средой, а $\bar{\rho}_n$ - плотность материала N - го объема, ω_R - действительная часть частоты свободных колебаний сферы.

Задача оптимального проектирования сферы заключается в следующем. Среди кусочно–постоянных функций $\theta(x)$, область значений которых принадлежит заданному конечному дискретному множеству W:

$$\theta(x) \in W = \{\theta_1,\ldots,\theta_n\} \qquad (*)$$

где n - число различных материалов, найти управление $\theta(x)$, доставляющее минимум функционалу веса

$$F = \int_{R_1}^{R_2} \rho(\theta) r^2 dr \qquad (1)$$

при заданном ограничении на декремент затухания собственных колебаний

$$F_1 = \text{Im}(\omega) - \text{Im}(\omega_*), \qquad (2)$$

ω_* - заданная частота собственных колебаний.

2. Необходимые условия оптимальности. Так как структура слоистой сферы определяется функцией $\theta(x)$, а геометрия - ее общей толщиной, то в качестве управления рассмотрим пару $\{\theta(x),l\}$, где l - искомый внутренний радиус (внешний – фиксирован).

Для вывода необходимых условий оптимальности задачи, требуется построить выражения для вариаций целевого функционала (1) и ограничения (2) через вариацию управления $\{\theta(x),l\}$.

Пусть $\{\theta(x),l\}$ - оптимальное управление из допустимого множества (*), минимизирующее функционал (1) и удовлетворяющее ограничению (2). Рассмотрим возмущенное управление $\{\theta^*(x),\delta l\}$ [2]:

$$\theta^*(x) = \begin{cases} \overline{\theta}(x), x \in M, \theta \in W; \\ \theta(x), x \notin M \end{cases} \quad l + \delta l \in [0,1]$$

где M - некоторое подмножество интервала $[0,1]$, мера которого $\mu = mesM$ мала. Внутренний радиус сферы находится в процессе решения задачи, т. е. $a < l < b = R_2$, где a,b - заданные пределы, в которых может варьироваться внутренний радиус. Таким образом, вариация управления определяется парой $\{\theta^*, M\}$. Используя стандартную технику [2,42], можно построить вариации функционалов (1) и (2) т.е. $\delta F, \delta F_1$. Окончательно вариация целевого функционала имеет следующий вид (3).

$$\delta F = \int_M \left| H(x,l,\vec{z},\theta^*) - H(x,l,\vec{z},\theta) \right| dx,$$

так как управление $\{\theta(x), l\}$ является оптимальным (минимизирующим) для любых допустимых управлений (*), то построенная с помощью этого решения функция Гамильтона $H(x,\vec{z},\theta)$ достигает максимума по аргументу θ^* на оптимальном управлении θ почти на каждом $x \in [0,1]$, т.е.,

$$H[x,\vec{z},\theta] = \max_{\theta^* \in W} H[x,\vec{z},\theta^*]$$

Данное соотношение есть необходимое условие оптимальности, сформулированное в форме принципа максимума.

Пример расчета. Множество W состоит из пяти вязкоупругих материалов. Физические и механические безразмерные характеристики этих материалов приведены в таблице. Из этих материалов требуется спроектировать сферу, имеющую минимальный вес и гасящую собственные колебания.

№ матер иала	ρ	μ	λ	A	α
1	2,0	16	16	1	0,5
2	2,86	20	20	1	0,5
3	1,75	12	12	1	0,4
4	1,0	6	6	1	0,6
5	4,0	36	36	1	0,5

Внутренний радиус может изменяться в пределах отрезка [0,6; 0,9], а внешний радиус фиксирован и равен 1,0. В качестве начального приближения берется однородная сфера, выполненная из первого материала внутренний радиус которой равен 0,8. Для такой сферы частота собственных колебаний равна $\varpi_* = 6{,}31 - 2{,}605\,i$, т. е. $\operatorname{Im}(\omega_*) = 2{,}605$, вес равен 0,325. В результате расчетов получается двухслойная сфера, показанная на рисунке, состоящая из третьего и четвертого материалов, с внутренним радиусом – 0,828, вес которой 0,1447, при этом собственная частота равна $\omega = 5{,}96 - 1{,}7129\,i$.

3	4	
0,828	0,8316	1,0

Литература

1. Майборода В.П., Трояновский И.Е. Собственные колебания неоднородных вязкоупругих тел.//Механика твердого тела, №2,1983, С.117-123.
2. Федоренко Р.П. Приближенное решение задач оптимального управления. М: Наука, 1978. –488 с.

Карабан В.М.[1]**, Зырин И.Д.**[2]

[1]к.ф.-м.н., зав. лаб. НИИ космических технологий ТУСУР,
[2] аспирант ТУСУР

ВЫЧИСЛИТЕЛЬНОЕ МОДЕЛИРОВАНИЕ ВЛИЯНИЯ ШЕРОХОВАТОСТИ ПОВЕРХНОСТИ СВЧ-КОММУТАЦИОННЫХ ПЛАТ НА ОСНОВЕ LTCC

Аннотация: Разработаны трёхмерные эквивалентные имитационные модели микрополосковой и полосковой линии передачи на основе LTCC. Выполнено вычислительное моделирование влияния шероховатости поверхности на передаваемый сигнал.

Ключевые слова: низкотемпературная совместно-обжигаемая керамика, шероховатость поверхности, сверхвысокие частоты, коммутационные платы, передающие линии, Green Tape, DuPont, HFSS, SEM.

Актуальность

При проектировании сверхвысокочастотных (СВЧ) коммутационных плат для обеспечения целостности сигналов радиотехнических устройств необходимо проводить электромагнитные исследования, в том числе с учётом шероховатости поверхности линии передачи.

Распространённый способ учёта шероховатости на ранних этапах создания конечного изделия заключается в использовании математических моделей поправочного коэффициента в виде функции описывающей форму скин-слоя, проводника на линии передачи. Однако подобные модели зачастую разработаны под конкретную технологию изготовления и не всегда адекватно отражают реальную форму поверхности при её смене, вследствие чего имеют большую погрешность расчёта.

Математические модели описания шероховатости поверхности линий передач, а именно модель П. Хурая [1] (Huray surface roughness model), модель Д. Хэммерстада (Hammerstad model)[2, 407-409], и модель Холла (Hall model) [3, 2614-2624] чаще всего применяются для моделирования печатных плат на основе из стеклотекстолита либо ламинатов и не позволяют описать шероховатость поверхности коммутационных плат на основе низкотемпературной керамике (LTCC) [4, 181-182].

В данной работе предполагается провести вычислительные исследования влияния шероховатости поверхности LTCC на ослабление сигнала в коммутационных платах сверхвысокого диапазона частот.

Работа выполнена в рамках реализации гранта Президента РФ № МК-2474.2013.8.

Исследования

Для проведения вычислительного моделирования влияния шероховатости исследуемого образца LTCC Green Tape 951 и серебряного проводника 6148 Ag фирмы DuPont на основе фотографий их поверхностей, сделанных методом сканирующей электронной микроскопии (SEM) [4, 181-182], построены эквивалентные трёхмерные имитационные модели проводника (рис. 1 *а, б*) и керамического основания (рис. 1 *в*) микрополосковой и полосковой линий передачи длиной в 1 мм.

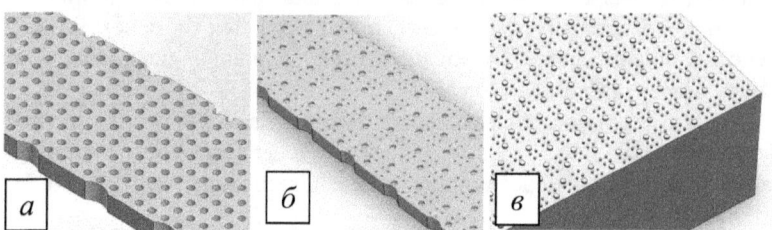

Рис. 1. Эквивалентные имитационные модели шероховатости поверхностей: *а*) пасты 6148 Ag на границе с воздухом; *б*) пасты 6148 Ag на границе с керамикой; *в*) керамики Green Tape 951

Вычислительное моделирование проведено с применением программного продукта HFSS для следующих вариантов:

– эксперимент №1 – микрополосок с гладкой поверхностью;

– эксперимент №2 – микрополосок с учётом шероховатости поверхности;

– эксперимент №3 – полосок с гладкой поверхностью;

– эксперимент №4 – полосок с учётом шероховатости поверхности.

Полученные численные результаты сведены в табл. 1.

Табл. 1. Результаты моделирования

№ эксперимента	Коэффициент передачи, дБ				
	10 ГГц	20 ГГц	30 ГГц	40 ГГц	50 ГГц
Эксперимент №1	- 0,0205	- 0,0359	- 0,0491	- 0,0621	- 0,0730
Эксперимент №2	- 0,0211	- 0,0374	- 0,0511	- 0,0639	- 0,0744
Эксперимент №3	- 0,0391	- 0,0644	- 0,0835	- 0,1010	- 0,1171
Эксперимент №4	- 0,0395	- 0,0644	- 0,0848	- 0,1034	- 0,1188

На рис. 2 представлен график ослабления сигнала вследствие влияния рассматриваемого паразитного явления.

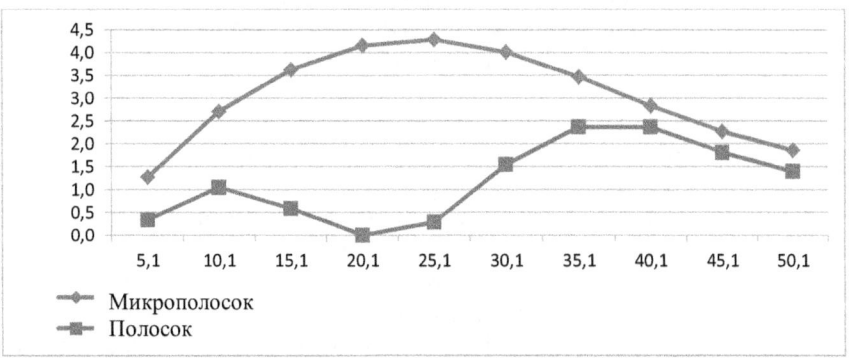

Рис. 2. Ослабление коэффициента передачи исследуемых образцов

Заключение

Результаты проведённого вычислительного исследования позволяют судить о величине ослабления сигнала шероховатости поверхности материалов коммутационных плат на основе LTCC.

Использование результатов выполненной исследовательской работы позволит повысить качество вновь проектируемых радиотехнических устройств за счёт учёта паразитных эффектов, в частности шероховатости поверхности, технологии их изготовления.

Источники

1. Huray P.G., Pytel S.G., Hall S.H., Oluwafemi F., Mellitz R.I., Hua D., Ye P. Fundamentals of a 3-D «Snowball» Model for Surface Roughness Power Losses. 11th Annual IEEE SPI Proceedings, 2007.

2. Hammerstad J. Accurate models for microstrip computer aided design. IEEE MIT-S Int. Microwave Symp, Dig., 1980.

3. Hall S., Pytel, S.G., Huray P.G., Hua D., Moonshiram A., Brist G.A., Sijercic E. Multigigahertz Causal Transmission Line Modeling Methodology Using a 3- D Hemispherical Surface Roughness Approach. Microwave Theory and Techniques, IEEE Transactions, 2007, vol. 55, issue 12, part 1.

4. Zyrin I.D., Karaban V.M., Syncov S.B. Review of Capabilities of Mathematical Models for Surface Roughness of the Low-Temperature Ceramic Circuit Boards. 2013 23rd Int. Crimean Conference «Microwave & Telecommunication Technology» (CriMiCo'2013). 9-13 September, Sevastopol, Crimea, Ukraine, 2013.

Suchkova L.I.
Associate Professor, PhD, Altai State Technical University
**ESTIMATION OF PARAMETRES OF A SIGNAL MODELLING
FUNCTION IN ITS LINEAR APPROXIMATION
BY E-AREAS METHOD**

The informative signal formed and processed by modern informational-measuring systems, generally represents quasidetermined function of time, space co-ordinates and parameters.

Let's assume, that the transformer input signal is generally function of existential coordinates $r^T = \{x, y, z, t\}$ and a vector of parameters λ. Let's consider, that the signal is observed in the existential area broken into assemblage of domains DM = $\{dm_q\}$, $|DM| = Q$, in each of which the signal is characterized by the model of behaviour. For boundary lines of each domain dm_q, functions $G_{q\theta}(r)$ where $\theta=1,...,\Theta q$, Θq - the quantity of functions in family, is satisfied a interval condition according to which the range of definition of each boundary line D is set not rigidly, and can vary within indeterminate form intervals on each measurement of a vector r:

$$D(G_{q\theta}(r)) = [r_q - \delta_{q\theta}^-(r); r_q + \delta_{q\theta}^+(r)]. \tag{1}$$

Let taking into account lapses of measurements and agency of random factors the model of a real signal in each domain q looks like:

$$Y(r,\lambda) = E_{m_q}(r,\lambda) + \Phi_q(r), \tag{2}$$

where $Y(r,\lambda)$ - observable implementation of a signal, $E_{mq}(r,\lambda)$ - the modelling function defined to within parameters presenting a signal, with type number m from group of functions $\{E_m(r,\lambda)\}, m \in \{0,1,...,N\}$, $\Phi_q(r)$ - support function.

Ensemble $\Phi_q(r)$ forms a layer of indeterminate form of neighbourhoods of the modelling function which thickness generally can depend from r. Modelling functions for various domains can both to coincide, and to be discriminated. The basic demand to modelling function is continuum and simplicity of evaluation in a real time on the device with the restricted computing possibilities. For a component of a vector λ the independence condition generally is not satisfied, and their interval estimations represent area in space of parameters which should change in the course of a data handling of implementation of a signal. Area definition Λ admissible current interval values of parameters λ modelling function is carried out according to its type. The elementary modelling function is the linear function $E_1(r,\lambda) = \lambda_1 \cdot r + \lambda_0$.

Method of a finding of interval estimations of parameters λ under condition of boundedness of range of values of function of support $\Phi_q(r)$ for a case of linear function we will realise as iterative procedure on which each step refinement of domain boundaries of a legitimate value of interval estimations in space of parameters according to following algorithm is carried out. For simplicity of reasoning the vector r is representable unique time component t, that is not basic restriction for an interval sizing up of the parameters λ modelling function. On the first step on signal implementation in points r=0 and r=dr taking into account range of values of function of support the interval for parameter λ_0 as according to type of modelling function the parameter λ_1 at r=0 does not influence its value is computed. Thus overhead λ^{max} and bottom λ^{min} boundary lines of an estimation of parameters λ_0 and λ_1 are equal [1]:

$$\hat{\lambda}_0^{max\,1} = Y(0,\lambda) + \varepsilon_0^-, \quad \hat{\lambda}_0^{min\,1} = Y(0,\lambda) - \varepsilon_0^+,$$

$$\hat{\lambda}_1^{min\,1}\bigg|_{\hat{\lambda}_0^{max\,1}} = \frac{Y(dr,\lambda) - Y(0,\lambda) - wid[-\varepsilon_0^-,\varepsilon_0^+]}{dr}, \tag{3}$$

$$\hat{\lambda}_1^{max\,1}\bigg|_{\hat{\lambda}_0^{max\,1}} = \hat{\lambda}_1^{min\,1}\bigg|_{\hat{\lambda}_0^{min\,1}} = \frac{Y(dr,\lambda) - Y(0,\lambda)}{dr},$$

$$\hat{\lambda}_1^{max\,1}\bigg|_{\hat{\lambda}_0^{min\,1}} = \frac{Y(dr,\lambda) - Y(0,\lambda) + wid[-\varepsilon_0^-,\varepsilon_0^+]}{dr}.$$

Computed under formulas (3) interval estimations a component of a vector of parameters λ form in space of parameters a tetragon with the apexes matching to the minimum and maximum values of parameters. Let's name area of admissible interval estimations a component of a vector of parameters at the imposed restrictions on area of a variation of a function of support $\Phi(r)$ ε-area. We will mark out the ε-area gained on the first iteration of work of algorithm through OE_1, it on the first step will be a resultant area OR of a legitimate value of parameters. On the subsequent steps of algorithm on signal implementation in points r=i*dr and r=(i+1)*dr for i≥1 under formulas (4) the bottom and overhead boundary lines of estimations and parameters are computed:

$$\hat{\lambda}_0^{max\,i+1} = Y(i \cdot dr,\lambda) + \varepsilon_0^-, \quad \hat{\lambda}_0^{min\,i+1} = Y(i \cdot dr,\lambda) - \varepsilon_0^+,$$

$$\hat{\lambda}_1^{min\,i+1}\bigg|_{\hat{\lambda}_0^{max\,i+1}} = \frac{Y((i+1) \cdot dr,\lambda) - Y(i \cdot dr,\lambda) - wid[-\varepsilon_0^-,\varepsilon_0^+]}{dr}, \tag{4}$$

$$\hat{\lambda}_1^{max\,i+1}\bigg|_{\hat{\lambda}_0^{max\,i+1}} = \hat{\lambda}_1^{min\,i+1}\bigg|_{\hat{\lambda}_0^{min\,i+1}} = \frac{Y((i+1) \cdot dr,\lambda) - Y(i \cdot dr,\lambda)}{dr},$$

$$\hat{\lambda}_1^{max\,i+1}\bigg|_{\hat{\lambda}_0^{min\,i+1}} = \frac{Y((i+1) \cdot dr,\lambda) - Y(i \cdot dr,\lambda) + wid[-\varepsilon_0^-,\varepsilon_0^+]}{dr}.$$

Computed on (4) values are coordinates of apexes of the tetragon forming ε-area OE_{i+1} in space of parameters according to detour of apexes counterclockwise. For resultant formation ε-areas OR of a legitimate value of parameters of modelling function on each iteration is necessary to define intersection of current area OR and ε-areas OE'_{i+1}, which coordinates of apexes are gained from coordinates of apexes ε-areas OE_{i+1} by carrying over of origin of coordinates from a point (i*dr, 0) in a point (0,0) [1].

Generally the problem of definition of a resultant ε-areas OR is reduced to a problem of definition of coordinates of apexes of the polygon which is intersection leaking of ε-area OR, the implementation of a signal generated on history, and ε-areas OE'_{i+1}. The illustration of work of iterative algorithm of a finding of a resultant ε-areas OR of a legitimate value of parameters of modelling function for a case when "layer" of indeterminate form of function of support is known is resulted in figure 1. At each stage of algorithm there is a decrease of the square of a resultant ε-areas that matches to refinement of interval estimations of parameters of modelling function and decrease in indeterminate form in process of emersion of the information on the next readout of implementation of a controllable signal.

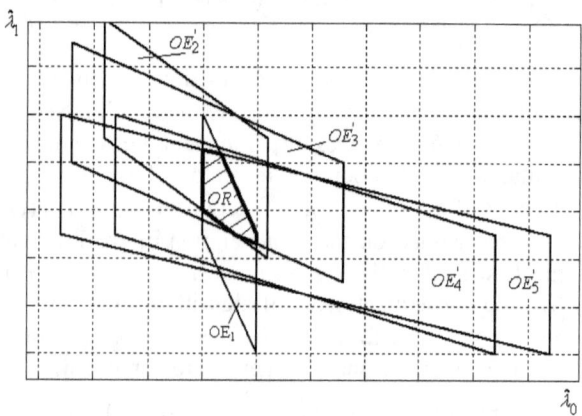

Figure 1 - Resultant ε-area of an estimation of parameters of modelling function in its linear approximation

The analysis of area OR allows to judge parametres the quasidetermined processes characterizing a condition of objects of the control in measuring systems.

Bibliography:
1. Suchkova L.I., Yakunin A.G. The ε-areas method of the estimation of the condition of object of the control in linear approach of modelling function // Reports of Tomsk state university of control systems and radio electronics. - № 2(28). - 2013. – Tomsk, 2013. – p. 147-151.

Колпакова В.В. - профессор, доктор технических наук,
Фан Куинь Чам - аспирант,
Бойко В.В. - старший преподаватель
Московский государственный университет пищевых производств
Val-kolpakova@rambler.ru

СРАВНИТЕЛЬНАЯ ХАРАКТЕРИСТИКА СОСТАВА И СВОЙСТВ РИСОВЫХ БЕЛКОВЫХ КОНЦЕНТРАТОВ

Рис является важнейшей зерновой культурой, занимающей в мире второе место по объему производства, после пшеницы. Несмотря на то, что существует много направлений использования риса, в мире продолжается поиск перспективных путей его переработки с получением компонентов с полезными питательными и функциональными свойствами. Рисовый белок является гипоаллергенным, он не содержит клейковину, что делает его конкурентоспособным для производства диетических и функциональных продуктов питания.

Известны способы переработки зерна риса на белки и крахмал [1; 2; 3], но даже со щелочью и энзимами белки трудно выделяются из сырья, при этом щелочь изменяет их структуру, питательную ценность, что отрицательно отражается на функциональных свойствах и затрудняет применение для приготовления пищевых продуктов. Поэтому нами разработан новый биотехнологический способ выделения белков из рисовой муки с применением ферментных препаратов амилазного и ксиланазного действия [4].

Целью данной работы явилась изучение химического состава, питательной ценности и функциональных свойств белковых концентратов (БК) из белозерного и краснозерного риса для определения путей их применения в пищевой промышленности.

Из таблицы 1 видно, что БК из краснозерного риса содержит на 5-6% меньше белков, на 45-55% больше крахмала, по сравнению с концентратом из белозерного риса, содержание зольных элементов, клетчатки и жира практически одинаковое. Отличие заключается также в том, что содержание макроэлементов натрия, калия и магния в концентрате из краснозерного риса на 9,4; 41 и 90%, соответственно, меньше, чем в концентрате из белозерного риса, тогда как кальция, наоборот, - больше в 2,3 раза. В концентрате из белозерного риса содержится также больше железа, меди, цинка (в 2,5, 1,1 и 1,7 раза, соответственно), но меньше - марганца, кобальта, молибдена и хрома (в 1,1 – 3,2 раза).

Биологическая ценность белков определялась по аминокислотному составу (Таблица 2) и по перевариваемости под действием протеиназ in vitro (Рисунок 1). Видно, что белки концентратов хорошо сбалансированы по треонину, валину, лейцину, серосодержащим и ароматическим аминокислотам. Первой лимитирующей кислотой является лизин (2,9-3,2 г/100 г), что соответствует литературным данным [5; 6], второй – изолейцин. Значительных различий для большинства аминокислот между концентратами не обнаружено.

Таблица 1 – Химический состав концентратов

Показатели	г/100г продукта	
	из белозерного риса	из краснозерного риса
влага	4-6	4-6
белки	83-85	78-80
крахмал	9,0-11,0	14,1-16,1
клетчатка	0,3	0,3
жир	0,3	0,3
зола	0,30	0,25
минеральные элементы, мг/кг продукта:		
калий	103,0	73,10
кальций	73,40	170,0
магний	366,0	193,0
натрий	140,0	128,0
железо	3,260	8,100
медь	4,000	4,360
марганец	2,350	2,100
цинк	10,20	17,00
кобальт	0,019	0,009
молибден	0,259	0,104
хром	0,080	0,025
свинец	0,090	0,058
кадмий	0,088	0,033

Перевариваемость БК изучена в сравнении с яичным альбумином с ферментативной системой пепсин–панкреатин.

Из рисунка видно, что с увеличением времени протеолиза степень перевариваемости белков риса повышалась. Гидролиз белков более интенсивно протекал у рисовых концентратов, чем у яичного альбумина.

К концу гидролиза перевариваемость БК из белозерного зерна под действием пепсина превышала перевариваемость яичного альбумина в 1,5 раза, под действием панкреатина – в 2,8 раза.

Важно отметить, что перевариваемость БК из краснозерного риса, как и его

Таблица 2 – Показатели аминокислотного состава концентратов

Аминокислота	г/ 100 г белка		Аминокислотный скор, %	
	1	2	1	2
изолейцин	3,2	3,4	80	85
лейцин	6,7	7,6	100	108
лизин	2,9	3,2	53	58
метионин	1,7	1,5	100	100
цистин	2,0	1,9		
фенилаланин + тирозин	9,6	7,8	160	130
треонин	4,8	4,4	120	110
валин	5,5	5,5	110	110

Примечание: 1 - краснозерный рис; 2 – белозерый рис,

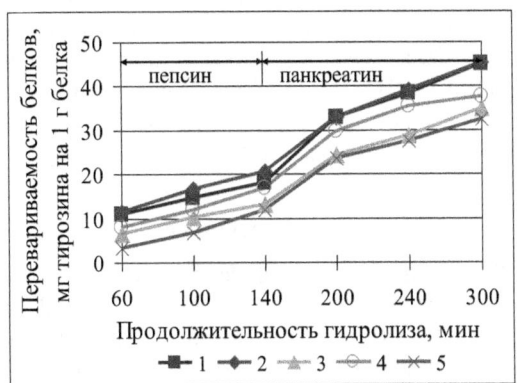

Рисунок - Перевариваемость рисовых концентратов in vitro

Концентраты белозерного риса: 1 негидролизованный, 2 – гидролизованный; концентраты краснозерного риса: 3 - негидролизованный, 4 – гидролизованный; 5-яичный альбумин (контроль)

белков, но гидролизованных ферментным препаратом Protamex ®, на всем протяжении протеолиза с пепсином и панкреатином была ниже на 28-66%, чем перевариваемость БК из белозерного риса. Эти различия можно объяснить большим в нем содержанием флавоноидов: 1328±3 мг/100 г против 560±3 мг/100 г в БК из белозерного риса.

Определение функциональных свойств концентратов (Таблица 3) показало, что водосвязывающая, жиросвязывающая и жироэмульгирующая способность у БК из белозерного риса на 8-15 % выше, чем у БК из краснозерного риса, пенообразующая способность – в 5 раз больше, а стабильность пены у БК из краснозерного риса вообще отсутствовала.

Таблица 3 - Функциональные свойства рисовых концентратов

Функциональные свойства	Рис	
	Белозерный	Краснозерный
Водосвязывающая способность, г/г	1,50	1,32
Жиросвязывающая способность, г/г	1,42	1,27
Жироэмульгирующая способность, %	50	46
Стабильность эмульсии, %	50	48
Пенообразующая способность, %	90	16
Стабильность пены, %	83,0	0
Растворимость, %	3,0	2,6

Таким образом, БК из белозерного риса, по сравнению с БК из краснозерного риса, обладал более высокими функциональными свойствами, его белки лучше переваривались ферментами желудочно-кишечного тракта, поэтому они более перспективны для применения в качестве белкового ингредиента при производстве пищевых продуктов различного назначения, включая гипоаллергенные.

Литература

1. Morita T., Kiriyama S. Mass production method for rice protein isolate and nutritional evaluation // J. Food sci. – 1993. – N. 58. – P. 1393-1396.
2. Tang S., Hettiarachchy N.S., Horax R. Physicochemical properties and functionality of rice bran protein prepared from heat-stabilized defatted rice bran with aid of enzymes // J. of Food Science. – 2003. – Vol. 68. – N. 1. – P. 152-157.
3. Lixia H., Yongyi Z., Qingxiao L. Characterization and preparation of broken rice proteins modified by proteases // Food Technol. Biotechnol. – 2010. – N. 1. – P. 50-55.
4. Колпакова В.В., Фан Куинь Чам, Чумикина Л.В., Смирнов С.О. Рисовый белок: получение биотехнологическим способом с применением карбогидраз // Хранение и переработка сельхозсырья. – 2012. – №11. – С. 20-24.
5. Хосни Р. К. Зерно и зернопродукты / Р.К. Хосни. – СПб.: Профессия, 2006. –336 с.
6. Рядчиков В.Г. Улучшение зерновых белков и их оценка / В.Г. Рядчиков. – М.: Колос, 1978. – 368 с.

Купцов С.Ю.
аспирант
Национальный Исследовательский Университет
«Московский энергетический институт»
kuptsov_semen@list.ru

РАЗРАБОТКА ПРОТОЧНОЙ ЧАСТИ ПОЛИРЯДНОГО БУСТЕРНОГО НАСОСА ДЛЯ СВЕРХМОЩНЫХ ЭНЕРГОБЛОКОВ

Аннотация: *Обсуждаются первые результаты расчетно-теоретических исследований трехрядного осевого лопастного насоса с s-образной формой проточной части в меридианной проекции на параметры Q=1,5 м³/с, H=286 м, предназначенного в качестве бустерного насоса (БН) для питательных систем энергоблоков (ЭБ). Проведена оценка возможности применения предложенных схемотехнических решений в теплоэлектроэнергетике для сверхмощных ЭБ гигаватного класса (>1ГВт). Отмечены преимущества и недостатки традиционных решений для бустерных насосов ТЭС. Предложены способы достижения позитивных результатов в решении имеющихся проблем увеличения уровня энергоэффективности, наряду с повышением надежности и срока службы.*

Ключевые слова: *полирядный насос (polyrow pump), эвольвентный подвод (evolvent inlet), полуспиральный подвод (asymmetric inlet casing), проточная часть (flow path), уравновешенный ротор (counterbalanced rotor), центробежный насос (centrifugal pump), режим работы (operating mode), численное моделирование (numerical simulation), рабочий процесс (workflow), надежность агрегата (equipment reliability), антикавита-ционные свойства (anti-cavitation properties), энергетика (power engineering).*

В настоящее время имеет место тенденция к увеличению единичной мощности энергоблоков (ЭБ) ТЭС. Однако при создании ЭБ мощностью порядка 1 ГВт разработчикам приходится сталкиваться с целым рядом проблем, от качества решения которых зависит эффективность функционирования блока. Основными проблемами, требующими решения, являются следующие:

- **Обеспечение высокой надежности.** Необходимо свести к минимуму количество плановых и внеплановых остановов мощного ЭБ с целью ремонта или замены оборудования, поскольку даже непродолжительный простой оборудования такого класса ведет к очень серьезным экономическим издержкам [1,32];

- **Обеспечение высокой эффективности.** При столь высоких энергетических параметрах работы крайне важно добиться высокой эффективности работы (КПД) всех узлов и агрегатов блока. Вопросы эффективности особенно актуальны при работе оборудования на нерасчетных режимах.

Выход современных ЭБ на новые параметры неизбежно влечет за собой изменения во всех его компонентах, в частности в насосах. Поскольку насосы – компоненты большой, очень сложной системы, схематичное изображение которой приведено на рис. 1, не имеет смысла в отдельном исследовании конденсатных (КН), циркуляционных (ЦН) или питательных насосов (ПН).

Исследования по повышению надежности и экономичности гидромашин должно проводиться комплексно, с учетом всех сил и взаимодействий, влияющих на насосные установки. Насосы должны нормально работать в переходных режимах, переносить температурные перепады и перепады давления. Насосы должны быть в непрерывной работе не менее 8000 часов. Должна быть обеспечена разгрузка от больших радиальных и осевых усилий (до 100 тонн), возникающих при работе насоса [1,32].

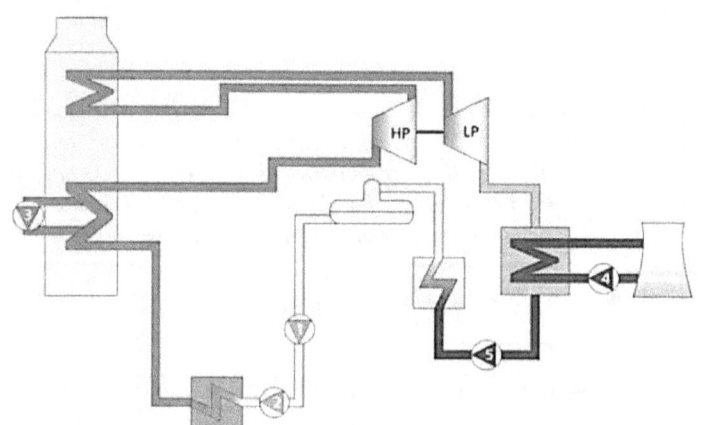

Рис. 1. Блок-схема ЭБ:
1 – бустерный насос (БН); 2 – ПН; 3 – рециркуляционный насос котла (РЦН); 4 – ЦН; 5 – КН

Целью данной работы является исследование рабочего процесса БН новой концепции с s-образной формой проточной части в меридианной проекции с осевыми ступенями с выявлением конкурентоспособных свойств по сравнению с применяемыми БН на ТЭС в наши дни. Традиционно, в мощных ЭБ ТЭС находят применение БН двух типов:

секционного и двустороннего (центробежные насосы типа Д). В силу того, что рост производительности ЭБ помимо прочего обеспечивается за счет увеличения расхода рабочего тела (питательной воды), то в подавляющем большинстве случаев используются центробежные насосы с двусторонним подводом рабочей жидкости.

Центробежные насосы с двусторонним подводом рабочей жидкости имеют следующие известные недостатки:

- Полуспиральный подвод не обеспечивает достаточно равномерную эпюру скоростей и давлений на входе в рабочее колесо, в результате чего снижаются его антикавитационные свойства;
- Наличие «языка» в спиральном отводе часто формирует крупные вихревые зоны в напорном патрубке насоса, что существенно снижает общий КПД агрегата;
- Спиральный отвод на не расчетных режимах работы формирует большую радиальную силу (в зависимости от режима, меняющую направление действия), действующую на ротор насоса, снижая ресурс работы уплотнений и подшипников;
- Риск возникновения неустановившихся колебаний подачи (эффект помпажа). Нестабильная работа насоса в области малых подач в силу «западающего» участка характеристики;
- Высокий риск размыва плоскости разъема и спирали вследствие литейных отклонений сложных поверхностей корпуса и крышки насоса.

При работе БН в условиях увеличенных расходов и перепадов давления в составе мощных ЭБ перечисленные недостатки формируют серьезную проблему для традиционных бустерных насосов, требующую эффективного решения.

Одним из возможных решений обозначенных проблем является изменение традиционной концепции БН и применение нестандартной конфигурации проточной части БН.

Так, предлагается ввести в конструкцию БН картриджную компоновку [2,65] с внешним корпусом, повышающую жесткость конструкции и облегчающую эксплуатацию и обслуживание насоса на ТЭС. В качестве активной части предлагается применить две, установленных встречно, трехрядных, одноступенчатых в каждом ряде, осевые лопастные системы, повышающих напорность насоса (см. рис. 2) [3,5;4,1].

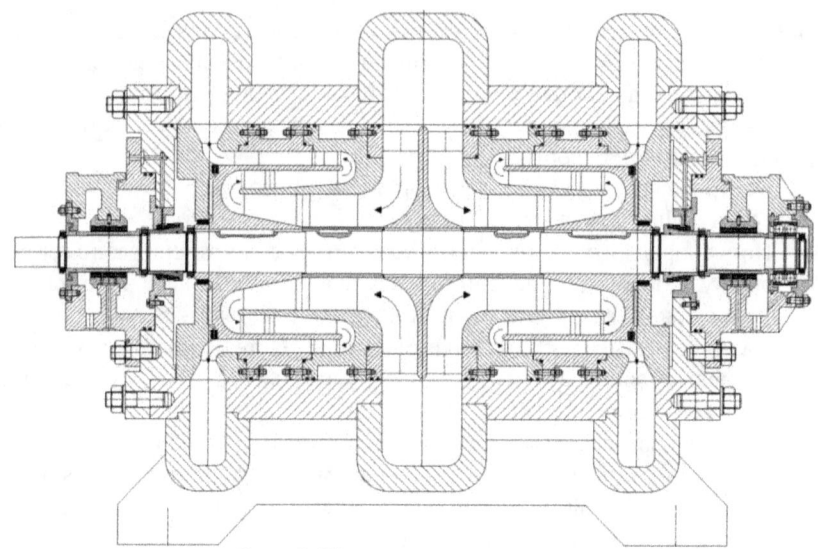

Рис. 2. Продольный разрез БН

Совместно с данной лопастной системой предлагается использовать нестандартные подводящее и отводящее устройства. В основу профилирования этих устройств заложена идея об эвольвенте окружности, используемой в качестве образующей их проточной части. Как известно, эвольвента окружности (см. рис. 3) строится путем откладывания по касательным длин соответствующих дуг этой окружности, т. е. $l = h$. Следовательно, через соответствующие им проходные площади протекают одинаковые расходы рабочей жидкости [5,116].

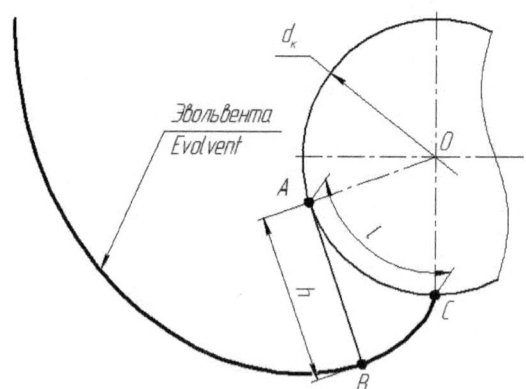

Рис. 3. Схема построения эвольвенты окружности

На основе предложенных идей и схемотехнических решений спроектирован БН для работы в составе мощных ЭБ на следующие параметры, сведенные в таблицу 1:

Таблица 1. Требуемые параметры работы БН

Параметр	Значение
Подача, Q, м³/с	1,5
Напор, H, м	286
Частота вращения, n, об/мин	3000
Допускаемый кавитационный запас, Δh, м	14
Мощность, $N_{БН}$, МВт	4,34

Конфигурация спрофилированных и оптимизированных органов лопастной системы (ЛС) приведена на рис. 4.

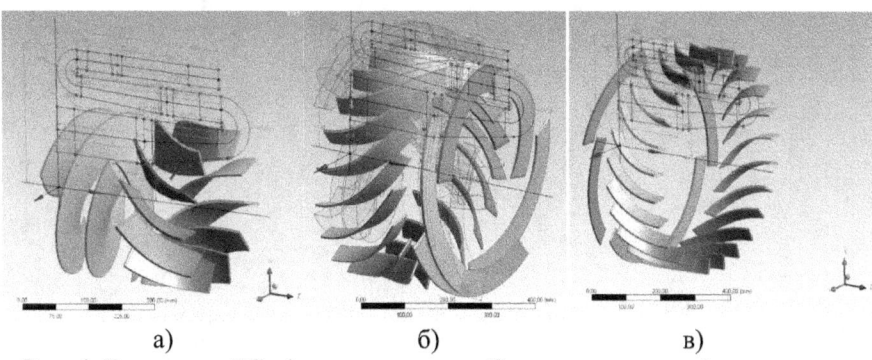

а)   б)   в)

Рис. 4. Геометрия ЛС: а) – первого ряда; б) – второго ряда; в) – третьего ряда;

Средствами пакета *ANSYS CFX* было реализовано численное моделирование рабочего процесса данной ЛС в стационарной постановке, которое позволило спрогнозировать основные интегральные параметры работы нового БН (см. табл. 2):

Таблица 2. Параметры работы SБН

	Ряд 1	Ряд 2	Ряд 3	БН
n, об/мин	3000			
Q, м³/с	1,5			
H, м	38,23	92,00	157,65	**287,88**
$\eta_г$, %	84,28	78,23	78,07	**79,3**
$N_г$, кВт	291,52	774,15	1275,13	**4680**

На рис. 5 приведены результаты численного моделирования рабочего процесса ЛС, представленные в виде эпюр распределения статического давления p, Па по меридианной проекции проточной части и скорости V, м/с в соответствующих межлопастных каналах.

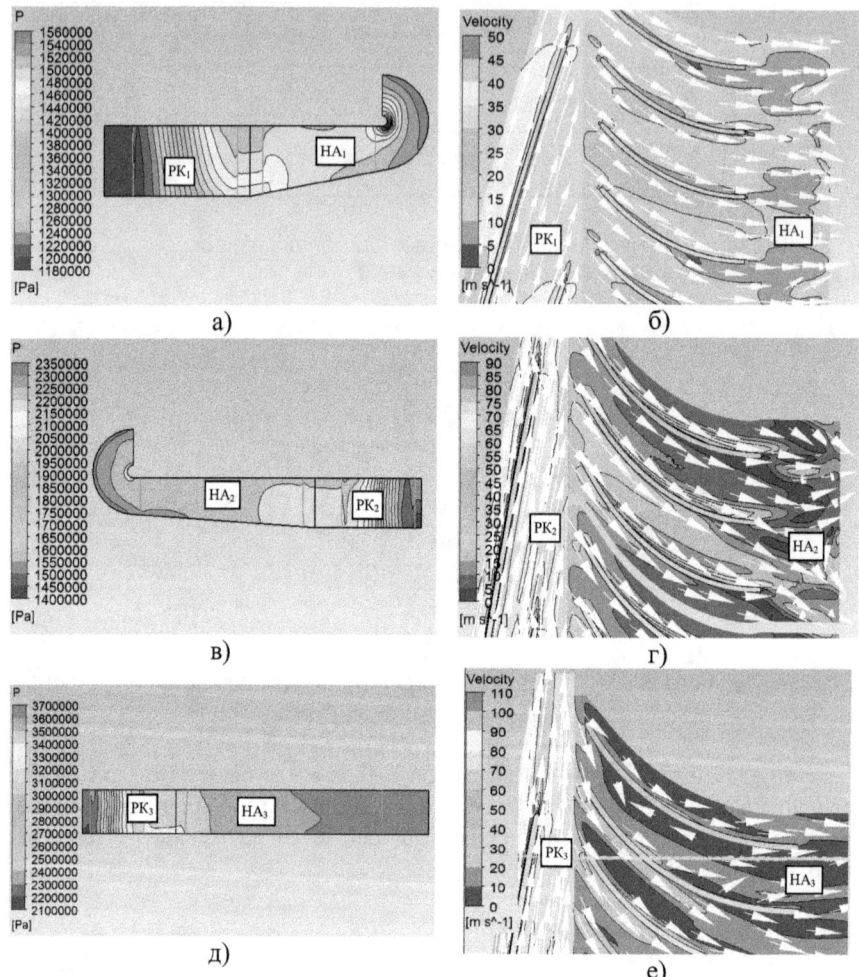

Рис. 5. Эпюры распределения статического давления p, Па (на рис. а, в, д) и абсолютной скорости v, м/с (на рис. б, г, е)

Кроме того, компьютерные испытания проводились также и для подводящего и отводящего устройств при различных значениях расходов, имитируя изменение подачи в питательном контуре ЭБ. На рис. 6

приведены результаты численного моделирования подвода и отвода, спроектированных на основе идеи об эвольвенте, упомянутой выше.

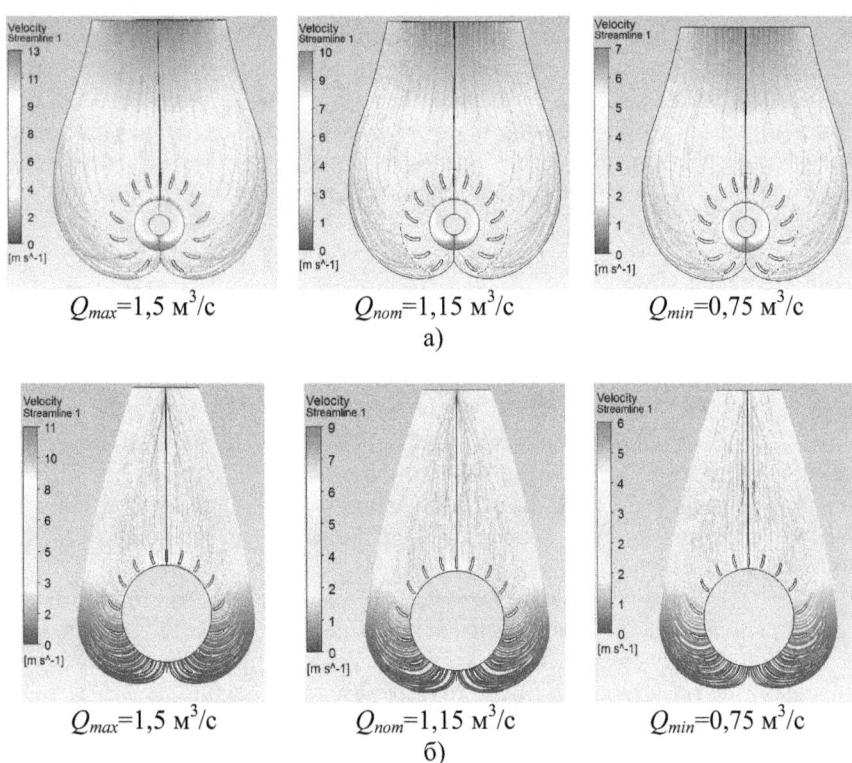

Рис. 6. Общая картина течения рабочей жидкости при различных значениях подачи Q в пределах проточной части: а) – подвода; б) – отвода

Проанализировав полученные результаты можно сделать вывод о теоретической работоспособности предложенной схемы и прогнозировать теоретическое улучшение эксплуатационных качеств БН. Предложенная компоновка рабочих органов обеспечивает теоретическую разгрузку ротора от действия осевых нагрузок. Характер течения рабочей жидкости в подводе (рис. 6 а) сохраняется равномерным и упорядоченным в широком диапазоне подач, формируя при этом практически идеальную эпюру скоростей и давлений на входе в рабочее колесо. Это обстоятельство наряду с применением рабочего колеса первого (втулочного) ряда, выполненного естественным образом в виде усеченного шнека, а также двусторонней компоновкой активной части, существенно повышает антикавитационные свойства насоса. Расчетно-теоретические исследования рабочего процесса отвода позволяют говорить о теоретическом отсутствии действия радиальной силы на ротор насоса в широком диапазоне подач, что увеличит срок службы подшипников и уплотнений.

Предложенная компоновка БН, по-видимому, обладает лучшими технико-эксплуатационными свойствами по сравнению с традиционными вариантами исполнения БН, однако, все полученные результаты носят исключительно теоретический и прогнозный характер. Подтверждение полученных результатов можно получить лишь в результате физического эксперимента, проведенного лабораторных условиях.

Список литературы

1.   Шиль Ю. Тенденции развития питательных насосов / Вестник ЮУрГУ, 2005, №1, с. 32 – 46.

2.   Бушзипер. П. Концепция конструкции питательных насосов фирмы SULZER / Вестник ЮУрГУ, 2005, №1, с. 65 – 72.

3.   Евразийский патент №014075 В1. Лопастная машина (варианты) / Г.М. Моргунов, К.Г. Моргунов. Опубл. 30.08.2010.

4.   Моргунов Г.М. Лопастные машины для жидкостей и газов с увеличенной плотностью полезно используемой энергии // Вест. МЭИ, 2007, № 4,с. 5-13.

5.   Купцов С. Ю., Моргунов Г. М. Исследование рабочего процесса подводящих устройств насосных агрегатов. Свойство эвольвенты // Восьмая международн. научн.-техн. конф. студентов, аспирантов и молодых ученых «Энергия-2013»: Материалы конференции. В 7 т. Т. 1, Ч. 1 – Иваново: ФГБОУ ВПО ИГЭУ, 2013, с. 116-119.

Мищенко В.И., Шилов А.К.
студент, ИТА ЮФУ; доцент, к.т.н., ИТА ЮФУ
vovchikcool@inbox.ru

ПРИМЕНЕНИЕ COBIT ДЛЯ УПРАВЛЕНИЯ БЕЗОПАСНОСТЬЮ ИНФОРМАЦИОННЫХ СИСТЕМ

COBIT представляет собой сборник передовой практики и процессов для управления информационных технологий (ИТ). Эта модель обеспечивает эффективные меры, показатели и мероприятия для предприятия. COBIT также прикладывается к другим процессам управления, например, программному процессу, управлению безопасностью, управлению ИТ-услугами. Однако COBIT – модель слишком общего назначения, она требует глубокого экспертного знания для реализации каждого приложения. Хотя руководство управления безопасностью также публикуется, его содержимое абстрактный. В данной статье рассматривается содержание COBIT. Также представлены основы и применение к развитию информационной системы. COBIT эффективно использует рамки в основе управления безопасностью и решает различные предметы безопасности в развитии предприятия [1].

COBIT помогает заполнить разрывы между бизнес-рисками, требуемыми мерами контроля и техническими проблемами. Он приводит лучшие практики в различных областях и процессах, а также перечень требуемых задач для ИТ в стройной логической системе.

ИТ ресурсы должны управляться в рамках естественным образом сгруппированных процессов. COBIT предоставляет методику для достижения этой цели, а именно:

- Основывается на требованиях бизнеса;
- Процессно-ориентированный, структурирующий задачи ИТ в общепринятую процессную модель;
- Идентифицирует основные необходимые ИТ ресурсы;
- Определяет необходимые цели контроля;
- Инкорпорирует основные международные стандарты.

Методика COBIT основана на предпосылке, что ИТ необходимо предоставлять информацию, требуемую организации для достижения своих целей. Методика COBIT помогает связать ИТ и бизнес посредством фокусировки на требованиях бизнеса к информации и организации ИТ ресурсов. COBIT предоставляет методику и рекомендации для внедрения корпоративного управления ИТ. Как методика управления и контроля ИТ, COBIT фокусируется на двух ключевых областях: обеспечение информацией, требуемой для поддержки целей и требований бизнеса и рассмотрение информации как результат взаимодействия ИТ-ресурсов, управляемых в рамках ИТ-процессов.

COBIT предоставляет следующие преимущества при внедрении корпоративного управления ИТ:

- Позволяет построить соответствие целей ИТ целям бизнеса и наоборот;
- Лучшее взаимодействие ИТ и бизнеса, основывающаяся на целях бизнеса;
- Представление деятельности ИТ служб на понятном бизнесу языке;
- Четкое определение владельцев и ответственных, основанное на процессном подходе;
- Признаваемый третьими сторонами и регуляторными органами стандарт;
- Взаимопонимание между всеми заинтересованными лицами, основанное на общем языке.

COBIT определяет четыре сферы, относящиеся к управлению: PO (планирование и организация), AI (приобретение и реализация), DS (доставка и поддержка) и ME (мониторинг и оценка).

Руководителям должны быть уверенны, что они могут положиться на информационные системы и информацию, производимую этими системами и получить положительную доходность от инвестиций в ИТ. COBIT предоставляет все необходимые инструменты, чтобы направлять и контролировать всю ИТ - деятельность. COBIT является всемирно признанной основой для управления ИТ на основе отраслевых стандартов и лучших практик. Один раз, реализовав данную модель, руководители смогут обеспечить ИТ в соответствие с бизнес-целями и лучше направить использования ИТ для бизнес-преимущества [2].

COBIT позволяет разрабатывать четкую политику и хорошую практику управления ИТ. Это также помогает организациям управлять ИТ-рисками и обеспечить соответствие нормативам, непрерывности, безопасности и конфиденциальности. Потому COBIT представляет собой набор проверенных и принятых на международном уровне инструментов и методов. Реализация COBIT является признаком хорошо управляемой организации. Это помогает ИТ-специалистам, и корпоративным пользователям демонстрировать профессиональную компетентность для высшего руководства.

После того, как ключевые принципы COBIT, относящиеся к предприятию будут определены и реализованы, руководители обретут уверенность, что ИТ можно эффективно управлять и использовать.

Список литературы

1.   Shoichi Morimoto. Application of COBIT to Security Management in Information Systems Development. International Conference on Frontier of Computer Science and Technology, Xining, China, August 16-18, 2009: Conf. Rec. Vol.1. – Xining, China, pp.625-630, 2009.

2.   IT Governance Institute, Aligning COBIT 4.1, ITIL V3 and ISO/IEC 27002 for Business Benefit, 2008.

Хусаинов Р.М.

канд. техн. наук, доцент кафедры конструкторско-технологического обеспечения машиностроительных производств Набережночелнинского института (филиала) Казанского федерального университета, г. Набережные Челны.

e-mail: rmh@inbox.ru

Сабиров А.Р.

инженер-конструктор, конструкторский отдел станочной, сварочной и сборочной оснастки, ОАО «КАМАЗ», г. Набережные Челны.

e-mail: idur.619@gmail.com

Мубаракшин И.И.

инженер-конструктор, конструкторский отдел режущего инструмента и систем измерений, ОАО «КАМАЗ», г. Набережные Челны.

e-mail: mubarakshin_irek@mail.ru

ОСОБЕННОСТИ МОДЕЛИРОВАНИЯ МЕТАЛЛОРЕЖУЩИХ СТАНКОВ ПРИ РАСЧЕТЕ НА ЖЕСТКОСТЬ

Деформации технологических систем обработки резанием оказывают существенное влияние на точность обработки. Предварительная оценка деформаций должна быть произведена с учетом всех элементов технологической системы – станка, приспособления, инструмента (как режущего, так и вспомогательного), заготовки - поскольку в общем балансе деформаций технологической системы именно эти элементы оказываются слабыми звеньями.

Решение этой задачи может быть выполнено с использованием CAE-систем, например, с помощью модуля «Расширенная симуляция» программного пакета NX. Для этого необходимо подготовить трехмерную сборную модель системы станок-приспособление-инструмент-деталь. На производстве проектирование элементов этой системы производится, как правило, силами разных служб. Соответственно, итоговая сборка выполняется из готовых сборок приспособления, инструмента и заготовки. Трехмерная модель станка может быть подготовлена заранее, поскольку она может использоваться при решении других задач производства.

Помимо общих вопросов, связанных с созданием конечно-элементной сетки и файла симуляции, важное значение имеют проблемы подготовки некоторых объектов моделирования. К ним относятся:

1. Задание нагрузок. При расчете станков легкой серии, с жесткими несущими системами, рационально использовать допущение, что на результаты решения задачи оказывают влияние только силы, возникающие при резании. Силы резания определяются по эмпирическим закономерностям для составляющих P_x, P_y, P_z, которые и подставляются в формы для нагрузок. Согласно третьему закону Ньютона, силы должны быть приложены и к заготовке, и к инструменту в точке их контакта при резании.

2. Задание граничных условий (ограничений). В качестве граничного условия, ограничивающего смещение сборной модели как твердого тела моделируется крепление станины к фундаменту.

3. Задание условий контакта моделей в сборке. Моделированию связей между элементами в сборной модели необходимо придавать большое значение, поскольку на долю смещений в контактах приходится до 80-90% всех деформаций станка, и неправильное моделирование контактов может привести к неадекватным результатам.

В системе NX возможно непосредственное использование коэффициентов контактной жесткости при расчете типа «Нелинейный статический анализ». Однако такое метод имеет большую продолжительность расчета, и затруднителен, например, при выполнении большого количества вычислительных экспериментов. В таком случае рационально использовать линейный статический анализ с моделированием линейного контактного взаимодействия между поверхностями упрощенным методом с помощью функции NX «Склеивание (контакт) поверхность–поверхность». В решателе NX Nastran реализован метод расчета с созданием контактной прослойки, имеющей разные значения параметров жесткости (коэффициентов штрафа) в нормальном и касательном к поверхности контакта направлениях. Таким образом, учитывать жесткость контакта можно, изменяя коэффициенты штрафа. В локальных параметрах соединения поверхностей в NX реализовано два способа задания единиц жесткости [1,282]:

а) по параметру Сила/(Длина х Площадь) - эквивалентно отношению жесткости контакта к площади, в этом случае контактная жесткость элемента вычисляется по выражению

$$K_{конт} = e \cdot S \qquad (1),$$

где: $K_{конт}$ - контактная жесткость, Н/мм;

e - коэффициент штрафа, Н/мм^3 ;

S – площадь контакта, мм^2.

С другой стороны, имеются эмпирические данные о жесткости контакта поверхностей различной геометрии [2,172]. Вообще, зависимость деформации в стыке от нагрузки нелинейна, однако, учитывая то, что в металлорежущих станках стыки имеют начальные давления от силы тяжести деталей или от начальной затяжки, а также учитывая малую величину деформаций, технические расчеты стыков можно вести пользуясь линейной зависимостью

$$\delta = j \cdot \sigma \qquad (2),$$

где: δ - деформация в стыке, мм;

j – коэффициент контактной податливости, мм/МПа;

σ - давление в контакте, МПа;

Учитывая, что

$$\sigma = \frac{F}{S} \qquad (3),$$

где F – нагружающая нормальная сила, Н; а также

$$K_{конт} = \frac{F}{\delta} \qquad (4),$$

из (2), получаем:

$$K_{конт} = \frac{S}{j} \qquad (5).$$

Приравнивая выражения (1) и (5), получаем:

$$e = \frac{1}{j} \qquad (6).$$

Для средних по величине давлениях в стыках и ширине поверхности стыка 50 – 200 мм, коэффициент податливости j = $(1...2)*10^{-2}$ мм/МПа. Тогда коэффициент штрафа e = $(0,5...1)*10^{-2}$ МПа/мм^3.

Б) по параметру 1/Длина - используется по умолчанию, в этом случае физический эквивалент контактной жесткости - осевая жесткость стержня площадью сечения S, с модулем упругости E и длиной $1/e$, и контактная жесткость элемента вычисляется по выражению:

$$K_{конт} = e \cdot E \cdot S \qquad (7),$$

где E - модуль упругости материала контактирующих тел, МПа.

Приравнивая выражения (5) и (7), получаем:

$$e = \frac{1}{E \cdot j} \qquad (8).$$

При тех же условиях, что в п. А, и учитывая, что модуль упругости для черных металлов в среднем $2,1*10^5$ МПа, коэффициент штрафа при этом способе задания e = $(0,25...0,5)*10^{-3}$ 1/мм.

Аналогично рассчитываются коэффициенты штрафа в тангенциальном направлении (по тангенциальной жесткости).

В остальном, расчет и анализ деформаций конечно-элементных моделей технологических систем производится на основе общих методик, принятых в системе NX.

Литература:

1. Гончаров П.С. NX Advanced Simulation. Инженерный анализ / Гончаров П.С., Артамонов И.А., Халитов Т.Ф., Денисихин С.В., Сотник Д.Е. – М.: ДМК Пресс, 2012. – 504 с.
2. Левина З.М., Решетов Д.Н. Контактная жесткость машин. М.: Машиностроение, 1971. - 264 с.

Хусаинов Р.М.

канд. техн. наук, доцент кафедры конструкторско-технологического обеспечения машиностроительных производств Набережночелнинского института (филиала) Казанского федерального университета, г. Набережные Челны.

e-mail: rmh@inbox.ru

Ахкиямов Д.Р.

аспирант кафедры конструкторско-технологического обеспечения машиностроительных производств Набережночелнинского института (филиала) Казанского федерального университета, г. Набережные Челны.

e-mail: damir-rx@mail.ru

Юрасов С.Ю.

канд. техн. наук, доцент кафедры конструкторско-технологического обеспечения машиностроительных производств Набережночелнинского института (филиала) Казанского федерального университета, г. Набережные Челны.

e-mail: docfile@yandex.ru

ВЫЧИСЛИТЕЛЬНЫЙ ЭКСПЕРИМЕНТ ПО ОПРЕДЕЛЕНИЮ ГЛАВНЫХ ОСЕЙ ЖЕСТКОСТИ НЕСУЩИХ СИСТЕМ МЕТАЛЛОРЕЖУЩИХ СТАНКОВ

Важное значение при проектировании металлорежущих станков и компоновке технологических систем имеет учет жесткости их несущих систем. Известно, что значения деформаций под действием силовых нагрузок неодинаковы в различных направлениях. Выделяют ось максимальной жесткости, при действии силы вдоль которой, деформации минимальны, и ось минимальной жесткости, при действии силы вдоль которой деформации максимальны. Эти оси перпендикулярны [1,45; 2,35]. Для обеспечения максимальной жесткости и виброустойчивости обработки желательно, чтобы силы резания проходили через ось максимальной жесткости или были близки к ней. Для этого нужно найти положение главных осей жесткости. Традиционно направление этих осей определяется экспериментальным путем, что обуславливает высокую трудоёмкость и материальные затраты.

Избавиться от указанных проблем в значительной степени может помочь исследование деформаций несущей системы с применением средств трехмерного моделирования и инженерного анализа (CAD/CAE – системы). Для решения этой задачи необходимо построение трехмерной модели несущей системы станка, обязательно с учетом технологической оснастки и самой заготовки, и расчет этой модели с применением конечно-элементного анализа. В данном случае расчет выполнялся для зуборезного станка для нарезания конических колес с круговым зубом 5П23А. Расчетная схема несущей системы данного станка включает сборку из трехмерных моделей базовых деталей станка. Сборка осуществлялась с учетом характера соединений. Имитировалась установка станины на трех виброизолирующих опорах. В точке условного контакта (резания) инструмента и заготовки были приложены равнодействующие сил резания.

При расчете в CAE-системе можно получить вектор деформаций характерных точек на заготовке и на инструменте – модуль результирующего перемещения под нагрузкой, а также направление этого перемещения. Получение этого вектора составляет отдельный цикл вычислительного эксперимента. В последующих циклах сама конечно-элементная модель и граничные условия сохраняются, изменяется только направление сил резания. Векторы равнодействующих сил поворачиваются на угол α, величина которого зависит от требуемой точности исследования и ограничений по времени. В наших расчетах угол α был принят 20^0. Естественно, направления сил, действующих на инструмент и на заготовку должны быть противоположными друг другу. Для нового направления сил выполняются новый расчет.

Циклы вычислительного эксперимента продолжаются до тех пор, пока вектор нагрузок не повернется нарастающим итогом на 180^0, после чего можно перейти к анализу полученных результатов. Строится диаграмма изменения деформаций в точке резания при изменении направления нагружающей силы (рис. 1).

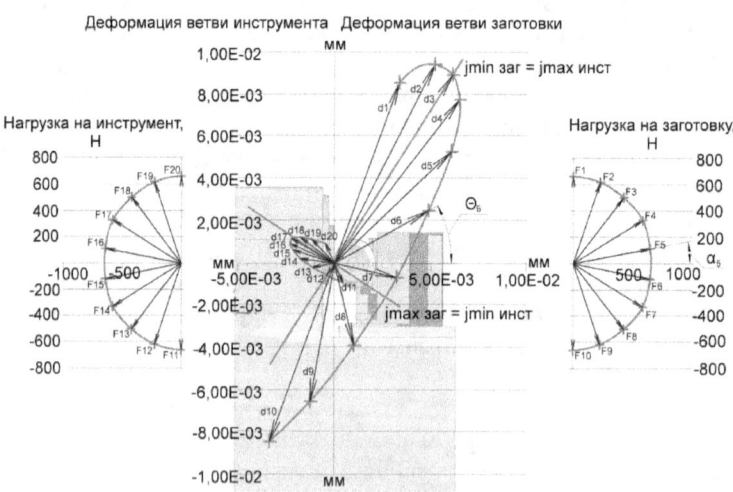

Рисунок 1 - Нагрузки и деформации в ветвях инструмента и заготовки в вертикальной плоскости

Линия, соответствующая минимальным деформациям была установлена как ось максимальной жесткости j_{max}, линия соответствующая максимальным деформациям была установлена как ось минимальной жесткости j_{min}.

В результате данного исследования выявилась возможность определения осей жесткости средствами трехмерного моделирования и конечно-элементного анализа. Применяя эти результаты можно сформировать оптимальную компоновку технологической системы. Для этого необходимо:

1. Установить направление осей жесткости.

2. Определить направление равнодействующей силы резания.

3. Изменяя схему резания, а также компоновку оснастки и, при возможности, несущей системы, обеспечить направление равнодействующей силы резания возможно ближе к оси максимальной жесткости.

Литература:

1. Кудинов В.А. Динамика станков. М.:Машиностроение, 1967–360 с.
2. Орликов М.Л. Динамика станков. Киев: Вища школа, 1980 – 256 с.

Хусаинов Р.М.

канд. техн. наук, доцент кафедры конструкторско-технологического обеспечения машиностроительных производств Набережночелнинского института (филиала) Казанского федерального университета, г. Набережные Челны.

e-mail: rmh@inbox.ru

ОСОБЕННОСТИ ПРИМЕНЕНИЯ КОРРЕКЦИИ ИНСТРУМЕНТА ПРИ ПРОГРАММИРОВАНИИ ОБРАБОТКИ ПАЗОВ НА ФРЕЗЕРНЫХ СТАНКАХ С ЧПУ

Современная технология фрезерной обработки на станках с ЧПУ предполагает применение коррекции на траекторию (на радиус инструмента). Это обеспечивает удобство как программирования, так и изменения параметров обработки. Однако необходимо иметь в виду, что применение коррекции при подводе инструмента к обрабатываемой поверхности связано с некоторыми особенностями, которые нужно учитывать, чтобы избежать аварии. Общим правилом является то, что при задании коррекции система ЧПУ устанавливает фрезу так, что учитывается радиус фрезы в направлении, перпендикулярном траектории перемещения в следующем кадре [1,277].

В частности, при подводе инструмента к фрезерованию паза (рис. 1), если ввести коррекцию на радиус в кадре быстрого хода

N20 G0 X=[0-2-$R_{фр}$] Y75,

где $R_{фр}$ – радиус фрезы, то коррекция инструмента будет выполнена только по координате Y, по координате X коррекция выполнена не будет.

Поэтому по оси Y программирование выполняется по точке 1, а по оси X – по точке 2. При этом координату 2 приходится пересчитывать с учетом радиуса фрезы и безопасного расстояния (0-2-$R_{фр}$). Такая технология программирования приводит к возможности появления ошибок при назначении координат. Кроме того, при изменении радиуса инструмента, например, при отсутствии в производстве в данный момент инструмента с заданным радиусом, необходимо изменить программу.

Для устранения указанных недочетов, предлагается следующая техника программирования (рис. 2). Предварительно инструмент на быстром ходу подводится на расстояние, гарантирующее отсутствие столкновения с заготовкой при любом возможно применимом диаметре инструмента, при этом координата Y должна быть больше соответствующей координаты стенки паза (положение 1'):

N21 G0 X-20 Y77.

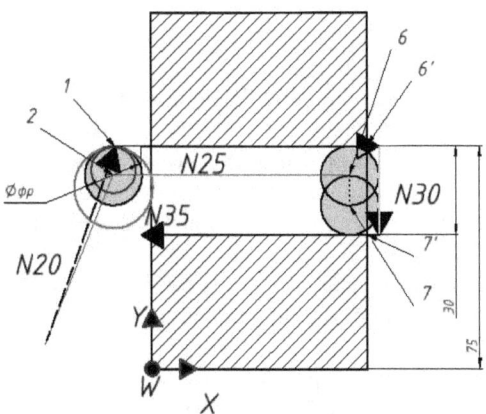

Рисунок 1 – Фрезерование паза с коррекцией согласно традиционной технологии

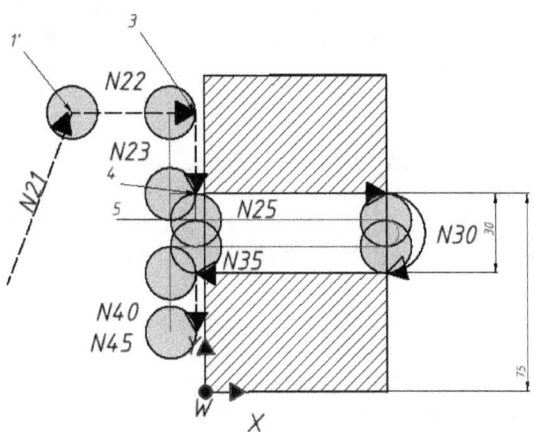

Рисунок 2 – Фрезерование паза с коррекцией согласно предлагаемой методике

Затем производится подвод на быстром ходу по оси X с заданием коррекции G42 до безопасного расстояния. Фреза при этом становится в положение 3:

N22 G0 G42 X-2.

После этого производится перемещение на быстром ходу по оси Y до координаты стенки паза, коррекция в кадре продолжает действовать. Фреза переходит в положение 4:

N23 G0 G451 Y75.

После чего задается перемещение на рабочей подаче – обрабатывается стенка паза:

N25 G1 X152.

Для реализации этого система ЧПУ сперва отрабатывает переходную траекторию, переводя фрезу в положение 5, затем выходит на траекторию линейной интерполяции. Необходимо иметь в виду, что в данном случае переходную траекторию лучше оформлять по ломаной линии (функция G451 в системе Sinumerik), в противном случае возможна подрезка контура.

При переходе к фрезерованию второй стенки паза не рекомендуется пользоваться командой линейной интерполяции G1

N30 G1 G91 Y-30,

поскольку в этом случае фреза обходит воображаемый контур изнутри (рис. 1), через положения 6 и 7, при этом на детали остаются необработанные участки 6', 7'. Во избежание этого, переход лучше выполнять по круговой интерполяции, при этом не остается необработанных участков:

N30 G2 Y45 CR=30.

Важное значение имеет выход фрезы из обрабатываемой поверхности. Во избежание появления необработанных участков фрезу желательно выводить за пределы обрабатываемой поверхности полностью. Для этого после прохода на рабочей подаче второй стенки паза

N35 G1 X-2,

необходимо задавать дополнительное смещение в направлении уменьшения координаты Y. Для безопасности это лучше выполнять после отвода фрезы по координате Z на безопасное расстояние. Для сокращения времени это смещение также следует выполнять на быстром ходу:

N40 G0 Z100

N45 G0 G91 Y-2.

При применении функции G41 схема движений, соответственно, зеркально отображается. При фрезеровании паза по координате Y, схема движений поворачивается на 90^0.

Таким образом, согласно предлагаемой технологии программирования, при входе и выходе инструмента, благодаря ступенчатому подводу и отводу, фреза обходит воображаемый контур снаружи. При этом выполняется программирование перемещений инструмента строго по точкам контура, без учета координат центра инструмента при гарантированном отсутствии столкновений с заготовкой при любом допустимом диаметре фрезы и отсутствии зарезанных и необработанных участков.

Литература:

1. Siemens SINUMERIK 840Dsl/828D. Основы. Справочник по программированию. 6FC5398-1BP40-2PA0. Siemens AG. 09/2011 – 609 с.

Хусаинов Р.М.

канд. техн. наук, доцент кафедры конструкторско-технологического обеспечения машиностроительных производств Набережночелнинского института (филиала) Казанского федерального университета, г. Набережные Челны.

e-mail: rmh@inbox.ru

Хазиев Р.Р.

аспирант кафедры конструкторско-технологического обеспечения машиностроительных производств Набережночелнинского института (филиала) Казанского федерального университета, г. Набережные Челны.

e-mail: khazus@rambler.ru

Юрасов С.Ю.

канд. техн. наук, доцент кафедры конструкторско-технологического обеспечения машиностроительных производств Набережночелнинского института (филиала) Казанского федерального университета, г. Набережные Челны.

e-mail: docfile@yandex.ru

ОБРАБОТКА ЗУБЧАТЫХ КОЛЕС С ПРОДОЛЬНОЙ МОДИФИКАЦИЕЙ НА ЗУБОДОЛБЕЖНЫХ СТАНКАХ

Существуют конструкции зубчатых венцов, принадлежащих как элементам зубчатой передачи, так и шлицевым эвольвентным соединениям, у которых имеется изменение толщины зуба по длине. Обработка части таких венцов по конструктивным соображениям возможна только на зубодолбежных станках.

Как известно, на зубодолбежном станке при обработке зубчатого венца используются следующие движения (рис. 1): главное $\Phi_v(\Pi_1)$ – возвратно-поступательное движение долбяка; движение обката $\Phi_s(B_2B_3)$ – согласованное вращение долбяка и заготовки; движение радиальной подачи $\Phi_s(\Pi_4)$ – непрерывное перемещение заготовки к оси долбяка; вспомогательное – отвод долбяка от заготовки при его холостом ходе [1,422].

Авторами предлагается способ выполнения модификации по длине зуба во время чистового прохода путем выполнения дополнительного движения врезания при рабочем ходе главного движения. Это движение должно выполняться за счет качания суппорта 1 с долбяком 2 - $\Phi_s(B_5)$ вокруг оси O_1 (рис. 1).

Перед началом обработки суппорт 1 с долбяком 2 должен быть установлен на угол:

$$\gamma_0 = arctg\left[\frac{0{,}5\pi - z_k arcsin\left[sin\left(\frac{\pi}{2z_k}\right) - \frac{0.002tg\gamma_{non}}{d}\right]}{0.002tg\alpha} \cdot m\right] \quad (1),$$

где $z_к$ - число зубьев нарезаемого колеса;

d - делительный диаметр нарезаемого колеса;

m - модуль нарезаемого колеса;

α - угол зацепления;

γ_{non}- угол поднутрения в поперечном направлении (как правило, он задается на чертеже).

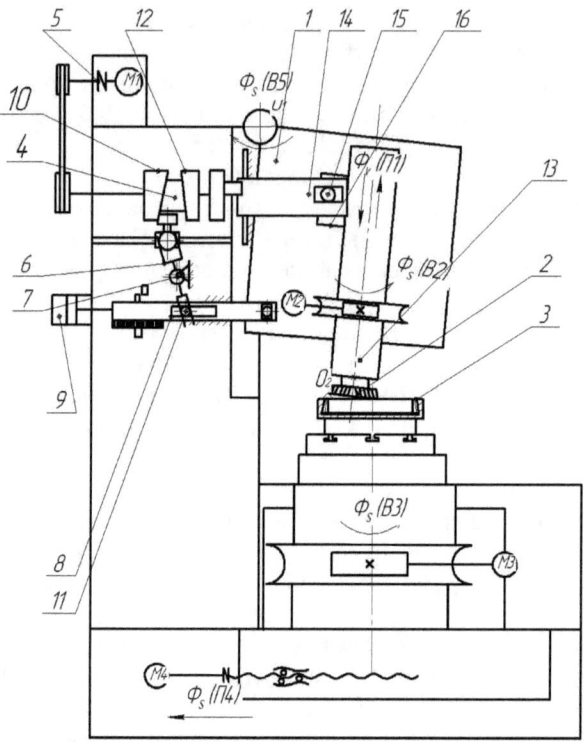

Рисунок 1 – Схема зубодолбежного станка

Во время рабочего хода долбяка суппорт 1 поворачивается вокруг горизонтальной оси O_1 в сторону заготовки 3, совершая тем самым движение врезания вдоль линии, соединяющей оси долбяка и заготовки, что обеспечивает уменьшение толщины нарезаемого зуба в направлении от верхнего к нижнему торцу заготовки. Величина угла поворота γ суппорта 1 за время рабочего хода определяется по соотношению:

$$\gamma = \gamma_{\text{пр}} - \gamma_0 \qquad (2),$$

где $\gamma_{\text{пр}}$- угол наклона суппорта 1, соответствующий окончательной толщине зуба:

$$\gamma_{пр} = arctg\left(\frac{x}{В}\right) = arctg\left[\frac{0{,}5\pi - z_k arcsin\left[sin\left(\frac{\pi}{2Zk}\right) - \frac{2Btg\gamma_{поп}}{d}\right]}{2Btg\propto} \cdot m\right] (3),$$

где x - величина смещения долбяка для поднутрения зуба;

$В$ - ширина зубчатого венца.

Движение врезания выполняется от кулачкового механизма 4, жестко соединенного с приводом главного движения 5, через рычаг 6, имеющий возможность регулирования передаточного отношения посредством смещения оси 7 рычага, тягу 8, соединенную с суппортом 1. Выбор кулачкового механизма связан с тем, что нарезание зубьев происходит при высоких частотах двойных ходов и малых величинах хода, поэтому к тяговому устройству предъявляются требования высокого быстродействия, малой инерционности, надежности, отсутствия зазоров. Наиболее полно этим требованиям удовлетворяют кулачковые механизмы.

Конечная величина угла поворота суппорта зависит от степени изменения толщины нарезаемого зуба по высоте и регулируется изменением передаточного отношения рычага 6 при неизменном кулачке.

Соединение 11 рычага 6 с тягой 8 выполнено с возможностью перестановки по длине последней, что дает возможность настройки на исходный угол поворота суппорта 1 при переходе на обработку зубчатого колеса с другими параметрами.

Кулачковый механизм 4 содержит два кулачка, один из которых (12) предназначен для обработки колес с постоянной, а другой (10) – с переменной по длине толщиной зуба.

Для компенсации смещения и поворота инструментального шпинделя 13 с долбяком 2 при повороте суппорта 1, привод главного движения содержит двухподвижное соединение, состоящее из кулисы 14, на которой выполнены горизонтальные пазы, в которых могут двигаться сферические опоры 15, закрепленные на каретке 16, соединенной с инструментальным шпинделем 13.

Таким образом, применение данного метода дает возможность нарезания зубчатых колес внешнего и внутреннего зацепления, с постоянной и с изменяющейся по длине по заданному закону толщиной зуба, в том числе и путем модернизации находящихся в эксплуатации зубодолбежных станков, не имевших до этого такой возможности.

Литература:

1. Станочное оборудование автоматизированного производства. Т.2. Под ред. В.В. Бушуева. – М.: Изд-во «Станкин», 1994 – 656 с.

Хусаинов Р.М.
канд. техн. наук, доцент кафедры конструкторско-технологического обеспечения машиностроительных производств Набережночелнинского института (филиала) Казанского федерального университета, г. Набережные Челны.
e-mail: rmh@inbox.ru

Волков Е.Б.
аспирант кафедры конструкторско-технологического обеспечения машиностроительных производств Набережночелнинского института (филиала) Казанского федерального университета, г. Набережные Челны.
e-mail: volkevgen@gmail.com

Юрасов С.Ю.
канд. техн. наук, доцент кафедры конструкторско-технологического обеспечения машиностроительных производств Набережночелнинского института (филиала) Казанского федерального университета, г. Набережные Челны.
e-mail: docfile@yandex.ru

ВЗАИМОСВЯЗЬ МЕЖДУ ПОГРЕШНОСТЯМИ ТЕХНОЛОГИЧЕСКОЙ СИСТЕМЫ ЗУБОФРЕЗЕРОВАНИЯ И ПОКАЗАТЕЛЯМИ ТОЧНОСТИ ЗУБЧАТЫХ КОЛЕС

Точность зубчатого колеса характеризуется его показателями, а именно степенями точности. Для каждой степени точности зубчатых колес и передач устанавливаются нормы: кинематической точности, плавности работы и контакта зубьев [1,5]. Одновременно реальное зубчатое колесо можно рассматривать как изделие, отражающее неточности средств его изготовления. Потребитель задает свои требования в форме показателей стандартов. Производитель же имеет дело с производственными погрешностями технологической системы, и ему бывает затруднительно связать эти погрешности с допусками на чертеже.

Авторами предлагается следующая методика согласования погрешностей технологической системы с комплексом стандартных показателей точности зубчатого колеса. Результат действия различных погрешностей технологической системы зубофрезерования математически можно описать в виде матрицы–столбца $\delta r(C)$, компоненты которого являются избыточными перемещениями по осям координат – малыми перемещениями инструмента относительно заготовки под действием погрешностей технологической системы. Эти компоненты рассчитываются по известным методикам [2,223; 3,26] и представляют собой функции угла поворота заготовки:

$$\delta r(C) = \begin{pmatrix} \delta x(C) \\ \delta y(C) \\ \delta z(C) \end{pmatrix} \qquad (1).$$

Обычно при зубофрезеровании система отсчета ошибок базируется на рассмотрении малых смещений точной рейки, зацепляющейся с нарезаемым колесом [4,125]. Согласно классической теории точности [2,31], образование погрешности следует рассматривать по линии действия механизма. В данном случае линией действия является линия станочного зацепления *n-n* (рис. 1). Составляющие вектора (1) приводятся к линии зацепления, т.е. проецируются на нее:

$$\Delta n_x(C) = \delta x(C) \cdot \sin(\alpha) \qquad (2),$$
$$\Delta n_y(C) = \delta y(C) \cdot \cos(\alpha) \qquad (3),$$
$$\Delta n_z(C) = \delta z(C) \cdot \sin(\omega) \cdot \cos(\alpha) \qquad (4),$$

где ω – угол подъема винтовой линии червячной фрезы;

α – угол зацепления.

Просуммировав выражения (2-4), определяем суммарную погрешность технологической системы по линии зацепления:

$$\Delta n(C) = \Delta n_x(C) + \Delta n_y(C) + \Delta n_z(C) \qquad (5).$$

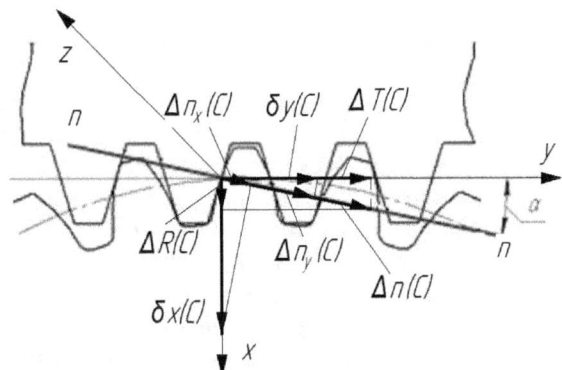

Рисунок 1 - Схема станочного зацепления между червячной фрезой и заготовкой.

Первым этапом перехода от суммарной погрешности $\Delta n(C)$ по линии зацепления к показателям точности изготовляемого колеса является разложение $\Delta n(C)$ на радиальную $\Delta R(C)$ и тангенциальную $\Delta T(C)$ составляющие.

Радиальная составляющая представляется как проекция на ось X суммарной погрешности $\Delta n(C)$ по линии зацепления:

$$\Delta R(C) = \Delta n(C) \cdot \sin(\alpha) \qquad (6).$$

Тангенциальная составляющая рассматривается как проекция суммарной погрешности $\Delta n(C)$ по линии зацепления на ось Y и записывается в следующем виде:

$$\Delta T(C) = \Delta n(C) \cdot \cos(\alpha) \qquad (7).$$

И тангенциальная, и радиальная составляющие являются суммой множества гармоник. С другой стороны, стандартные показатели точности зубчатого колеса распределяются по нескольким группам. Из них комплекс показателей кинематической точности определяется основной гармоникой ошибок. Следовательно, для сопоставления погрешностей технологической системы стандартным показателям кинематической точности необходимо исследовать основные гармоники функций $\Delta R(C)$ и $\Delta T(C)$, то есть изменение этих составляющих за один оборот заготовки.

Радиальное биение зубчатого венца изготовленной шестерни F_{rr} определяется по изменению радиальной составляющей $\Delta R(C)$ на промежутке от 0 до 2π, то есть как разность между максимальным и минимальным значениями функции $\Delta R(C)$ на этом промежутке.

$$F_{rr} = \max_{0 \le C \le 2\pi} \Delta R(C) - \min_{0 \le C \le 2\pi} \Delta R(C) \qquad (8).$$

Аналогично, значение наибольшей кинематической погрешности F_r' определяется как разность максимального и минимального значений тангенциальной составляющей $\Delta T(C)$ на промежутке от 0 до 2π.

$$F_r' = \max_{0 \le C \le 2\pi} \Delta T(C) - \min_{0 \le C \le 2\pi} \Delta T(C) \qquad (9).$$

Комплекс показателей плавности работы определяется циклическими гармониками суммарной ошибки. Следовательно, для их определения необходимо исследовать циклические составляющие $\Delta R(C)$ и $\Delta T(C)$.

Стандартом выделяется параметр аналогичный радиальному биению зубчатого венца – колебание измерительного межосевого расстояния на одном зубе f'_{ir}. Определить эту величину можно, вычисляя изменение радиальной составляющей $\Delta R(C)$ в пределах одного углового шага, то есть при изменении C на $2\pi/z_k$, где z_k – число зубьев нарезаемого колеса. В качестве итогового значения выбирается наибольшее из значений на всех промежутках:

$$f'_{ir} = \max_{0 \le i \le z_k} \left[\max_{\frac{2\pi}{z_k-i} \le C \le \frac{2\pi}{z_k-i+1}} \Delta R(C) - \min_{\frac{2\pi}{z_k-i} \le C \le \frac{2\pi}{z_k-i+1}} \Delta R(C) \right] \qquad (10).$$

Циклическая погрешность зубцовой частоты определяется аналогично колебанию измерительного межосевого расстояния на одном зубе. В этом случае вычисляется изменение тангенциальной составляющей в пределах одного углового шага (рис.4б).

$$f_{zzr} = \max_{0 \le i \le z_k} \left[\max_{\frac{2\pi}{z_k-i} \le C \le \frac{2\pi}{z_k-i+1}} \Delta T(C) - \min_{\frac{2\pi}{z_k-i} \le C \le \frac{2\pi}{z_k-i+1}} \Delta T(C) \right] \qquad (11).$$

Для оценки погрешности направления зуба определяется разность наибольшего и наименьшего значений $f_{\beta ri}$:

$$F_{\beta r} = \max_{1 \le i \le n_{cт}} f_{\beta ri} - \min_{1 \le i \le n_{cт}} f_{\beta ri} \qquad (12),$$

где $f_{\beta ri} = \Delta T[2\pi i] - \Delta T[2\pi(i-1)]$ (13),

где i – номер оборота заготовки, $i = 1..n_{cт}$,

где $n_{cт} = l/S_0$,

где l – ширина зубчатого венца,

S_0 – вертикальная подача червячной фрезы.

Предлагаемый подход позволяет установить взаимосвязь между комплексом показателей точности зубчатого колеса и производственными погрешностями. На основе этого, на стадии подготовки производства появляется возможность прогнозировать точность изготовляемых зубчатых колес. Таким образом, можно оценить возможности действующего производства по реализации возможного заказа или подобрать необходимые средства технологического оснащения для создания нового производства

Литература:

1. ГОСТ 1643-81. Передачи зубчатые цилиндрические. Допуски. М., 2003 – 46 с.

2. Расчет точности машин и приборов. В.П. Булатов, И.Г. Фридлендер [и др.]. СПб.: Политехника, 1993 – 495 с.

3. Решетов Д.Н., Портман В.Т. Точность металлорежущих станков. М.: Машиностроение, 1986. – 336 с.

4. Тайц Б.А. Точность и контроль зубчатых колес. М.: Машиностроение. 1972. – 368 с.

Галица В.И.
соискатель НТУ «ХПИ»
vitaliy.galitsa@gmail.com

СОЗДАНИЕ МЕТОДИКИ КИНЕМАТИЧЕСКОГО АНАЛИЗА СПОРТИВНЫХ ДВИЖЕНИЙ

Главными составляющими методики кинематического анализа спортивных движений являются:

- видеосъемка скоростной видеокамерой спортивного движения с присутствующим в кадре репером;

- предварительное редактирование отснятого видеофрагмента в графическом редакторе Kinovea с целью синхронизации видеокадров со встроенным таймером и сохранением интересующих фреймов с наложенными на них пространственными и временными комментариями;

- глубокое редактирование сохраненных закомментированных фреймов с интересующими исследователя изображениями фаз спортивных движений для размещения их в соответствующих слоях рабочего поля программы векторной графики CorelDraw.

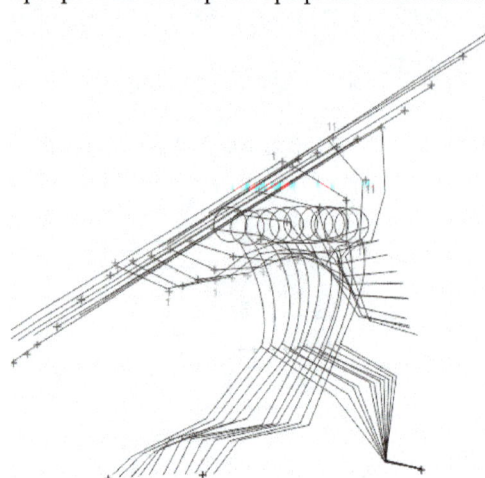

Рис. 1- Кинематическая модель перемещения отдельных звеньев тела копьеметателя с шагом покадровой съемки 12,5 милисекунд в течение 11 кадров финальной фазы разгона копья.

Методология создания данной кинематической модели включает в себя три этапа:

1. Производится видеосъемка скоростной камерой метаний атлетом копья. Для данных измерений выбрана скорость 80 кадров в секунду. Из отснятого материала выбирается видеозапись наиболее информативной попытки с характерными признаками движения, требующего пристального внимания и детального изучения.

2. Выбранная видезапись загружается в программный пакет Kinovea, в котором производится видеозахват требуемого для изучения видеофрейма.

В нем выбираются наиболее информативные видеокадры спортивного движения. На начальном кадре движения запускается встроенный таймер в формате отсчета, соответствующем скорости видеосъемки. Одновременно с каждым кадром устанавливаются экранные метки местоположения требуемых звеньев тела атлета, а также спортивного снаряда. Так, по каждому видеокадру выполняется скриншот и сохраняется в виде растрового изображения в формате png или jpeg в выделенной для данной попытки данного участника папке [1,12].

3. Все эти видеокадры импортируются в программный пакет векторного графического редактора CorelDRAW и размещаются в соответствующих слоях рабочего поля с соответствующим именованием слоя по содержащемуся в нем кадру. В самом верхнем слое на растровые изображения накладываются пространственно ориентированные графические комментарии как в виде траекторий, указателей, графических примитивов, так и углов, размеров, текстовых заметок и надписей подобно кальке. Рабочее поле программы позволяет получать пространственные координаты каждой его точки. И, если выставить растровое изображение с размером, соответствующим реальному, появляется возможность без труда выполнять измерения между любыми точками пространства в пределах рабочего поля. Крайне важно иметь в плоскости кадра объект с известными размерами в качестве репера. Чем точнее будет измерен репер, чем меньше будут угловые погрешности и чем ближе к плоскости измеряемого объекта размещен репер, тем будет выше точность измерений. Так, для копьеметателей в качестве репера можно использовать их спортивный снаряд. Для женщин длина копья составляет 220см, для мужчин – 260см. Данные реперы находятся в плоскости рабочего кадра и присутствуют в кадре всегда. Для прыгунов в длину таким репером может служить расстояние от планки отталкивания до края ямы, которое обычно составляет 300см. Однако для большей достоверности целесообразно лично измерить данные реперы, чтобы исключить ненужные погрешности. Для корректной настройки рабочего поля достаточно в активном слое разместить линию с длиной, соответствующей длине репера и развернуть ее вдоль репера. Затем растянуть растровое изображение так, чтобы репер совпал по изображению с линией верхнего слоя. Все размеры в рабочей плоскости кадра автоматически будут подогнаны под реальный размер, с которым можно работать. Важно помнить, что при измерении скорости вылета спортивного снаряда при недостаточной освещенности объекта съемки возникает размытие изображения его профиля. В этом случае для минимизации погрешности измерений целесообразно взять как можно больше межкадровых расстояний, на сколько позволит формат кадра. В этом случае погрешность будет уменьшена пропорционально количеству межкадровых промежутков. Далее, последовательно включая слои, начиная с нижнего, становится возможным наносить в активном верхнем

слое любые метки для построения траекторий (Рис.1,12). Данный программный пакет обеспечивает достаточную точность угловых и линейных измерений для глубоких кинематических исследований в спорте.

Ниже приведены сравнительные кинематические характеристики финальных движений при метании копья двух участников Чемпионата Украины по легкой атлетике в 2012 году (Рис.2-3) [2,412].

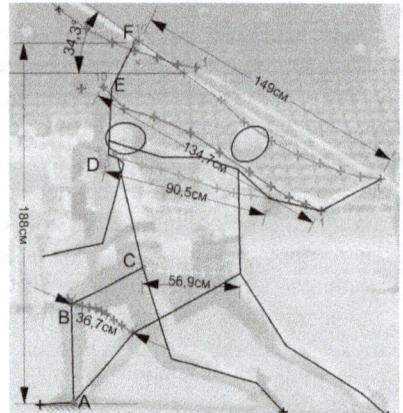 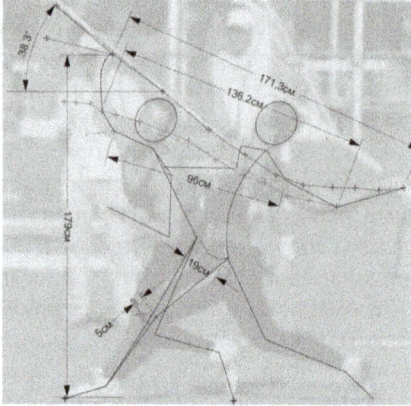

Рис.2 - кинематическая модель траектории движения в отдельных звеньях тела участника Чемпионата Украины по легкой атлетике 2012 года в финальной фазе разбега.

Рис.3 - кинематическая модель траектории движения в отдельных звеньях тела победителя Чемпионата Украины по легкой атлетике 2012 года в финальной фазе разбега.

Данная методика позволяет выполнять глубокие кинематические исследования спортивных движений атлетов с целью совершенствования техники их выполнения и коррекции ошибок, а также для построения кинематических моделей и их систематизации при исследовании различных школ и направлений подготовки.

Список литературы:

1. Курашвили В. А. Программное обеспечение Kinovea для анализа движений.- Журнал «Вестник спортивных инноваций» выпуск 36 2012. - 13.с

2. Галица В.И., Горлов А.С., Скрипниченко И.Н., Качанов П.А., Любиев А.И. Интерактивная система экспресс диагностики в подготовке спортсменов – копьеметателей //Теорія і практика фізичного виховання: науково-метод. ж-л. – Донецьк: ДонНУ, 2012. – С. 409-415.

Новицкая Е.Г.

к.т.н., ФГАОУ ВПО «Дальневосточный федеральный университет» (ДВФУ)

Парфенова Т.В.

к.т.н., ФГАОУ ВПО «Дальневосточный федеральный университет» (ДВФУ)

aspnovit@mail.ru

ВЛИЯНИЕ ТЕХНОЛОГИЧЕСКИХ ПРОЦЕССОВ ПРОИЗВОДСТВА НЕКТАРОВ НА СОХРАННОСТЬ БЕТА-КАРОТИНА

Известно, что неблагоприятные факторы внешней среды оказывают негативное влияние на организм человека. Решение данной проблемы современная пищевая технология связывает с созданием продуктов функциональной направленности с использованием высокоэффективных пищевых добавок. Одной из таких добавок является пектин – природный детоксикант, способный связывать и выводить из организма человека ионы тяжелых металлов, благотворно влиять на деятельность желудочно-кишечного тракта и снижать уровень холестерина в крови.

Одним из видов перспективного растительного сырья, имеющего при достаточно высоком содержании пектиновых веществ довольно значительный фон витаминного комплекса, в частности каротиноидов, является тыква.

Главное достоинство тыквы – пищевая и биологическая ценность, низкая калорийность, нежные диетические волокна, что позволяет отнести продукты из неё к разряду диетических.

Сухие вещества тыквы представлены главным образом углеводами, в частности, моносахаридом глюкозой. Из полисахаридов в тыкве содержатся клетчатка и пектиновые вещества. Органические кислоты в основном представлены яблочной и лимонной кислотами. Из минеральных веществ сырье богато калием (до 200 мг%), кальцием (до 100мг%), магнием (13-18мг%), железом (0,6-0,8 мг%).

Целью исследования явилась разработка овощных нектаров функциональной направленности.

Все исследования были проведены по стандартным методикам, принятым в консервной промышленности [1,4; 2,80].

В качестве сырья для овощных нектаров использовали сорта тыквы, выращенные в условиях Приморского края: EK I, VIEK I, Японская, Грушевидная, Лесной орех, VIFCH, Надежда, ПООС 21-07, Внучка, Лазурная, Витаминная. Затем отбирались образцы, которые значительно превосходили другие разновидности тыквы по содержанию бета-каротина .

В зависимости от технологии производства овощные и овощефруктовые соки и сокосодержащие напитки бывают неосветленными и с мякотью [3,24]. В данном случае мы получали только нектары с мякотью.

Прежде всего, на витаминную ценность нектаров может оказывать влияние вид натуральной основы, используемой для приготовления нектара. При создании нектаров с гарантированным содержанием микронутриентов важным аспектом является выбор технологического процесса и стадии, на которой различные нутриенты вносятся в пищевую массу.

Чтобы получить тыквенное пюре для нектара, необходимо нарушить целостность ткани, разрушить клеточные оболочки. Для некоторых овощей в этих целях, достаточно механического измельчения, для других – требуются дополнительные методы воздействия: обработка ферментными препаратами, нагревание, замораживание и т. д., что объясняется особенностями их строения и физиологическими свойствами клеточной ткани [4,10].

При получении тыквенного нектара применялась технология, позволяющая более полно сохранить биологически активные вещества.

Способ предусматривает мойку тыквы, инспекцию, очистку её от кожицы и семян, измельчение на кусочки размером 2×2, приготовление заливки (вода с лимонной кислотой в соотношении масс.%: 98,8-99,6:0,1-0,4), доведение ее до кипения; охлаждение заливки, ее фильтрацию, выдерживание измельченной тыквы в течение 0,5–1 ч, удаление жидкой фракции, тепловая обработка тыквы до размягчения, добавление гидротермического экстракта и гомогенизация.

В процессе производства нектаров потери пектиновых веществ, бета-каротина возможны уже на стадии тепловой обработки тыквы [3,83]. Поэтому было решено исследовать содержание бета-каротина в тыкве в зависимости от способа и продолжительности тепловой обработки. Тыкву подвергали термической обработке в СВЧ-аппарате, в духовом шкафу и в гидротермической жидкости. Пюре исследовали на содержание бета-каротина. В тыквенном пюре, полученном гидротермической обработкой содержание бета-каротина увеличивается на 0,5 мг/100г по сравнению с содержанием в сырой тыкве и содержанием в тыкве, обработанной другими способами.

Также исследовали содержание бета-каротина в тыквенном пюре в зависимости от продолжительности гидротермической обработки. Из результатов, полученных фотометрическим методом следует, что содержание β–каротина в тыкве при гидротермической обработке до 5 минут увеличивается. Это объяснятся разрушением каротиноидных комплексов и высвобождением свободного каротина под действием температуры. Затем его содержание начинает падать. За 15 минут гидротермической обработки разрушается до 20 % бета–каротина.

Лимонная кислота использовалась в технологии приготовления пюре для того чтобы не происходило окисление бета-каротина. Известно, что бета-каротин легко окисляется на воздухе, особенно при высокой температуре, вследствие чего ослабевает окраска продукта. Для уменьшения контакта с кислородом воздуха измельченную тыкву помещали, в кислую заливку. Обработка заливкой создает на поверхности измельченной тыквы слой, защищающий продукт от действия кислорода воздуха, в результате чего при последующей гидротермической обработке не наблюдалось существенного ослабления окраски, т.е. разрушения бета-каротина. Бета-каротин в организме человека превращается в витамин А, поэтому в процессе технологической переработки тыквы важно обеспечить его максимальную сохранность.

Для более полного сохранения и усвоения бета-каротина в тыквенный нектар добавляли растительное масло, что дает возможность получить эмульсионную часть нектара в виде эмульсии «масло в воде», а это в свою очередь позволяет повысить физиологическую и пищевую ценность продукта за счет перевода бета-каротина в липидно-каротиноидный комплекс. За счет этого повышается его превращение в витамин А в организме человека, а также позволяет равномерно распределить жирорастворимые нутриенты в водной фазе нектара.

Таким образом, полученный эмульсионный нектар позволяет расширить ассортимент овощных нектаров на основе тыквы профилактического действия для восполнения дефицита бета-каротина.

ЛИТЕРАТУРА

1. ГОСТ 52182-2003 «Консервы. Соки, нектары и сокосодержащие напитки овощные и овощефруктовые. Технические условия» Введ 2005-01-01. – М.: ИНФРА – М, 2005.- 25 с.

2. Парфенова, Т.В. Товароведение и экспертиза вкусовых товаров. Разработка и экспертиза безалкогольных напитков: Учебное пособие / Т.В. Парфенова, Л.А. Коростылева, Е.Г. Новицкая. – Владивосток: Изд-во ТГЭУ, 2009. – 95 с.

3. Шобингер, У. Фруктовые и овощные соки: научные основы и технологии / У. Шобингер. – 2-е изд., перераб. и доп. – СПб.: Профессия, 2004. – 640 с.

4. Кисилева, Т.Ф. Разработка рецептур овощных сокосодержащих напитков с использованием натуральных заменителей сахара / Т.Ф. Кисилева, О.Ю. Аксенова // Техника и технология пищевых производств. – 2009. - № 4. – С. 9-12.

Косенко Т.А.
ФГАОУ ВПО «Дальневосточный Федеральный Университет»
toma.1107@mail.ru
Каленик Т.К.
д.б.н., профессор
ФГАОУ ВПО «Дальневосточный Федеральный Университет»,
Новицкая Е.Г.
к.т.н., доцент
ФГАОУ ВПО «Дальневосточный Федеральный Университет»

ОБОГАЩЕНИЕ ПЕЧЕНОЧНЫХ ПАШТЕТОВ НЕТРАДИЦИОННЫМ РАСТИТЕЛЬНЫМ СЫРЬЁМ

Структура питания и пищевой статус населения в нашей стране пока не соответствуют современным представлениям о здоровом питании, несмотря на положительную динамику последних лет, обусловленную, в том числе, растущим потреблением новых видов пищевых продуктов, обогащенных микронутриентами.

Коррекция пищевого статуса возможна путем обогащения функциональными ингредиентами базовых пищевых продуктов на фоне общей тенденции к уменьшению их энергетической ценности [1, 84]. Результатом обогащения продуктов является существенное повышение в них плотности питательных веществ (пищевой плотности), под которой сегодня понимается отношение количества витаминов или минеральных веществ к единице энергетической ценности продукта. С учетом активно развивающейся в современной пищевой индустрии тенденции к обогащению продуктов не только витаминами и минеральными веществами, но и многими другими физиологически функциональными ингредиентами и их различными сочетаниями, целесообразным представляется введение в научную терминологию термина «плотность функциональных ингредиентов», более полно характеризующего насыщенность продукта полезными для здоровья веществами [1, 85].

Целью работы явилось обогащение растительными ингредиентами печеночных паштетов функциональной направленности, предназначенных для диетического и лечебно-профилактического питания. Нами была разработана серия паштетов «Арктика» на основе куриной и свиной печени – «Тонус», «Сила», «Стандарт».

В соответствии с поставленной целью решались следующие задачи: научное обоснование подбора функциональных ингредиентов для обогащения мясных продуктов специального назначения для питания людей, работающих и живущих в условиях Арктики, испытывающих повышенные физические нагрузки; разработка рецептур печёночных паштетов специального назначения для питания людей, испытывающих повышенные физические нагрузки; проведение анализа витаминного состава разработанных печеночных паштетов.

Методами достижения поставленной цели и задач являлся анализ литературных источников по питанию людей, испытывающих повышенные физические нагрузки, а также стандартные методы испытаний, показателей качества образцов печёночных паштетов.

Состав печеночных паштетов серии «Арктика» соответствует стандартной рецептуре. Оригинальность заключается в добавлении различных функциональных ингредиентов: «Сила» с добавлением древесного чёрного гриба, проростков сои и тыквы сорта «Японка»; «Тонус» с добавлением сельдерея и тыквы сорта «Японка»; «Стандарт» с добавлением тыквы сорта «Японка».

Благодаря введению чёрного древесного гриба в рецептуру, паштет обогащается никотиновой кислотой, которая регулирует окислительно-восстановительные процессы в организме. Чёрный древесный гриб прекрасный источник железа, фосфора.

С целью повышения содержания белка, а также в связи с тем что наилучшими источниками белка является соя, в состав рецептур печеночных паштетов специального назначения для питания людей, испытывающих повышенные физические нагрузки, были введены соевые проростки, как непревзойдённый источник лецитина, холина, минеральных веществ, β-каротина, витаминов B_1, B_2, B_3, С [3, 255].

Включение мякоти тыквы в рецептуру печеночных паштетов существенно позволило снизить энергетическую ценность продукта, обогатить комплексом витаминов, в частности β-каротином, микроэлементами, а также пектиновыми веществами. Тыква практически не искажает аромат мясных продуктов, из-за отсутствия выраженного аромата. [2, 158].

Для обогащения печёночного паштета пищевыми волокнами, использовался сельдерей. Благодаря чему, при употреблении данного продукта улучшается перистальтика кишечного тракта человека, что способствует выводу токсичных металлов из организма человека.

Паштеты серии «Арктика» исследовались на содержание β-каротина фотометрическим методом, на базе лаборатории ДВФУ. Метод определения β-каротина основан на фотометрическом определении массовой доли концентрации каротина в растворе, полученном после экстрагирования каротина из продукта органическим растворителем и очищенном от сопутствующих красящих веществ с помощью колоночной хроматографии. Нижний предел определения 0,1 мкг/мл по ГОСТ 8756.22-80.

По результатам исследования 100 грамм паштета «Стандарт» удовлетворяет суточную потребность человека на 26,6% в β-каротине. 100 грамм паштета «Тонус» удовлетворяет суточную потребность человека на 27,4% в β-каротине. 100 грамм паштета «Сила» удовлетворяет суточную потребность человека на 30,8% в β-каротине.

Таким образом, серия паштетов «Арктика» является полезным и необходимым продуктом для человека в условиях крайнего севера. Паштеты соответствуют физико-химическим и органолептическим показателям, отвечают требованиям ГОСТ 12319-77 «Консервы мясные. Паштет печеночный. Технические условия». Отклонений от требований СанПиН 2.3.2. 1078-01 по гигиенической безопасности не обнаружено.

Литература:

1. Ипатова Л.Г., Кочеткова А.А. Методология комплексной оценки эффективности пищевых волокон при разработке функциональных пищевых продуктов VIII научно-практическая конференция «технологии и продукты здорового питания. Функциональные пищевые продукты» конференция молодых ученых «инновационные технологии продуктов здорового питания» сборник материалов 19 октября 2010 г.

2. Скурихин И.М. Химический состав российских пищевых продуктов: Справочник / Под ред. член-корр. МАИ, проф. И. М. Скурихина и академика РАМН, проф. В. А. Тутельяна // – М.: ДеЛи принт, 2002. - 236 с.

3. Петибская В.С. Соя: химический состав и использование / Под редакцие академика РАМН, д-ра с.-х. наук В.М. Лукомца // – Майкоп: ОАО «Полиграф-ЮГ», 2012. – 432с.

Старостин Е.Г. - д.т.н., **Тимофеев А.М.** - д.т.н., **Малышев А.В.** - к.т.н., **Кравцова О.Н.** - к.т.н.
Институт физико-технических проблем Севера им. В.П. Ларионова
СО РАН, г. Якутск

ФАЗОВЫЙ СОСТАВ ГРУНТОВЫХ ВОД ПРИ ЗАГРЯЗНЕНИИ НЕФТЕПРОДУКТАМИ

Загрязнение нефтепродуктами окружающей среды при авариях на месторождениях, утечках при их транспортировке и хранении представляет собой серьезную экологическую проблему для северных регионов. Исследование процессов, происходящих в дисперсных средах, коими являются и горные породы, при наличии нефтепродуктов является актуальной в плане совершенствования и разработки мероприятий по профилактике, ликвидации, оценке негативных последствий загрязнения нефтепродуктами.

При техногенном загрязнении грунтов нефтепродуктами происходит значительное изменение тепло- и массопереносных свойств [1, 24; 2, 98-101; 3, 785-799]. Экспериментальное исследование которых позволит создать базу данных для математического моделирования процессов тепло- и массопереноса в дисперсных средах загрязненных нефтепродуктами.

Нами экспериментально исследовано влияние загрязнения грунтов дизельным топливом на фазовый состав воды в мерзлых песчано-глинистых грунтах. Грунты являются сложными многокомпонентными, гетерогенными, полидисперсными системами, одним из компонентов которых является вода. Фазовый состав воды при отрицательных температурах влияет на формирование всех основных свойств грунта, на протекание процессов тепломассообмена в них. Знание закономерностей изменения фазового состава воды в грунтах позволяет прогнозировать их свойства при отрицательных температурах. Зависимости содержания незамерзшей воды от различных факторов используются при моделировании тепломассообмена в грунтах.

Для исследования температурной зависимости содержания незамерзшей воды использовался метод непрерывного ввода тепла [4, 124]. Метод непрерывного ввода тепла, основываясь, так же как и калориметрический метод, на измерениях баланса тепла, имеет ряд преимуществ по сравнению с ним. С его помощью можно получить температурную зависимость теплофизических свойств и содержания незамерзшей воды в широком диапазоне температуры.

Экспериментальные исследования показали, что содержание незамерзшей воды в исследованных грунтах зависит от последовательности загрязнения и увлажнения. Поэтому подготовка образцов грунта к исследованию проводилась двумя способами.

В первом способе исследуемые образцы грунта, нарушенного сложения – супесь ($\gamma_{ск}$=1569 кг/м^3), суглинок ($\gamma_{ск}$=1497 кг/м^3) в воздушно-сухом состоянии после определения гранулометрического состава увлажнялись дистиллированной водой до заданных значений влажности и после суточной выдержки в эксикаторах, искусственно загрязнялись дизельным топливом. Для образцов супеси задавались значения влажности 5, 10, 15, 20%, для суглинка – 10, 20%. В качестве загрязнителя использовалось дизельное топливо марки Л-0,2-40 с кинематической вязкостью 3,0 – 6,0 мм^2/с при температуре 20 ^{0}С, плотностью 859 кг/м^3. Загрязнение дизельным топливом задавалось для супеси 5 и 10%, а для суглинка 5% отношением массы нефтепродуктов к сухой массе образца.

Во втором способе грунт в сухом состоянии загрязнялся определенным количеством нефтепродукта. После этого увлажнение проводилось аналогично первому способу.

Экспериментально получены зависимости содержания незамерзшей воды от температуры, для грунтов различного гранулометрического и минерального состава загрязненных дизельным топливом.

При этом содержание незамерзшей воды в исследованных грунтах зависит от последовательности загрязнения и увлажнения. При загрязнении влажного грунта содержание незамерзшей воды практически не зависит от степени загрязнения. Содержание незамерзшей воды в загрязненных дизельным топливом грунтах при температуре ниже -10° С около 1,7% для образца супеси, а для суглинка – 6%, что приблизительно соответствует содержанию незамерзшей воды для грунтов аналогичного гранулометрического состава не загрязненных нефтепродуктами.

Это можно объяснить тем, что нефтепродукты присутствуют в порах в виде эмульсии или отдельных включений окруженных водой, или могут быть включены в лед. В этом случае нефтепродукты практически не растворяются в воде и не связаны с минеральными частицами.

Проведены исследования температурной зависимости содержания незамерзшей воды в грунтах в случае, когда в сухой образец вводится дизельное топливо, потом образец увлажняется. В этом случае содержание незамерзшей воды уменьшается при увеличении концентрации нефтепродукта. Такое понижение содержания незамерзшей воды, объясняется тем, что активные центры на поверхности частиц грунта занимаются частицами нефтепродукта, и количество прочносвязанной воды уменьшается.

Таким образом, загрязнение нефтепродуктами не повышает содержание незамерзшей воды в грунтах. Это открывает возможность использования массива мерзлых грунтов, как водонепроницаемого экрана против распространения загрязнения нефтепродуктами.

При очистке горных массивов широко применяется гидродинамическое воздействие, суть которого заключается в удалении загрязнения с фильтрующим потоком жидкости. В настоящее время оно является основным методом очистки подземных вод [5, 465]. Результаты настоящего исследования обосновывают возможность использования мерзлых грунтов, при их наличии, в качестве водонепроницаемого направляющего экрана в таком способе очистки загрязненных грунтов.

Уменьшение содержания незамерзшей воды при втором сценарии загрязнения предполагает увеличение льдистости грунта. Это в свою очередь, при определенных условиях может приводить к повышению прочности грунта. Но, тут надо помнить, что загрязнение нефтепродуктами вызывает уменьшение сцепления между твердыми частицами грунта, а это является фактором, ухудшающим прочностные свойства грунта.

Таким образом, можно сделать вывод, что в загрязненных нефтепродуктами грунтах на фазовый состав воды влияет сценарий загрязнения и увлажнения. При загрязнении нефтепродуктами влажного грунта содержание незамерзшей воды практически не зависит от степени загрязнения. В случае, когда в сухой образец вводится дизельное топливо, потом образец увлажняется, содержание незамерзшей воды уменьшается с увеличением концентрации нефтепродукта.

ЛИТЕРАТУРА

1. Журавлев И.И. Теплофизические свойства загрязненных нефтью и нефтепродуктами мерзлых дисперсных пород. Авторефер. дис. ... канд. геол.-мин. наук. –М.: МГУ, 2003. – 24 с.

2. Кравцова О.Н., Малышев А.В., Старостин Е.Г., Тимофеев А.М. Экспериментальное исследование фильтрации в дисперсных средах, загрязненных нефтепродуктами // Труды I Евразийского симпозиума по проблемам прочности материалов и машин для регионов холодного климата. Часть IV. – Якутск, 2002. – С. 98-101.

3. Motenko R.G., Ershov E.D., Chuvilin E.M., Miklyaeva E.S., Zhuravlev I.I. Heat and mass transfer in freezing soils contaminated by oil // Permafrost. Proceedings of the Eighth International Conference on the Permafrost. Vol. 2. – Zurich. Balkema Publishers, 2003. – P. 795-799.

4. Степанов А.В., Тимофеев А. М. Теплофизические свойства дисперсных материалов. – Якутск: ЯНЦ СО РАН, 1994. – 124 с.

5. Королев, В.А. Очистка грунтов от загрязнений. – М.: МАИК «Наука/Интерпериодика», 2001. – 365 с.

Моргунов Г.М.
профессор, докт. техн. наук
Национальный Исследовательский Университет
«Московский энергетический институт»
ggm@mpei.ru

ДИСКРЕТНОЕ РАЗЛОЖЕНИЕ ФУНКЦИЙ ПОЛЯ ПО ЧАСТОТНО-ВОЛНОВЫМ СПЕКТРАМ ДЛЯ СИЛЬНО ВОЗМУЩЕННОЙ ДИНАМИКИ СПЛОШНЫХ СРЕД

АННОТАЦИЯ

В целях повышения устойчивости вычислительных процедур при прямом моделировании движений сплошных сред в условиях динамических процессов «с обострением» предлагается и раскрывается основное содержание метода специфического квантования функций поля по интервалам частотных и волновых чисел. Показано, что при удовлетворении «свойству фильтра», обычно физически присущему этим функциям, развиваемая процедура разложения допускает в принципе усечение справа по убывающим нормам влияния граничных условий для частичных функций поля, относящихся к дискретам с наибольшими отмеченными числами, на таковые для начальных дискрет.

КЛЮЧЕВЫЕ СЛОВА

Сплошная, текучая среды; турбулентность; прямое моделирование; частотно-волновые спектры, числа; функции поля, частичные; дискретное разложение; норма влияния; каскадный перенос; энергия турбулентных пульсаций

ВВЕДЕНИЕ

Описываемый далее метод был тезисно изложен в сборнике трудов [1,25] конференции локального масштаба, в связи с чем может оказаться трудноступным для ознакомления широкому кругу научной общественности. Это обстоятельство явилось причиной более развернутого и четко обусловленного раскрытия существа процедуры разложения функций поля по их частотно-волновым спектрам (ЧВС) применительно к задачам моделирования существенно неоднородной динамики сплошных сред (СС).

Описание движений СС в условиях интенсивных и во многом неупорядоченных пульсаций субстанций поля во всём колмогоровском диапазоне частотных ω_s и волновых $\mathbf{æ}_s$ (вектор) э (ω_s, $\mathbf{æ}_s$) чисел (ЧВЧ), т. е.

при их динамике «с обострением», порождает проблемы повышения устойчивости численных реализаций и установления интересующих практику средних (либо псевдосредних) значений определяющих эти движения переменных. С отмеченной трудностью сталкиваемся, например, при попытках прямого компьютерного воспроизведения развитых турбулентных и особо-перемежающихся ламинарно-турбулентных течений. По отношению к таким средам известна также неопределенность в диапазонах осреднения функций поля по времени, а в общем случае и по пространству [2,163], при выводе уравнений Рейнольдса из уравнений Навье-Стокса [3,546].

Здесь и в последующем используются логические символы $\ni, \in, \wedge, \vee, \|...\|, \bigcup$ - «так что», «принадлежит», «и», «или», «норма», «объединение», «следует», «возрастание», а также $[0]^m$ – величина m-го порядка малости.

1. ОСНОВНАЯ ЧАСТЬ

Предлагаемый далее подход следует рассматривать как способ возможного преодоления, или, по крайней мере, ослабления отмеченных затруднений.

Пусть динамика некоторой СС в конечной четырехмерной $3D_t$ области V с границей ∂V ($\bar{V} = V \bigcup$) описывается замкнутой системой уравнений

$$\frac{d\,\mathbf{f}_k}{dt} = \mathcal{F}_k \left\{ \overline{\mathbf{f}_1, \mathbf{f}_n}; \vec{F}_k, q_k \right\}, k = \overline{1,n} \qquad (1)$$

с частными производными в правой части, обычно до второго порядка по пространству, т.е. по аргументам t, x_r, где x_r ($r = 1,2,3$) – проекции радиус-вектора $\vec{x}$ в декартовой системе координат. В системе (1) d/dt – субстациональная производная по времени, $\mathbf{f}_k$ – векторные, либо скалярные функции поля, $\mathcal{F}_k$ – операторы, вообще говоря, нелинейных преобразований функций в фигурных скобках; $\vec{F}_k$ – заданные внешние силовые (объемные и поверхностные) поля; q_k – энергетические (по преимуществу тепловые) воздействия на физическую точку (ФТ), которые могут зависеть от значений $\mathbf{f}_k$ на ∂V; верхняя черта – перечисление. Под ФТ понимается виртуальная миничастица СС, для которой осредненные значения субстанций вещества-поля ее дискретной молекулярно-атомной структуры предельно удовлетворяют гипотезе о локальном термодинамическом квазиравновесии (ЛТДКР) [4,10] с возможностью детерминантного измерения скорости, давления и температуры.

Граничные условия запишем в следующем общем виде

$$\overset{\iota\ o}{\mathbf{f}_k} = \overset{\iota}{\mathcal{F}_k^o}(\overline{\mathbf{f}_1, \mathbf{f}_n}), (\vec{x}, \iota) \in \upsilon\nu, k = \overline{1, n}; \quad \overset{\iota\ o}{\mathbf{f}_k} = \begin{cases} \mathbf{f}_k^o, \iota = \varnothing - \text{пустое множество}; \\ \dfrac{\partial \mathbf{f}_k^o}{\partial x_r}, \quad \iota = \square \qquad 3. \end{cases} \tag{2}$$

Условия (2), состав и вид которых обеспечивает *существование*, но, в отличие от классически корректно поставленных краевых задач по Ж. Адамару [5,35], *не обязательно единственность* аналитического и тем более численного решения. Данное обстоятельство, помимо влияния погрешностей округления, связано с обычно имеющей место и полагаемой случайной составляющей функций $\overset{\iota}{\mathbf{f}_k}, \overset{\iota\ o}{\mathbf{f}_k}$. Предположительно эта составляющая проявляется в возрастающей степени по мере приближения ячеек расчетной сетки к масштабам ФТ (супервысокие числа (ω_s, $æ_s$)) и вызывает некоторую аберрацию самих условий (2).

Проявления стохастичности динамических переменных и учет возможного шумового фона в граничных условиях подтверждают императив о результате установления средних значений функций поля по *ансамблю* компьютерных реализаций изучаемых движений СС «с обострением». В обобщенном смысле здесь можно усмотреть отвлеченную корреляцию с гипотезой эргодичности Больцмана-Гиббса [6,42].

Далее, полагая, что рассматриваемая СС удовлетворяет *свойству фильтра*, т. е. перманентному уменьшению амплитуд пульсаций с ростом частотных $\omega_s\uparrow$ и волновых $æ_s\uparrow$ чисел, так что (ω_s, $æ_s$)$\uparrow$, представим каждую функцию $\mathbf{f}_k$ как сумму её частичных слагаемых $\mathbf{f}_{kj}$, определенных при $j\uparrow$ на всё более мелкой расчётной сетке, именно

$$\mathbf{f}_k = \sum_{j=1}^{m} \mathbf{f}_{kj} + \varepsilon_k, \quad \|\varepsilon_k\| \in \left[0, c_k\,[0]^m\right], \tag{3}$$

где $\mathbf{f}_{kj}$ – k-ая функция поля, определенная на j-й дискрете ЧВС, $\|\varepsilon_k\|$-условная норма отклонения ε_k первого слагаемого в правой части (3) от $\mathbf{f}_k$, c_k – ограниченные положительные числа. Перебор дискрет осуществляется в направлении возрастания, например, на порядок, ЧВЧ. Метрические пределы ячейки $3D_t$ расчетной сетки определяются единственным образом интервалами [(ω_s, $æ_s$)$_{j.\inf}$, (ω_s, $æ_s$)$_{j.\sup}$] соответствующей j-й дискреты ЧВС. Очевидно, (ω_s, $æ_s$)$_{j-1.\sup}$ = (ω_s, $æ_s$)$_{j.\inf}$.

Понятно, что первая дискрета, индекс $j = 1$, включает метрические параметры всей замкнутой расчетной области движения среды $\overline{V} = V \cup \partial V$ (как и прочие дискреты при $j>1$), но с диапазоном *наименьших* ЧВЧ. При сходимости, с приемлемой дисперсией, вычислительного процесса могут быть установлены распределения $\mathbf{f}_{k,j=1}$, допускающие их интерпретацию в качестве псевдосредних значений $\mathbf{f}_k$ и интересующие (главным образом) практические приложения теории. Последняя дискрета разложения ($j=m$) – суть приближение к масштабам левой границы применимости гипотезы о

ЛТДКР. Интервалы, в частности, первый (j=1), и общее число дискрет m зависят от физических свойств исследуемой СС, режимов её движения, близости ФТ к твердым частям границы ∂V (если имеются), степени снижения амплитуд пульсаций при $j\to m$, а также ресурсов используемой компьютерной техники.

Согласно (3) сопоставим каждому уравнению системы (1) *итеративную*, например, по схеме Гаусса-Зейделя, совокупность уравнений

$$\frac{d\,\mathbf{f}_{kj}^{\,(n)}}{dt} = \mathcal{F}_k^* \left\{ \left(\sum_{\substack{i=1\\i\leq j}}^{m} \mathbf{f}_{1i}^{*(n)} \wedge \mathbf{f}_{1i}^{*(n-1)} \right), \left(\sum_{\substack{i=1\\i\leq j}}^{m} \mathbf{f}_{ni}^{*(n)} \wedge \mathbf{f}_{ni}^{*(n-1)} \right); \vec{F}_{kj}\,, q_{kj} \right\},\ k=\overline{1,n}; j=\overline{1,m}; \mathbf{f}_{kj}^* \equiv \mathbf{f}_{kj} \quad (4)$$

с граничными условиями

$$\partial\overset{\imath\ o}{\mathbf{f}}_{kj} = \overset{\imath\ o}{\mathbf{f}}_{kj} - \overset{\imath\ o^*}{\mathbf{f}}_{k,j-1}, \overset{\imath\ o}{\mathbf{f}}_{k,o} \equiv 0, \overset{\imath\ o}{\mathbf{f}}_{km} = \overset{\imath\ o}{\mathbf{f}}_k + \overset{\imath}{\varepsilon}_{km}, \quad \left\| \overset{\imath}{\varepsilon}_{km} \right\| = \overset{\imath}{\tilde{n}}_{km}[0]^m \ , \quad (5)$$

аддитивно удовлетворяющими условиям (2) по убывающей с ростом m до *прогнозно* пренебрежимо малого, но усеченного «справа», значения нормы влияния $\left\| \overset{\imath}{\varepsilon}_{km} \right\|$ решения краевой задачи с граничным условием $\partial\overset{\imath\ o}{\mathbf{f}}_{km}$ на функции $\mathbf{f}_{k,j=1}$.

В соотношениях (4), (5): (n) – номер текущей итерации, $\overset{\imath}{c}_{km}$ – некоторые неотрицательные ограниченные числа, верхний индекс * означает отображение каждой функций $\mathbf{f}_{ki} \vee \overset{\imath\ o}{\mathbf{f}}_{k,j-1}$ и операторов $\mathcal{F}_k\,, \mathcal{F}_k^0$ на j-ю дискрету ЧВС. Такое преобразование, например, для функций $\mathbf{f}_{ki}$ дается выражением

$$\mathbf{f}_{ki}^*_{\substack{i\neq j}} = \int_{\delta V_j} W_j(\vec{\xi},\tau)\mathbf{f}_{ki}(\vec{x}-\varsigma, \imath-\tau)dV, \int_{\delta V_j} W_j(\vec{\xi},\tau)dV = 1, \quad (6)$$

$$\delta V_j = \delta V_{x,j}\delta\tau_j, \delta V_{x,j} = \prod_{r=1}^{3}\delta x_r,$$

где δV_j – четырехмерный объём ячейки расчетной сетки, однозначно соответствующий j-й дискрете ЧВС $[(\omega_s, \mathbf{æ}_s)_{j.\text{inf}}, (\omega_s, \mathbf{æ}_s)_{j.\text{sup}}] \to \delta V_j$, W_j – подходящая весовая функция $(м^3 с)^{-1}$.

Правая часть уравнений (4), в отличие от исходных уравнений (1), естественно, содержит дополнительно слагаемые $-\left\{ \dfrac{d^*}{dt}\left(\sum_{\substack{i=1,i\neq j\\i<j}}^{m} \mathbf{f}_{ki}^{*(n)} \wedge \mathbf{f}_{ki}^{*(n-1)} \right) \right\}$.

Заметим, что отображение $\mathbf{f}_{ki}_{\substack{i<j}}$ на j-ю $3D_t$ расчетную сетку сравнительно слабо корректирует функции $\mathbf{f}_{kj}$. Наоборот, наложение на эту сетку функций $\mathbf{f}_{ki}_{\substack{i>j}}$ существенно сглаживает $\mathbf{f}_{kj}$ с мерой, повышающейся при $i\uparrow$. Данное обстоятельство по существу и заключает в себе фактор возрастания устойчивости вычислительных алгоритмов при компьютерном моделировании сильно возмущенной динамики СС, а также принципиальную возможность установления квазисредних для $\left(t,\vec{x}\right)\in \nu$ значений функций поля $\overline{f_k} \approx f_{k,j=1}$.

Отметим также, что изложенная процедура по отношению к текучим средам фактически воспроизводит известное свойство каскадного переноса энергетических флуктуаций турбулентных полей от их макро- к минимасштабам [7,709; 8,421].

2. ЗАКЛЮЧЕНИЕ

Открытым остаётся принципиально важный и, по-видимому, непросто решаемый вопрос: в каком согласовании могут находится результаты численной реализации задачи описания сильно неоднородной динамики СС, усложненной наличием, в общем случае, низкоуровневого случайного полевого воздействия, по алгоритму (3-6) и непосредственно на основе исходной постановки (1, 2)? Отмеченное требует дополнительного углубленного исследования собственно математических аспектов рассмотренной задачи в рамках общей проблемы моделирования бифуркационных и развитых сверхкритических движений сплошных сред.

ЛИТЕРАТУРА

1. Моргунов Г.М. К прямому численному решению уравнений динамики континуальных сред. / Тр. Междунар.науч.-техн. и науч.-метод.конф. «Гидрогазодинамика, гидравлические машины и гидропневмосистемы». – М.: Изд-во МЭИ, 2006, с. 25-30.
2. Монин А.С., Яглом А.М. Статистическая гидромеханика. –М.: Наука, т. 1, 1965, с. 163; 639 с.
3. Лойцянский Л.Г. Механика жидкости и газа. –М.:Наука,1978,с.546;736 с.
4. Ozisik M.N. 1973. «Radiative Transfer and Interactions with Conduction and Convection», Wiley, New York. [Пер.с англ.: Оцисик М.Н. Сложный теплообмен.-М.: Мир, 1976, с. 10; 616с.]
5. Fletcher C.A.J. Computational Techniques for Fluid Dynamics v.1, Springer.Verlag, Berlin Heidelberg, 1988 [Пер.с англ.: Флетчер К. Вычислительные методы в динамике жидкостей.-М.:Мир,т.1,1991,с.35-37; 504с.]
6. Ансельм А.И. Основы статистической физики и термодинамики. – М.: Наука, 1973, с. 42-45; 424с.
7. Richardson L.E. Atmospheric diffusion shown on a distance-neighbour /Proc.Roy.Soc.A110, № 756, 1926, pp.709-737.
8. Taylor G.I. Statistical theory of turbulence. I-III/Proc.Roy.Soc. A151,№ 874, 1935, pp. 421-464.

Олемской С.В.

Федеральное государственное бюджетное учреждение науки
Институт солнечно-земной физики СО РАН
osv@iszf.irk.ru

NS-АСИММЕТРИЯ И МОЩНОСТЬ 11-ЛЕТНИХ ЦИКЛОВ

По данным наблюдений солнечных пятнах выявлена связь северо-южной асимметрии пятнообразования с амплитудой 11-летнего цикла. Показано, что чем выше амплитуда солнечного цикла, тем меньше абсолютное значение относительной асимметрии.

Солнечная активность лишь в грубом приближении одинаково проявляется в северном и южном полушариях Солнца. Детальное изучение различных индексов пятнообразования показывает, что существует довольно значительная северо-южная асимметрия, т.е. наблюдается «асинхронность» работы северного и южного полушарий Солнца. Чаще всего величина северо-южной асимметрии определяется как в [1]:

$$A = \frac{N-S}{N+S},$$ (1)

где N и S – значения индексов активности для северного и южного полушарий Солнца.

В масштабах 11-летнего цикла эта асимметрия сводится, прежде всего, к избытку суммарной площади и числа групп пятен в одном из полушарий, а также несинхронности широтного распределения центров пятнообразования [2-4], различию эпох экстремумов и формы кривых 11-летних циклов в разных полушариях [1]. Северо-южная асимметрия проявляется и в долготной неоднородности солнечных пятен. Активные долготы северного и южного полушарий смещены относительно друг друга [5]. В эпоху роста доминируют активные долготы одного полушария, в эпоху спада – другого [6].

Часто используется абсолютное значение асимметрии (1), характеризующее степень «разбалансировки» полушарий, без указания того, какое именно полушарие доминирует и какая именно конфигурация магнитного поля генерируется на Солнце. Эта величина имеет четко выраженный 11-летний ход и достигает максимальных значений вблизи минимумов циклов активности [2], т.е. наибольшая разбалансировка полушарий наблюдается в периоды минимумов 11-летних циклов. Важно отметить, что чем выше абсолютная асимметрия, тем меньше размах крыльев бабочки в минимумах 11-летних циклов, это относится к современной эпохе высокой активности [3].

Указанные особенности характерны и для глобальных минимумов солнечной активности. В эпоху минимума Маундера северо-южная асимметрия достигала наибольших значений в течение нескольких циклов. По результатам модельных расчетов [7] обнаруживается тенденция роста индекса экваториальной симметрии при переходе к глобальным минимумам. Модельные расчеты показывает, что чем меньше амплитуда цикла, тем сильнее отклонение от дипольной конфигурации поля. Коэффициент корреляции между амплитудой цикла и индексом четности равен −0.3. В отличие от индекса асимметрии (1) индекс экваториальной симметрии показывает доминирование дипольной, или квадрупольной мод. По данным наблюдений солнечных пятен в современную эпоху (циклы активности 12-23) удалось выявить аналогичную закономерность в поведении «высоких» циклов активности: чем меньше амплитуда цикла, тем больше северо-южная асимметрия пятнообразования, т.е. тем больше отклонение от дипольного типа симметрии. На рисунке 1 показан временной ход сглаженных абсолютных значений асимметрии (1) и среднегодовых значений чисел Вольфа. Там же показаны огибающая максимумы циклов и огибающая минимумы абсолютной асимметрии. Видно, что кривые изменяются во времени в противофазе.

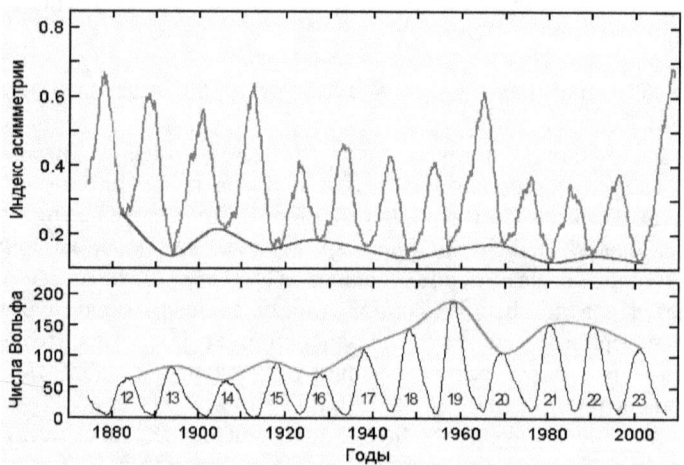

Рис. 1. Абсолютная северо-южная асимметрия среднегодовых значений чисел солнечных пятен (сглаживание с окном 4 года) (верхняя панель). Амплитуды 11-летних циклов, выраженные среднегодовыми числами Вольфа (нижняя панель). Жирные кривые – огибающие амплитуды циклов и локальные минимумы абсолютной асимметрии, коэффициент корреляции $R = -0.64$.

Была рассчитана корреляция между амплитудами циклов, выраженных среднегодовыми числами Вольфа, и локальными минимумами абсолютной асимметрии чисел солнечных пятен, $R = -0.64$.

В среднем индекс асимметрии уменьшается при увеличении активности. Отрицательное значение корреляции можно интерпретировать следующим образом. На Солнце, как показывают наблюдения, преимущественно возбуждает дипольные моды. Случайные флуктуации альфа-эффекта, нерегулярные во времени и пространстве, могут передавать часть магнитной энергии квадрупольным модам. Квадрупольные моды являются подкритическим режимом для возбуждения таких магнитных конфигураций и эти моды быстро затухают. В работе [8] приводится результаты, которые подтверждают, что дипольная магнитная конфигурация растет быстрее квадрупольной, но в то же время комплексные скорости роста дипольной и квадрупольной конфигураций близки. Это указывает на возможность долговременного существования недипольной конфигурации на Солнце. Отклонения от дипольной конфигурации уменьшают магнитную энергию. Большие отклонения могут способствовать переходам к глобальным минимумам. Таким образом, отклонение крупномасштабного магнитного поля Солнца от экваториально-антисимметричной конфигурации может быть индикатором снижения магнитной активности и указанием на переход к глобальному минимуму.

Список Литературы:

1. Витинский, Ю. И. Цикличность и прогноз солнечной активности / Ю. И. Витинский. – Л.: Наука, 1973. – 258 с.

2. Бадалян, О. Г. Характеристика асимметрии солнечной активности за последние 150 лет / О. Г. Бадалян // Циклы активности на Солнце и Звездах: матер. раб. совещания-дискуссии. – СПб., 2009. – С. 205–212.

3. Бадалян, О. Г. Широтное распределение солнечных пятен и его северо-южная асимметрия / О. Г. Бадалян // Астрономический журнал. – 2011. – Т. 88. – № 10. – С. 1008–1023.

4. Минимум Маундера: северо-южная асимметрия пятнообразования, средние широты пятен и диаграмма бабочек / Ю. А. Наговицын, В. Г. Иванов,Е. В. Милецкий, Е. Ю. Наговицына // Астрономический журнал. – 2010. – Т. 87. – № 5. – С. 524–528.

5. Мариш, Д. Активные долготы площадей групп пятен в 20-м цикле солнечной активности / Д. Мариш // Солнечные данные. – 1971. – № 8. – С. 86–89.

6. Плюснина, Л. А. Северо-южная асимметрия и циклические изменения продуктивности активных долгот / Л. А. Плюснина // Климатические и экологические аспекты солнечной активности: матер. конф. – СПб., 2003. – С. 353–358.

7. Olemskoy, S. V. Grand minima and north-south asymmetry of solar activity / S. V. Olemskoy, L. L. Kitchatinov // The Astrophysical Journal. – 2013. – Vol. 777. – Iss. 1. – Article id. 71– P. 8.

8. Галицкий, В. М. Динамо-волна вблизи солнечного экватора / В. М. Галицкий, Д. Д. Соколов, К. М. Кузанян // Астрономический журнал. – 2005. – Т. 82. – № 4. – С. 1–7.

Сабирова Ф.М.

доцент, к.ф.-м.н., доцент кафедры физики и информационных технологий Елабужского института Казанского (Приволжского) университета, fmsabir@mail.ru$

Мухамадиева А.А.

студентка 2 курса физико-математического факультета Елабужского института Казанского (Приволжского) федерального университета

ВКЛАД ЛАУРЕАТОВ НОБЕЛЕВСКОЙ ПРЕМИИ ПО ФИЗИКЕ В РАЗВИТИЕ ТЕХНИКИ ИССЛЕДОВАНИЯ АТОМНОГО ЯДРА И ЭЛЕМЕНТАРНЫХ ЧАСТИЦ

Исследованиям в области физики атомного ядра и элементарных частиц уделяется большое внимание во всем мире. С тех пор как была открыта цепная реакция деления атомного ядра, ядерная физика играет исключительно важную роль в научно-технической революции. А исследования по изучению элементарных частиц находятся сегодня в числе ведущих научных направлений. Для изучения ядерных явлений были разработаны многочисленные методы регистрации элементарных частиц и были сделаны важные открытия. Все эти изобретения и открытия были по достоинству оценены высшей научной премией – Нобелевской премией по физике. И важным этапом в методике наблюдения следов частиц явилось создание камеры Вильсона. За это изобретение в 1927 г. английский физик Чарльз Томсон Риз Вильсон был удостоен Нобелевской премии. В камере Вильсона треки заряженных частиц становятся видимыми благодаря конденсации перенасыщенного пара на ионах газа, образованных заряженной частицей. На ионах образуются капли жидкости, которые вырастают до размеров достаточных для наблюдения (10^{-3}-10^{-4} см) и фотографирования при хорошем освещении. В 1911 г. Ч. Вильсон впервые наблюдал облачные следы, конденсирующиеся вдоль треков α- и β-частиц. Он решил, что водяной пар, конденсирующийся вокруг ионизированных молекул, должен образовывать следы, которые можно фиксировать на фотоэмульсии. Приспособив камеру для этой цели, он сообщил в 1911 г., что видел впервые «восхитительные облачные следы», сконденсировавшиеся вдоль треков α- и β-частиц. Фотографии треков, сделанные им, произвели глубокое впечатление в научном мире. Они служили зримым свидетельством частиц, чье существование до той поры устанавливалось лишь косвенно, причем частицы можно было отличать друг от друга с невероятной четкостью. С помощью этой камеры можно было визуально и фотографически наблюдать треки летящих частиц. С помощью ионизационной камеры Вильсона был открыт позитрон, мюон и π-мезоны, также она стала неоценимым инструментом для исследования космических лучей [1].

Исходя из аналогии с камерой Вильсона, американский физик Дональд Артур Глазер нашел иной фазовый переход, который тоже позволяет визуализировать следы частиц. В его приборе используется перегретая жидкость, которая вскипает вблизи центров зародышеобразования, которыми служат ионы. Проходя через такую жидкость, частица оставляет за собой след из пузырьков. В дальнейшем он назвал этот прибор «пузырьковой камерой». Эксперименты с применением пузырьковой камеры принесли информацию о времени жизни, путях распада и спине L°-гиперона и K°-мезона и о многом другом. Тысячекратное увеличение возможностей специалистов по высокоскоростным частицам позволило им значительно более длительное время следить за движением частиц и за их превращениями. Пузырьковая камера Глейзера оказалась настолько удачным прибором, что с 60-х годов она полностью вытесняет камеры Вильсона. И Нобелевская премия по физике 1960 года досталась Дональду Глейзеру именно «за изобретение пузырьковой камеры» [2]. Эксперименты на ускорителях во всём мире начинают проводиться с использованием всё более крупных криогенных пузырьковых камер, которые превращаются в сложнейшие инженерные комплексы, нафаршированные электроникой.

Изучение структуры ядра требовало получать ионы высоких энергий. Разработанные к началу 30-х годов высоковольтные ускорители становились слишком сложными из-за необходимости генерировать высокие мегавольтные напряжения. Тогда американскому физику Эрнесту Орландо Лоуренсу пришла идея многократного прохождения частицами ускоряющего зазора с относительно небольшим напряжением. После первого, довольно несовершенного циклотрона, построенного в 1930 г., Лоуренс и его коллеги из Беркли быстро создали одну за другой более крупные модели. Используя 80-тонный магнит, предоставленный ему Федеральной телеграфной компанией, Лоуренс ускорял частицы до рекордных энергий в много миллионов электрон-вольт, и оказалось, что циклотроны оказались идеальными экспериментальными приборами. В отличие от частиц, испускаемых ядрами при радиоактивном распаде, пучок частиц, выводимых из циклотрона, был однонаправленным, их энергию можно было регулировать, а интенсивность потока была несравненно выше, чем от любого радиоактивного источника. В 1939 г. Лоуренс был удостоен Нобелевской премии за разработку и создание циклотрона. Высокие энергии, достигнутые Лоуренсом и его сотрудниками, открыли перед физиками обширное новое поле для исследований. Бомбардировка атомов многих элементов позволила расщепить их ядра на фрагменты, которые оказались изотопами, часто радиоактивными. Иногда ускоренные частицы «прилипали» к ядрам-мишеням или вызывали ядерные реакции, среди продуктов которых встречались новые элементы, не существующие на Земле в естественных условиях. Полученные результаты показали, что если бы частицы можно было ускорять до достаточно больших энергий, то с помощью циклотрона можно было бы осуществить почти любую ядерную реакцию. Циклотрон использовался и для измерения энергий связи многих ядер, и (путем сравнения разности масс до и после ядерной реакции) для проверки соотношения Альберта Эйнштейна между массой и энергией. Циклотрон также позволил создать радиоактивные изотопы для медицинских целей [3].

За создание сверхчувствительного детектора излучений и частиц, применение которого стало основой большого числа открытий, и за изобретение многоканальной пропорциональной камеры в 1992 г. французский физик научный сотрудник Европейского центра ядерных исследований (ЦЕРН) Жорж Шарпак был удостоен Нобелевской премии. Камера Шарпака состоит из 70 тысяч тонких чувствительных анодных параллельных проводов (диаметром в 20 мкм), на которые подается положительный потенциал, расположенных друг относительно друга на расстояниях 2 мм между двумя катодными плоскостями. Каждая анодная проволочка работает как независимый детектор. Камера наполнена инертным газом аргоном с малой органической добавкой (CO_2, CH_4). Она напрямую связана с компьютером, что позволило повысить скорость накопления данных в миллион раз, а также увеличить точность измерения траекторий частиц [4, 883]. Многоканальная камера помогла получить две Нобелевские премии в 70-х и 80-х годах, ведь ее применение привело к открытию очарованного кварка и W и Z частиц. Применение же модифицированной пропорциональной камеры в медицинской практике для регистрации рентгеновского излучения позволило получать изображения в цифровом виде и значительно повысить диагностическую информативность снимка. В журнале «Science» было выдвинуто предположение, что «если следующим поколениям предстоит открыть новые частицы, они по всей вероятности будут обнаружены с помощью новой версии оригинального изобретения Шарпака» (цит. по: [4, 884]).

Таким образом, из приведенных примеров можно сделать вывод о значительном вкладе нобелевских лауреатов в развитие техники исследования атомного ядра и элементарных частиц.

Литература (источники):

1. Кожевин, В. "Заряженный туман" Чарльза Вильсона // Энергетика и промышленность России. № 2 (42) февраль 2004 года. – URL: http://www.eprussia.ru/epr/42/2841.htm

2. Подробнее см.: Камера Вильсона, или Три Нобелевские премии, добытые из тумана. URL: http://www.computerra.ru/94191/kamera-vilsona-ili-tri-nobelevskie-premii-dobyityie-iz-tumana

3. Подробнее см.: Великие физики. Эрнест Орландо Лоуренс //Алхимик. URL: www.alhimik.ru/great/lawrence.html.

4. Финкельштейн А.М., Ноздрачев А.Д., Поляков Е.Л., Зеленин К.Н. Нобелевские лауреаты по физике: 1901-2004. В 2 т. Т.2. СПб.: Изд-во «Гуманистика», 2005.

Колмогоров А.В. - к.ф.-м.н.
Протодьяконова Н.А. – к.ф.-м.н.
Институт физико-технических проблем Севера СО РАН
Якутск

УЧЕТ СОХРАНЕНИЯ ОСТАТОЧНЫХ НАПРЯЖЕНИЙ НА ГРАНИЦЕ ФАЗОВОГО ПЕРЕХОДА В ОТТАИВАЮЩЕМ ГРУНТЕ

В теории консолидации водонасыщенных грунтов для учета реологических свойств скелета применяются модели линейной наследственной ползучести [2,46;4,150], но данные модели описывают реологическое поведение различных сред при непрерывной истории деформирования. В случае же, когда в ходе деформирования в среде происходят фазовые переходы и деформации на фронте фазового перехода терпят разрыв, необходимо учитывать влияние предыстории нагружения среды до фазового перехода на последующее напряженно-деформированное состояние водонасыщенной ползучей пористой среды. Для однородных сред с наследственной ползучестью, претерпевающих фазовый переход, была предложена гипотеза о сохранении остаточных напряжений при фазовом переходе, позволяющая учитывать влияние истории деформирования среды до фазового перехода [1,120]. Эта гипотеза основана на применении одной из основных теорем теории наследственной ползучести, теоремы Рисса на случай, когда деформации среды терпят разрыв.

Для задачи деформирования грунтов при оттаивании необходимо обобщить эту гипотезу на случай фильтрационной консолидации, претерпевающей фазовый переход.

Рассмотрим соотношения, определяющие реологическое поведение сред при фазовом переходе льда в воду в порах. Реологическое поведение мерзлого грунта описывается линейным интегральным уравнением наследственной ползучести. Уравнение релаксации для шаровых составляющих и девиаторов тензора напряжений будет иметь вид:

$$\sigma^{(1)}(t) = 3K_0^{(1)}e^{(1)}(t) - \int_0^t R_v^{(1)}(t-\tau)e^{(1)}(\tau)d\tau \tag{1}$$

$$s_{ij}^{(1)}(t) = 2G_0^{(1)}\gamma_{ij}^{(1)}(t) - \int_0^t R_s^{(1)}(t-\tau)\gamma_{ij}^{(1)}(\tau)d\tau$$

где $K_0^{(1)}, G_0^{(1)}$ - модули мгновенной упругости, $R_v^{(1)}, R_s^{(1)}$ - ядра релаксации, соответственно объемных и сдвиговых напряжений мерзлого грунта.

Обобщим гипотезу о сохранении остаточных напряжений в наследственно ползучих средах при фазовых переходах на случай, когда в талом состоянии грунт представляет пористую ползучую среду, насыщенную вязкой упругосжимаемой жидкостью [3,56]. В этом случае вместо модулей сдвига и объемной упругости скелета будут фигурировать

174

соответствующие временные операторы и уравнение (1) можно представить в интегральном виде:

$$s_{ij}^{f}(t) = 2G_0(1-m_0)\gamma_{ij}(t) - \int\limits_0^t R_s(t-\tau)\gamma_{ij}(\tau)d\tau$$

$$\sigma^{f}(t) = 3K_0(1-m_0)\left[e_1(t) + \frac{\beta_1}{3}p(t)\right] - \int\limits_0^t R_v(t-\tau)\left[e_1(\tau) + \frac{\beta_1}{3}p(\tau)\right]d\tau \tag{2}$$

где s_{ij}^{f}, γ_{ij} – девиаторы, а σ^{f}, e_1 - шаровые составляющие тензоров эффективных напряжений и деформаций скелета; $R_s(t), R_v(t)$ - интегральные ядра релаксации, соответственно сдвиговых и объемных деформаций скелета.

Пусть в момент времени $t = \theta$ в точке $x = \xi(\theta)$ среда претерпевает фазовый переход. К этому моменту напряжения в среде в мерзлом состоянии (1) имеют значения:

$$\sigma^{(1)}(\theta) = 3K_0^{(1)}e^{(1)}(\theta) - \int\limits_0^\theta R_v^{(1)}(\theta-\tau)e^{(1)}(\tau)d\tau$$

$$s_{ij}^{(1)}(\theta) = 2G_0^{(1)}\gamma_{ij}^{(1)}(\theta) - \int\limits_0^\theta R_s^{(1)}(\theta-\tau)\gamma_{ij}^{(1)}(\tau)d\tau \tag{3}$$

Остаточные напряжения при этом задаются выражениями:

$$\sigma_{ocm}^{(1)}(\theta) = -\int\limits_0^\theta R_v^{(1)}(\theta-\tau)e^{(1)}(\tau)d\tau$$

$$s_{ij(ocm)}^{(1)}(\theta) = -\int\limits_0^\theta R_s^{(1)}(\theta-\tau)\gamma_{ij}^{(1)}(\tau)d\tau \tag{4}$$

В талом состоянии грунта полные напряжения задаются уравнениями:

$$\sigma^{(2)}(t) = 3K_0^{(2)}(1-m_0)e_1^{(2)}(t) - (1-\varepsilon_0)p(t) - \int\limits_0^t R_v^{(2)}(t-\tau)\left[e_1^{(2)}(\tau) + \frac{\beta_1}{3}p(\tau)\right]d\tau$$

$$s_{ij}^{(2)}(t) = 2G_0^{(2)}(1-m_0)\gamma_{ij}^{(2)}(t) - \int\limits_0^t R_s^{(2)}(t-\tau)\gamma_{ij}^{(2)}(\tau)d\tau$$

Исключая мгновенно-упругие составляющие имеем для остаточных напряжений:

$$\sigma_{ocm}^{(2)}(t) = -\int\limits_0^t R_v^{(2)}(t-\tau)\left[e_1^{(2)}(\tau) + \frac{\beta_1}{3}p(\tau)\right]d\tau$$

$$s_{ij(ocm)}^{(2)}(t) = -\int\limits_0^t R_s^{(2)}(t-\tau)\gamma_{ij}^{(2)}(\tau)d\tau$$

и учитывая основное положение гипотезы, что при фазовом переходе сохраняются значения остаточных напряжений, определим значения деформаций для среды (2), допуская, что она с самого начала деформирования находилась в талом состоянии и к моменту времени $t = \theta$ имела остаточные напряжения равные:

$$\sigma_{ocm}^{(2)}(\theta) = -\int\limits_0^\theta R_v^{(2)}(\theta-\tau)\left[e_1^{*(2)}(\tau) + \frac{\beta_1}{3}p^*(\tau)\right]d\tau$$

$$s_{ij(ocm)}^{(2)}(\theta) = -\int\limits_0^\theta R_s^{(2)}(\theta-\tau)\gamma_{ij}^{*(2)}(\tau)d\tau \tag{5}$$

Отсюда, приравнивая подынтегральные выражения для остаточных напряжений, получим соотношение:

$$e_1^{*(2)}(\tau) + \frac{\beta_1}{3}p^*(\tau) = \frac{R_v^{(1)}(\theta-\tau)}{R_v^{(2)}(\theta-\tau)}e_1^{(1)}(\tau)$$

$$\gamma_{ij}^{*(2)}(\theta) = \frac{R_s^{(1)}(\theta-\tau)}{R_s^{(2)}(\theta-\tau)}\gamma_{ij}^{(1)}(\tau) \tag{6}$$

Таким образом, определяющие уравнения для талого грунта будем иметь в виде:

$$\sigma^{(2)}(t) = 3K_0^{(2)}(1-m_0)e_1^{(2)}(t) - (1-\varepsilon_0)p(t) - \int\limits_0^\theta \frac{R_v^{(1)}(\theta-\tau)}{R_v^{(2)}(\theta-\tau)}R_v^{(2)}(t-\tau)e_1^{(1)}(\tau)d\tau -$$

$$\int\limits_\theta^t R_v^{(2)}(t-\tau)\left[e_1^{(2)}(\tau) + \frac{\beta_1}{3}p(\tau)\right]d\tau$$

$$s_{ij}^{(2)}(t) = 2G_0^{(2)}(1-m_0)\gamma_{ij}^{(2)}(t) - \int\limits_0^\theta R_s^{(2)}(t-\tau)\frac{R_s^{(1)}(\theta-\tau)}{R_s^{(2)}(\theta-\tau)}\gamma_{ij}^{(1)}(\tau)d\tau -$$

$$-\int\limits_\theta^t R_s^{(2)}(t-\tau)\gamma_{ij}^{(2)}(\tau)d\tau \tag{7}$$

Соотношения (3) и (7) учитывают наследственную ползучесть среды как до, так и после фазового перехода. Причем, вторые слагаемые в уравнении (7) учитывают эффект влияния на релаксацию напряжения в среде предыстории деформирования до фазового превращения порового флюида.

Литература:

1. Вотяков И.Н. Физико-механические свойства мерзлых и оттаивающих грунтов Якутии. – Нов-к.: Наука, 1975. - 176 с.
2. Вялов С.С. Реология мерзлых грунтов. – М.: Изд-во АН СССР,1963.-с.554.
3. Дубина М.М., Красовицкий Б.А., Лозовский А.С., Попов Ф.С. Тепловое и механическое взаимодействие инженерных сооружений с мерзлыми грунтами. - Нов-к.: Наука, 1977. – 141 с.
4. Зарецкий Ю.К. Теория консолидации грунтов. – М.: Наука, 1967. – 270 с.

Гусева Н.А.
Московский государственный областной университет
g_natalie305@rambler.ru

ОБЩАЯ ХАРАКТЕРИСТИКА СИСТЕМЫ СТИЛИСТИЧЕСКИХ ПОМЕТ ВО ФРАЗЕОГРАФИИ АНГЛИЙСКОГО, НЕМЕЦКОГО И РУССКОГО ЯЗЫКОВ

Функционированию фразеологических единиц (далее – ФЕ) в живой речи, а также их корректному переводу на различные языки способствует их стилистическая дифференциация, которая основана на практике речевого общения.

При анализе языкового материала, а именно свыше 3000 ФЕ английского, немецкого и русского языков, вербально репрезентирующих один из значимых в любом языке концепт «Трудовая деятельность человека» в форме лексико-фразеологического поля (далее – ЛФП), было установлено, что они обладают различными функционально-стилистическими и нормативно-стилистическими характеристиками, что и явилось стимулом для систематизации этих характеристик как отдельного этапа лингвокогнитивного моделирования вышеупомянутого ЛФП [Подр. см. 2].

Предварительным этапом этой систематизации стали выявление и анализ наиболее типичных стилистических помет, содержащихся во фразеографии английского, немецкого и русского языков. Описанию этого предварительного этапа и посвящена данная статья.

При установлении стилистической градации ФЕ в рамках синонимических рядов мы столкнулись с проблемой отсутствия четкой системы нормативно-стилистических помет в лексикографических источниках на материале английского, немецкого и русского языков.

При анализе теоретических источников по данному вопросу приходится констатировать, что эта проблема является одной из трудноразрешимых как в отечественной, так и в зарубежной лингвистике и в частности, в лексикографии [1; 4; 5].

Представляется целесообразным использование следующих трех стилистических характеристик ФЕ, предложенных В.П. Жуковым в предисловии к Толковому словарю фразеологических синонимов русского языка относительно фразеологизмов русского языка[3, 18]:

1. Расслоение фразеологизмов по степени их стилистической высоты и сниженности.

2. Наличие у фразеологизмов эмоционально-экспрессивной окрашенности и оценочного значения.

3. Актуальность употребления фразеологизмов в современном русском литературном языке.

Очевидно, что эти характеристики носят универсальный характер и применимы на материале любого языка.

Для выявления общей картины наличия стилистических помет в лексикографических источниках анализу были подвергнуты следующие словари современных английского, немецкого и русского языков. Так, на материале современного английского языка были проанализированы следующие словари:

1. Квеселевич Д.И. Современный русско-английский фразеологический словарь. – М.: Астрель, 2002.- 621 с. - [СРАФС (Квеселевич)].

2. Кунин А.В. Англо-русский фразеологический словарь. 8-е изд., стереотип. – М.: Русский язык Медиа, 2007. – 572 с. - [АРФС (Кунин)].

3. Литвинов П.П. 3500 английских фразеологизмов и устойчивых словосочетаний. – М.: Астрель. АСТ, 2007. – 287 с. - [3500 АФиУС (Литвинов)].

4. Oxford Idioms Dictionary for learners of English. - Oxford: University Press, 2006. - 470 p. - [OID].

5. Longman Idioms Dictionary.- Addison Wesley Longman Limited, 1998. - 398 p. - [LID].

6. Cambridge Idioms Dictionary. - Cambridge University Press, 2006.- 505 p. - [CID].

На материале современного немецкого языка были проанализированы следующие словари:

1. Бинович Л.Э. Немецко-русский фразеологический словарь. – М.: Аквариум, 1995. – 768 с. – [НРФС].

2. Duden. Bd. 11. Redewendungen und sprichwörtliche Redensarten: Wörterbuch der Deutschen Idiomatik . - Mannheim; Leipzig; Wien; Zürich, 1992. – 864 S. – [DUDEN 11].

3. Мальцева Д.Г. Немецко-русский словарь современных фразеологизмов. – М.: Рус.яз. .- Медиа, 2003. – 506 с. – [НРССФ].

4. Добровольский Д.О. Немецко-русский словарь живых идиом. – М.: Метатекст, 1997. – 201 с. – [НРСЖИ].

5. 1000 deutsche Redensarten. Mit Erklärungen und Anwendungsbeispielen. Von H. Griesbach und D. Schulz. – Berlin/München/Wien/Zürich/New York, 2000. – 248 S. – [1000 DR].

На материале современного русского языка анализу были подвергнуты пять словарей:

1. Бирих А.К., Мокиенко В.М., Степанова Л. И. Русская фразеология. Историко-этимологический словарь (под ред. В.М. Мокиенко, М., 2005) – [РФ ИЭС (Бирих)].

2. Большой фразеологический словарь русского языка. Значение. Употребление. Культурологический комментарий под редакцией В.Н. Телия (М., 2006) – [БФСРЯ 1(Телия)].

3. Большой фразеологический словарь русского языка (Состав. Антонова Л.В., М., 2013). – [БФСРЯ 2 (Антонова)].

4. Войнова Л.А., Жуков В.И. А.П., Молотков, Фёдоров А.И. Фразеологический словарь русского языка (под ред. А.И. Молоткова, М., 1986) – [ФСРЯ (Молотков)].

5. Мокиенко В.М. Краткий словарь-справочник: Давайте говорить правильно! Трудности современной русской фразеологии (Спб; М., 2004) – [КСС ДГП (Мокиенко)].

6. Система стилистических помет в английской фразеографии на материале исследованных словарей представлена в табл.1

Таблица 1

Распределение стилистических помет по степени стилистической высоты и сниженности, типам эмоционально-экспрессивной окрашенности и локально-темпоральной характеристики в английской фразеографии

Стилистическая помета	Фразеологический словарь				
	СРАФС (Квеселевич)	АРФС (Кунин)	OID	LID	CID
Высокое	-	-	-	-	-
Патетический	-	-	-	-	-
Торжественно	-	-	-	-	-
Книжный/книжное/literary	+	+	+	-	+
Литературный	-	-	-	-	-
Речевой стандарт	-	-	-	-	-
Официальное – formal	-	-	+	-	+
Письменное – written	-	-	+	-	-
Разговорное – spoken	+	+	-	+	-
Разговорно-оценочный	-	-	-	-	-
Отрицательный	-	-	-	-	-
Неформальное - informal	-	-	+	-	+
Просторечный- colloquial	+	-	-	-	-
Поэтический	-	-	-	-	-
Народно-поэтический	-	-	-	-	-
Пословица/поговорка-proverb/saying	+	+	-	-	-
Одобрительный/approving	+	-	+	-	-
Неодобрительный/ disapproving	+	+	+	-	-
Укоризненно	-	-	-	-	-
Уничижительное	-	-	-	-	-
Пренебрежительный-derogatory	-	+	-	-	-
Презрительный/Contemptuously	+	+	-	-	-
Фамильярный - familiar	+	+	-	-	-
Бранный, бранно/offensive /taboo	+	-	-	+	+
Грубый	-	-	-	-	-

Грубо-фамильярное	-	-	-	-	-
Грубо-просторечное/offensive informal	+	-	-	-	-
Вульгарно	-	-	-	-	-
Вульгарно-просторечный	-	-	-	-	-
Жаргонный/slang	+	+	+	+	-
Жаргонно-просторечный	-	-	-	-	-
Уменьшительное	-	-	-	-	-
Уменьшительно-ласкательное /ласкательное выражение - affectionate expression	-	+	-	-	-
Уменьшительно-пренебрежительное	-	-	-	-	-
Иронический/ironical	+	+	+	-	-
Насмешливый	-	-	-	-	-
Шутливый- humorous	+	+	+	-	+
Шутливо-иронический	-	-	-	-	-
Современный	-	-	-	-	-
Новый	-	-	-	-	-
Устаревший – old-fashioned	-	+	+	+	+
Устарелое – old use	-	-	+	-	-
Областной / диалектный (с указанием и без конкретной области происхождения или употребления ФЕ Американский английский – AmE Британский английский – BrE Австралийский английский - AustralE	+	+ + + -	+ + +	-	+ + +
Специальный (с указанием специальной области использования, например спортивный, военный, юридический, газетно-публицистический и т.д. – special/terminological note	+	-	+	+	-

Система стилистических помет в немецкой фразеографии на материале исследованных словарей представлена в табл.2.

Таблица 2

Распределение стилистических помет по степени стилистической высоты и сниженности , типам эмоционально-экспрессивной окрашенности и локально-темпоральной характеристики в немецкой фразеографии

Стилистическая помета	Фразеологический словарь				
	НРФС (Бинович)	DUDEN 11	НРССФ (Мальцева)	НРСЖИ (Доброволь-ский)	1000 DR
Высокое- gehoben	-	+	+	+	-
Патетический	-	-	-	-	-
торжественно	-	-	-	-	-
Книжный/книжное - bildungssprachlich	+	+	+	+	-
литературный	-	-	-	-	-
Речевой стандарт	-	-	-	-	-
официальное	+	-	-	-	+
Канцелярское выражение / Amtssprache	+	-	-	-	-
Казенный немецкий - Papierdeutsch	-	+	-	-	-
Разговорное - umgangssprachlich	+	+	-	-	-
Разговорно-оценочный	-	-	-	-	-
отрицательный	-	-	-	-	-
неформальное	-	-	-	-	-
просторечный	+	-	-	-	-
поэтический	+	-	-	-	-
Народно-поэтический	-	-	-	-	-
Пословица/поговорка	+	-	+	-	-
одобрительный	-	-	-	-	-
Неодобрительный/abwertend	-	-	-	-	-
укоризненно	-	-	-	-	-
уничижительное	-	-	-	-	-
пренебрежительный	+	-	-	-	-
презрительный	+	-	-	-	-
Фамильярный – familiärer Ausdruck	+	+	-	+	+
Бранный, бранно	+	-	-	-	-
Грубый - derb	+	-	+	+	-
Грубо-фамильярное	-	-	-	-	-
Грубо-просторечное	-	-	-	-	-
Вульгарно - vulgär	-	-	-	-	-
Вульгарно-просторечный	-	-	-	-	-
жаргонный	-	-	-	-	-
Жаргонно-просторечный	-	-	-	-	-

уменьшительное	-	-	-	-	-
Уменьшительно-ласкательное	-	-	-	-	-
Уменьшительно-пренебрежительное	-	-	-	-	-
Иронический - ironisch	+	+	+	+	+
насмешливый	-	-	-	-	-
Шутливый - scherzhaft	+	+	+	+	
Шутливо-иронический	+	-	-	-	-
современный	-	-	-	-	-
Новый / неологизм- neu	-	-	-	+	-
устаревший	+	-	-	-	-
устарелое	-	-	-	-	-
Областной/диалектный (с указанием и без конкретной области происхождения или употребления ФЕ – z.B. berlinisch	+	+	+	-	-
Специальный (с указанием специальной области использования, например спортивный, военный, юридический, газетно-публицистический и т.д. – z.B. Seeemannsprache/Jugendsprache	+	+	+	+	-

Система стилистических помет в русской фразеографии на материале исследованных словарей представлена в табл.3.

Таблица 3

Распределение стилистических помет по степени стилистической высоты и сниженности , типам эмоционально-экспрессивной окрашенности и локально-темпоральной характеристики в русской фразеографии

Стилистическая помета	Фразеологический словарь				
	РФ ИЭС (Бирих)	БФСРЯ (Телия)	БФСРЯ (Антоно-ва)	ФСРЯ (Молот-ков)	КСС ДГП (Моки-енко)
высокое	-	-	+	-	+
патетический	+	-	-	-	-
торжественно	+	-	-	-	-
Книжный/книжное	+	+	+	+	+
литературный	+	-	-	+	-
Речевой стандарт	-	+	-	-	+

официальное	-	+	-	-	-
разговорное	+	-	+	-	+
Разговорно-оценочный	+	-	-	-	-
отрицательный	-	+	-	-	-
неформальное	-	+	-	-	-
просторечный	+	+	+	+	+
поэтический	+	+	-	-	+
Народно-поэтический	+	+	-	-	-
Пословица/поговорка	+	-	-	-	+
одобрительный	+	-	+	-	+
неодобрительный	+	-	+	+	+
укоризненно	+	-	-	-	-
уничижительное	-	+	-	-	-
пренебрежительный	+	-	-	+	+
презрительный	+	-	+	+	+
фамильярный	+	+	+	-	-
Бранный, бранно	-	-	-	+	+
грубый	-	-	+	-	+
Грубо-фамильярное	-	+	-	-	-
Грубо-просторечное	-	-	-	+	-
вульгарно	-	-	-	-	+
Вульгарно-просторечный	-	-	-	-	+
жаргонный	+	+	-	-	+
Жаргонно-просторечный	-	-	-	-	+
уменьшительное	+	+	-	-	-
Уменьшительно-ласкательное	+	-	-	-	-
Уменьшительно-пренебрежительное	+	-	-	-	-
иронический	+	+	+	+	+
насмешливый	+	-	-	-	-
шутливый	+	+	+	+	+
Шутливо-иронический	-	-	-	-	+
современный	+	+	-	-	-
новый	+	-	-	-	+
устаревший	+	+	+	-	+
устарелое	-	-	-	+	-
Областной / диалектный (с указанием и без конкретной области происхождения или употребления ФЕ	+	+	-	-	+
Специальный (с указанием специальной области использования,	+	+	+	-	+

например спортивный, военный, юридический, газетно-публицистический и т.д.					

Данные табл. 1 - 3 наглядно свидетельствуют о том, что наиболее употребительными являются следующие стилистические пометы (в скобках указано количество словарей из пяти проанализированных в каждом языке, в которых преобладает та или иная помета):

в английской фразеографии – книжное / literary (4); шутливый / humorous (4); устаревший / old – fashioned (4); жаргонный / slang (4); иронический / ironical (3); разговорное / spoken (3); неодобрительно / disapproving (3); бранно / offensive / taboo (3); специальный (с указанием специальной области использования, например спортивный, военный, юридический, газетно-публицистический и т.д.) /special/terminological note (3). Следует отметить, что большинстве проанализированных словарей (в четырех из пяти) содержится указание на преимущественное употребление ФЕ в том или ином варианте английского языка: в американском (AmE), британском (BrE) или австралийском (AustralE);

в немецкой фразеографии - высокое / gehoben (4); книжное / bildungssprachlich (4); ироничное / ironisch (5); шутливое / scherzhaft (4); фамильярно / familiär (4); грубое / derb (3) ; разговорное / umgangssprachlich (2); пословица / поговорка / Sprichwort / sprichwörtliche Redensart (2); областной/диалектный (с указанием и без конкретной области происхождения или употребления ФЕ – z.B. berlinisch (3); специальный (с указанием специальной области использования, например спортивный, военный, юридический, газетно-публицистический и т.д. – z.B. Seeemannsprache/Jugendsprache (4);

в русской фразеографии - книжное (5); просторечное (5); одобрительное (3); шутливое (5); презрительное (4); жаргонное (3); одобрительное (3); разговорное (3); устаревшее (4); пословица / поговорка (2); областной / диалектный (с указанием и без конкретной области происхождения или употребления ФЕ (3); специальный (с указанием специальной области использования, например спортивный, военный, юридический, газетно-публицистический и т.д. (4).

В качестве вывода отметим, что полученные результаты могут быть использованы для дальнейшей стилистической систематизации ФЕ, вербализующих концепт «Трудовая деятельность человека» на материале английского, немецкого и русского языков в зависимости от принадлежности к стилистическому пласту, степени и типу стилистической окраски.

Литература

1. Большой фразеологический словарь русского языка. Значение. Употребление. Культурологический комментарий / Отв. ред. В.Н. Телия. – М.: АСТ-ПРЕСС КНИГА, 2006. – 784 с.

2. Гусева Н.А. Лингвокогнитивное моделирование концепта "Трудовая деятельность". На материале английского и немецкого языков. - Saarbrücken : LAP Lambert Academic Publishing (Германия), 2012. – 104 с.

3. Жуков В.П., Сидоренко М.И., Шкляров В.Т. Толковый словарь фразеологических синонимов русского языка. – М.: ООО «Издательство Астрель»: ООО «Издательство АСТ»: ЗАО НПП «Ермак», 2005. – 445 с.

4. Cowie A.P. English phraseography // Phraseologie: ein internationales Handbuch zeitgenössischer Forschung = Phraseology: an international handbook of contemporary research. – Hrsg. von/edited by H. Burger, D. Dobrovol'skij, P. Kühn, N.R. Norrick. 2. Halbband / Volume 2. – Berlin, New York: Walter de Gruyter, 2007. – S. 929 - 939.

5. Müller P. O., Kunzel-Razum K. Phraseographie des deutschen // Phraseologie: ein internationales Handbuch zeitgenössischer Forschung = Phraseology: an international handbook of contemporary research. – Hrsg. von/edited by H. Burger, D. Dobrovol'skij, P. Kühn, N.R. Norrick. 2. Halbband / Volume 2. – Berlin, New York: Walter de Gruyter, 2007. – S. 939 - 949.

Головко Е.А.

доцент, кандидат педагогических наук, Серево-Кавказский федеральный университет

elena_g_stav@mail.ru

Рындина А.А.

студентка, Серево-Кавказский федеральный университет

СТРУКТУРНЫЙ АНАЛИЗ КРЕОЛИЗОВАННОГО РЕКЛАМНОГО ТЕКСТА С ЭЛЕМЕНТАМИ ЖЕСТОКОСТИ И НАСИЛИЯ

Креолизованные тексты являются неотъемлемым компонентом современной коммуникации, повышающим ее эффективность. Обоснованным, в связи с этим, является стремление ученых всесторонне изучить «инвентарь» текстообразующих средств, функционирующих в тексте пресуппозиций, а также текстовые категории и особенности их реализации в рекламных текстах. Креолизованные тексты – это тексты, фактура которых состоит из двух негомогенных частей: вербальной (языковой/речевой) и невербальной (принадлежащей к другим знаковым системам, нежели естественный язык) [1, 180], поэтому они всегда интересовали современных исследователей, таких как Анисимова Е.Е., Барт Р., Корнилова Е.Е., Гордеев Ю.А., Назайкина А.Н., Сорокин Ю.А., Бернацкая А.А., Тураева З.Я. В настоящее время креолизованные тексты являются одной из преобладающих форм представления информации в средствах массовой коммуникации, поэтому изучение особенностей креолизованных рекламных текстов имеет не только теоретическое, но и практическое значение.

Реклама представляет собой специфическую разновидность креолизованного текста. Присущие ей универсальные текстовые категории (системность, целостность, модальность, информативность, оформленность, логичность, интертекстуальность, подтекст), взаимодействуя на глубинном уровне рекламы, обеспечивают ее текстуальность и определяют ее специфику.

Рассмотренная реклама, отражающая социальные проблемы отношений в семье и насилия, гласит: *«Насилие в семье: молчать значит участвовать».* Что касается вербального компонента, мы видим людей, наблюдающих сцену физического насилия. Кухня, как место действия, выбрана не случайно; это происходит не где-то на улице, и тем самым указывает нам на проблему в рамках семейных взаимоотношений.

Большая спаянность и слияние компонентов обнаруживается в текстах с полной креолизацией, как например, в данной рекламе. В данном случае рекламное сообщение построено по принципу ассоциативной связи визуального и вербального компонентов. Фотоизображение выступает в равноправном сотрудничестве с вербальным текстом. В таком рекламном сообщении отрывать изображение от слова недопустимо, так как разрушается содержательная и структурная целостность послания.

Нельзя сказать, что главное содержание данной рекламы передается за счет визуальных образов, хотя и картинка такого рода бросается в глаза читателя в первую очередь; сопровождающая ее минимальная словесная информация представлена в виде лаконичного утверждения, указывающего на важнейшую социальную проблему.

Этот тип социальной рекламы можно отнести к категории морализующей рекламы, где основная смысловая нагрузка ложится на вербальный текст. Мы наблюдаем, как развивается сюжетная линия в данном виде рекламы: создается некая легенда (жена подвергается физическому насилию со стороны супруга, а свидетели этой сцены не предпринимают попытки исправить ситуацию), выдвигается определенная проблема (проблема насилия в семье, равнодушие окружающих) и завершается сюжетная линия пресуппозицией-призывом. В соответствии с моралью и нормами поведения в обществе данная реклама проектирует проблемную ситуацию и вербально предлагает их решение.

Следующая реклама появилась в журнале Metro в июле 2012 года накануне футбольного матча Франция – Англия. Данный креолизованный текст предполагает некую пресуппозицию, потому что человеку, незнакомому с культурой Франции вряд ли удастся декодировать информацию, представленную в данном рекламном сообщении, и определить связь между ее вербальным и невербальным компонентами.

«*Мы готовы связать англичан!*», звучит слоган, сопровождаемый изображением петуха, который держит веревку от ветчины. Здесь необходимым является знание о культуре и языке: петух – символ Франции, а французы неформально называют жителей Великобритании *Rosbeefs* – такое прозвище англичане получили из-за своего знаменитого способа приготовления мяса.

В процессе восприятия данного креолизованного текста происходит двойное декодирование заложенной в нем информации, соответственно, взаимодействие двух концептов приводит к созданию единого общего концепта креолизованного текста.

На основе данного нам рекламного сообщения мы можем выделить его основные функции: информационная (дана информация о приближающемся футбольном матче – *France-Angleterre*; ... *l'équipe de France*), экспрессивная (выражается не только смысловая, но и оценочная информация), прагматическая (воздействие на получателя, призыв к поддерке национальной команды – *Nous sommes prêts à ficeler les Anglais*).

В данном случае креолизованное рекламное сообщение построено по принципу ассоциативной связи визуального и вербального компонентов. Фотоизображение выступает в равноправном сотрудничестве с вербальным текстом. В таком рекламном сообщении отрывать изображение от слова недопустимо, так как разрушается содержательная и структурная целостность послания. При этом эффективное, психологически и эстетически мотивированное взаимодействие – дополнительность и взаимокоммуникативность фотографии и текста – возможно только при сохранении их существенных различий и специфики.

С функциональной точки зрения, данные рекламные тексты наиболее полно совмещают в себе реализацию двух функций воздействия. Это функция воздействия языка, реализуемая с помощью всего арсенала лингвистических средств выразительности, и функция массовой коммуникации, реализуемая с применением особых медиа-технологий, характерных для того или иного средства массовой информации.

Литература:

1. Сорокин Ю.А., Тарасов Е.Ф. Креолизованные тексты и их коммуникативная функция / Ю.А. Сорокин, Е.Ф. Тарасов // Оптимизация речевого воздействия. – М.: Наука, 1990. – 240 с.

Лушникова Г.И.
д.ф.н., проф. кафедры английской филологии № 2 КемГУ
Якищенко Е.А.
аспирант кафедры английской филологии № 2 КемГУ

ТИПЫ КОММУНИКАТИВНЫХ АКТОВ ВОЗМУЩАЮЩЕЙСЯ ЯЗЫКОВОЙ ЛИЧНОСТИ

В настоящее время лингвисты активно исследуют человеческий фактор в языке. Основная тенденция заключается в антропоцентрическом подходе: в центре внимания находится носитель языка, человек говорящий, то есть языковая личность. Языковая личность – многослойный и многокомпонентный набор языковых способностей, умений, готовностей к осуществлению речевых поступков разной степени сложности, поступков, которые классифицируются, с одной стороны, по видам речевой деятельности (аудирование, говорение, чтение, письмо), а с другой, по уровням языка [1, 29].

В данной статье представлены результаты анализа вербальной и невербальной коммуникации возмущающейся языковой личности по трем типам коммуникативных актов.

Материалом исследования послужили примеры из современных любовных и семейно-бытовых романов: 17 произведений на английском языке (таких авторов как C. Ahern, C. Brockway, J. Cheveer, M. Clark, A. Hailey и др.) и 17 произведений на французском языке (таких авторов как H. Bazin, A. Chabrier, R. Deforges, L. Faure, M. Levy и др.).

Возмущающаяся языковая личность – языковая личность, которая выражает внутреннее чувство злости, гнева, вызванное нарушением принятых в данном социуме норм.

С точки зрения социальной и возрастной характеристики коммуникантов все коммуникативные акты, в которых реализуется возмущающаяся языковая личность, можно разделить на три группы.

В первую группу входят коммуникативные акты, в которых коммуниканты относительно одинакового возраста (друзья, супружеская пара, молодая пара) и относятся к одному социальному статусу (коллеги по работе).

Например, в романе C. Ahern «The Gift» жена возмущена поведением мужа, который без причины накричал на нее.

"Lou, why are you talking like this?" **Ruth frowned**, *then turned to her son. "Come on, Bud, a few more spoons, honey"* [2].

Вторая группа состоит из коммуникативных актов, в которых коммуниканты относятся к разной возрастной категории, но обладают одним социальным статусом (родственники: дети и взрослые, старшие и младшие братья и сестры).

Так в романе H. Troyat «Les Eygletière. La faim des lionceaux» младший брат возмущен тем, что его сестра уговаривает его отказаться от мечты поехать летом в экспедицию на остров Слоновой кости. Он даже называет ее глупой:

– *Ce que tu peux être **idiote**, ma vieille! Bougonnait Daniel [3,15].*

В третью группу вошли коммуникативные акты, в которых коммуниканты обладают разными социальными статусами (работодатель и работник, люди высокого и низкого социального статуса). Что касается возраста, то он может быть как одинаков, так и различен. В данной группе релевантным фактором является только статус коммуникантов.

Например, в романе A. Hailey «Hotel» хозяин комнаты возмущен появлением пьяного мужчины, который перепутал номер комнаты:

*"You **lousy** drunk! Of course I'm sure it's my room!"*
"This hotel's 614"
*"You **stupid** jerk! It's 641 [4,179]"*

В зависимости от того, к какому типу коммуникативного акта принадлежат речевые акты коммуникантов, они могут отличаться наполнением лексических, а также невербальных средств.

Исследование примеров на английском языке показало, что в первой и в третьей группах коммуникативных актов преобладает эмоционально окрашенная лексика разного типа, от нейтральной до грубой: fool, the hell, fucking, goddam и другие. Данный фактор указывает на то, что среди знакомых и друзей данные лексические единицы употребляются достаточно широко, тогда как вышестоящий по статусу может использовать сниженную лексику, а нижестоящий – нейтральную. Во второй группе коммуникативного акта, когда взрослые выражают возмущение в адрес младших или наоборот, то они прибегают в основном к нейтральной лексике. Эти данные свидетельствуют о том, что у англо говорящих выражать возмущение в грубой форме среди родственников не принято.

Также было отмечено использование невербальных средств возмущающимися англо говорящими. Коммуниканты, относящиеся к одному социальному статусу и возрастной группе, во время передачи эмоции возмущения используют мимику (eyes glitter with anger, frown) и кинесику (hand slash angrily out at face, explode and grab sb., shaking sb. violently). Среди коммуникантов разного социального статуса мы наблюдаем также изменение мимики (face grew redder) и движения, которые не задевают собеседника, так как он выше по статусу (stand and move toward by as though sb. might grab sb. to throw out). Что касается собеседников разной возрастной группы, то в прочитанных романах на английском языке нам не встретились коммуникативные акты, в которых эмоция возмущения передается с помощью кинесики или мимики.

В ходе исследования примеров на французском языке было выявлено, что франко говорящие чаще используют сниженную лексику в коммуникативном акте первого типа, чем в двух последующих: merde, insolent, fair bien chier и другие. Во втором и третьем типе коммуникативного акта собеседники в своей речи употребляют эмоционально окрашенную лексику с отрицательной коннотацией: fou, idiote, garce и другие. Можно предположить, что франко говорящие не позволяют себе употреблять сниженную, грубую лексику по отношению к старшим или даже младшим по возрасту и когда у них разный социальный статус.

Согласно авторским ремаркам из произведений на французском языке, указывающим на тон голоса и интонацию героя, в первом и во втором типах коммуникативного акта во время возмущения собеседники чаще всего кричат. В третьем типе коммуникативного акта нам не встретились ремарки автора, содержащие слова, характеризующие речь героя. Этот факт можно объяснить тем, что франко говорящие разного социального статуса (например, работодатель и подчиненный) передают свое возмущение, не повышая голоса.

Невербальные средства выражения эмоции возмущения, описанные в художественной литературе на французском языке, практически не встречались. В первом типе коммуникативного акта содержалось самое большое количество различных единиц, описывающих невербальное поведение коммуникантов: un visage perd toute couleur, un geste d'agacement, une bouche se crispe и другие. На этом основании мы можем предположить, что коммуниканты, находящиеся в равном положении, могут позволить себе проявление эмоции возмущения как в мимике, так и в жестах (даже рукоприкладство). Описывая второй тип коммуникативного акта, автор не указывал на изменения ни в мимике, ни в кинесике возмущающегося коммуниканта. Третий тип коммуникативного акта, включающий собеседников разного социального статуса, показал, что во время возмущения вышестоящий по статусу может стукнуть кулаком по столу, показывая, кто тут главный (frapper du poing sur la table).

Итак, возмущающаяся языковая личность реализуется в трех типах коммуникативных актов, которые выделены на основании социально-возрастного фактора. В зависимости от типа акта (ситуации) она может использовать определенные вербальные и невербальные средства для выражения возмущения.

Список литературы

1.   Караулов, Ю.Н. Русский язык и языковая личность / Ю.Н. Караулов. – М.: Наука, 1987. – 264 с.

2.   Ahern, C. The Gift [Электронный ресурс] / C. Ahern – режим доступа: http://www.e-reading-lib.org/bookreader.php/135237/Ahern_- _The_Gift.html

3.   Hailey, A. Hotel / A. Hailey – СПб.: Антология, КАРО, 2008. – 480 p.

4.   Troyat, H. Les Eygletière. La faim des lionceaux /H.Troyat.– M.: Vysšaja Škola, 1980.- 167 p.

Кузнецова А.А.
К(П)ФУ

THE MAIN PROBLEMS OF RETAINING THE ORIGINAL MEANING OF NONCE WORDS IN THE PROCESS OF TRANSLATION (ON THE BASIS OF THE ENGLISH AND RUSSIAN LANGUAGES)

The process of creating new words is extremely interesting and always attracts the attention of linguists, but at the same time it requires a thorough analysis of a language because any language is a moving thing that constantly changes and develops, and a lot of various innovations are accepted into its system. And a lexical layer is the most prone to any influence, changes and borrowings. As a rule, new words appear due to the writers who create them and bring them into common use. The aim of our research is to focus on nonce words and define how the nonce words created in one language can be reproduced in the another one, which is not even cognate, without any loss of meaning or expressivity.

Unfortunately, nowadays such problems as the process of creating new words, the functioning of occasional words in fiction and the strategy of their translation are insufficiently studied and they deserve the attention of contemporary linguists because the process of creating occasional words never stops.

First of all, we need to take a most common definition of the notion "nonce word" as a basis. But the problem is that there is no universal one. Thus, Laurie Bauer defined nonce word as "a new complex word created by a speaker/writer on the spur of the moment to cover some immediate need". [1,45] A number of Russian linguists consider nonce words as units that are created on special purpose and can fully express creative strength of a language, reflect personal emotive picture of the world in a text, but their novelty disappears in the course of time. [2; 3]

Our point of view on this notion is the following: a nonce word is created to denote some new phenomenon, or even already existing one, but its purpose to express novelty, uncommonness and extraordinariness of its meaning, and, at the same, it must be understandable what can be achieved mainly due to the context. The majority of linguists agree upon the statement that nonce words are highly dependent on the context.

As it is well-known, context is a main helper of a translator, especially concerning new words of a source language that do not exist in a target language. As a rule, translators try to preserve a form and meaning of an occasional word in the process of interpretation resorting to the usage of the models of word-building. But there are some translations where explanation of a meaning plays the main role but not occasional. The fact that nonce words have no equivalents in the other languages also is not the least one. This emphasizes that a translator may face a range of difficulties in retaining the inner and outer forms of any nonce words during its interpretation.

In our research we can observe these difficulties by some examples from English fiction. Lets analyse the famous extract from the novel "Through the Looking-Glass, and What Alice Found There" by Lewis Carrol:

Twas bryllyg, and ye slythy toves
Did gyre and gymble in ye wabe:
All mimsy were ye borogoves;
And ye mome raths outgrabe. [4,130.]

Here the author mainly appealed to the phonetic effect that is created due to unusual sound form of words. In most cases, phonetic occasional words can be compared to the effect of onomatopoeia. For the Russian translator there was no choice but to use the same method and try to make the words slightly familiar to the reader. It was possible because the author of the novel provided the book with the explanation of each new word used in this quatrain.

Варкалось. Хливкие шорьки
Пырялись по наве,
И хрюкотали зелюки,
Как мюмзики в мове. [5,126–127]

Another example is an unusual word combination from musical film "Mary Poppins" – *supercalifragilisticexpialidocious*. If we split this word into components we get the folowing: super- "above", cali- "beauty", fragilistic- "delicate", expiali- "to atone", and docious- "educable", with the sum of these parts signifying roughly "Atoning for educability through delicate beauty." But according to the film, this word should be used when one has nothing to say. When there was a necessity to translate this word into Russian, translators made a decision to use the method of transcription and translated it as *"суперкалифрэджилистикэкспиалидошес"*. Here we can observe one of the most common difficulties that a translator may face – multi-componential word. Usually it is not possible to translate each component and preserve the original meaning or effect that is produced in a source language. But here the method of transcription is quite valid, because in the source language the word does not have a specific meaning and serves to confuse a person. The same effect is produced by the Russian variant of the word and there is no loss of expressivity, so we can conclude that the translation was adequate.

Another problem is an occasional proper name that is created to depict the nature of a character and serves as charactonym. Let us consider it on the material of J.K.Rowling books "Harry Potter and Deathly Hallows", where we can find a great variety of nonce words, including proper names. For example, the name of an elf *"Kreacher"* [6,190] is occasional only in its written form and in its usage, because it sounds the same as the word "creature". In Russian language it is quite difficult to use the direct meaning of the word "creature" (rus. существо, создание) and make a nonce word out of it. Thus, the translator made a decision to create a new proper name *"Кикимер"* [7,169] that depicts the creature's difficult nature quite right and the word is quite understandable for

Russian readers because it was derived from the Russian word "кикимора", that denotes a legendary female spirit that attaches itself to a particular house and disturb the inhabitant and ruins things.

Also there is a great risk of losing the unusual outer form or even a loss of occasional meaning of a nonce word during translation. For example, another nonce word from this book – "*merpeople*" [6,24], that denotes magic creatures living underwater. The Russian translation for this word is "*водяной народ*" [7,25]. The Russian variant is not occasional in its outer form, all the components exist in the language and are clearly understandable. But the word combination is not common in its general sense, because denote the phenomenon that does not exist in the nature. These components are not usually used together and the meaning of the word combination is new for the readers.

Another example is the word "*Muffliato*" [6,248] that is a spell that make a sound less distinct. During the translation, the translator took for the basis the English word "to muffle", from which, probably, the nonce word was derived, and translated it directly into Russian as "*Оглохни*" [7,218]. The translator decided to sacrifice the unusual form to represent the clear and exact meaning. As a result we can observe how the usual word is used in an usual context.

In conclusion of everything that has been mentioned we would like to emphasize that according to the theory of translation, occasional words are words with no direct equivalents in other languages. The main problems of translating these words are difficulties in understanding nonce words in the source language and finding the right method for translating them into a target language. Moreover, context plays the main role in understanding this type of linguistic units. Context functions as a filter and reduces a number of possible interpretations of a nonce word. That is why every nonce word should be considered within a context.

References

1.   Bauer, Laurie. English word-formation / L. Baurie – Cambridge: Cambridge University Press, 1983.– 328 p.

2.   Метликина Л.С. окказиональное словотворчество в прозе Б.А. Пильняка: дис. канд. наук / Л.С. Метликина.– М., 2010.– 247 с.

3.   Поздеева Е.В. Окказиональное слово: восприятие и перевод. На материале произведений русскоязычных и англоязычных писателей: дис. канд. наук / Е.В. Поздеева.– Пермь, 2002.– 203 с.

4.   Carrol, L. Through the Looking- Glass and What Alice Found There / L. Carrol.– USA: Lerner publications company, 2003.– 130 p.

5.   Кэрролл Л. Сквозь зеркало и что там увидела Алиса, или Алиса в Зазеркалье/ пер. с англ. Н.М. Демурова.– СПб: Кристалл, 2001.– 432 с.

6.   Rowling, J. K. Harry Potter and the Deathly Hallows / J. K. Rowling.– N.Y.: Arthur A. Levine Books, 2007.– 784 p.

7.   Роулинг Дж.К. Гарри Поттер и Дары Смерти / пер. с англ. С. Ильина, М. Лахути, М. Соколской.– М.:РОСМЭН-ПРЕСС, 2007.– 640 с.

Луговой Д.Б.
кандидат филологичесих наук, доцент кафедры СМИ СКФУ
d.lugovoy@rambler.ru

МИРОВОЗЗРЕНЧЕНСКИЕ УСТАНОВКИ ЭТНОСА В ФОРМИРОВАНИИ ИМЕННИКА СТАВРОПОЛЬСКОГО КРАЯ

Особенностью осмысления русского слова и имени в отечественной философской и лингвистической традиции является его исследование в качестве одной из основных единиц ментального плана. Релевантность онимов для процессов познания и относительная доступность их поверхностных структур обусловливает в настоящее время осознание ономастики как особой дисциплины в парадигме знания о разного рода этнографических, культурно-исторических процессах, важных для комплексного изучения языка и культуры. Номинативные интенции субъекта ономастической номинации, определяемые духовными ценностями эпохи, проявляются в процессе имянаречения. Имена собственные представляют собой самостоятельную сферу с присущими ей закономерностями. Именно поэтому необходимость выделения проприальной лексики как особой подсистемы языка осознавалась еще в древности.

Современный этап исследования имени собственного связан с раскрытием в нем смысла – того, «что укрыто внутри, что находится в потаенности и что, будучи выведено наружу, о т к р ы т о, про-из-ведено, есть событие истины» [3, 16]. Предыдущий период накопления знаний, связанный с лексикоцентрическим анализом различных разрядов онимов, сменился лексикологическим уровнем представления (pragma) имени собственного.

Мотивированность имени, и прежде всего личного, в разные периоды истории была различной. Смешение духовных и телесных потенциалов человеческой жизни в именовании – процесс исторический, зависящий от ментальности и мировоззрения, а значит, и этнокультурного кода. Наблюдения над nomina propria, выявляющие национально-культурную специфику имени собственного, позволили современной ономастике сделать важный теоретический вывод о наличии в имени собственном денотативной, коннотативной, фоновой, ассоциативной, этимологической семантики и о возможности применения полевого подхода к исследованию ономастикона для построения общей типологии, структурирующей различные единицы ономастического пространства. Полевый подход, принятый нами в качестве структурно-функционального принципа описания русской ономастики, обнаруживает в создании имен собственных антропоцентризм мышления, интеллектуальной деятельности человека, поскольку в имени собственном в большей мере, чем в других языковых единицах, проявляется человеческий фактор, а личное имя, располагающееся в центре ядра ономастического поля, подчиняет себе все прочие имена и тем самым организует ономастическое пространство. Выдвижение языковой личности в число приоритетных объектов в лингвистике обусловило наш подход к исследованию материала, ибо «личность соизмерима с миром, а мир культуры персонален» [1, 12].

Как особый языковой знак, имя собственное выявляет картину мира данного этноса, его моральные, этические и этнические установки. Закодированные в ономастиконе культурные смыслы можно выявить с точки зрения семантики, прагматики и словообразования (как способа оценки внеязыковой действительности) элементов антропо-, топо- и зоонимического микрополей.

Закрепленность языческих имен в прозвищах, а затем в фамилиях – важная этнокультурная особенность развития формулы именования Ставропольского края. Такие образования имеют достаточную регулярность и широкое распространение в русской этноязыковой среде, что подтверждается и нашими наблюдениями: доля отпрозвищных и искусственных фамилий составляет 78 %. Среди них немало описанных «Ономастиконом» С.Б. Веселовского и известных еще с XV-XVI вв. – 98 единиц.

Реконструкция прозвищных имен из состава фамилий первопоселенцев Ставропольского края эксплицирует истоки мотивировок имени. При присвоении прозвищного имени принципом именования становилось «имя по человеку». Фамилии переселенцев – яркие свидетельства миграции населения, следы которой закреплены лингвистически в основах отпрозвищных фамилий, содержащих оттопонимическую или диалектную лексику. Так, пространственная ориентация закрепилась в фамильных именах *Белозеров, Звягинцов, Коломиец* (г. Коломыя), *Новосилцов* (г. Новосиль), *Слуцкой* (г. Слуцк), *Тверитин* и др. О выходцах из Курской, Орловской, Воронежской, Костромской, Псковской, Рязанской, Тульской губерний свидетельствуют фамилии, содежащие в основе диалектную лексику: *Баглай* кур.; *Веревкин* орл., тул.; *Галкин* кстр. и др. Этимологию отдельных, казалось бы «прозрачных», фамилий проясняет знание не только диалектных слов, но и места исхода: *Чиркины* – выходцы из деревни *Чиркиной* Судженского уезда Курской губернии [2, № п/п 43].

Фамилии в своем составе имеют имена, различные по выполняемой ими функции. Многие их них, кроме характеризующей, имели «охранную» функцию: имя было оберегом, «обманом» для болезней, злых сил и проч.: *Дурак, Злоба*. Подобное значение имеют и зооморфные имена-прозвища (*Волков, Медведев*).

В христианский период личное имя воплотило в себе, помимо назывной, ритуальную и харизматическую функции. Модели языческого имени становятся приемом приспособления новых христианских имен к языческому именослову: христианские имена собственные обрастают русскими словообразовательными средствами, подчеркивая тем самым неполную степень вживаемости календарного именослова в русскую языковую традицию. Следствием этого стало появление большого количества народных, мирских форм крестильных имен: *Андреян, Гаврило / Гаврила, Давыд, Данило / Данила, Кирило / Кирила / Кирыла* и др. В результате в русском именнике выделились парадигматические группы полных официальных имен и вариантов с общими (инвариантными) лингвистическими свойствами (исходной основой) и общей функцией (официальное именование):

Аввакум	*Авраам*	*Захария*	*Ипатий*
Авакум	*Аврам*	*Захарий*	*Липатий*
Абакум	*Абрам*	*Захар*	*Липат*

В парадигматической инвариантной группе имени с общей функцией возможна утрата или переориентировка главного исходного элемента парадигматического ряда с той же функцией именования. Так, вариантное *Захар* сменило полностью ушедшее из употребления исходное *Захария*.

Абсолютно правильные формы канонических имен также довольно активно используются в крестьянской среде, что говорит о стремлении к «идеальным представлениям совершенного (божественного) бытия» в культуре русского крестьянства: *Авраам, Варлаам, Димитрий, Илия, Аввакум* и др. То же наблюдается и в женском именнике: наряду с *Авдотьями, Афросиньями, Елизаветами, Марьями, Татьянами* сосуществуют *Евдокии, Евфросинии, Елисаветы, Марии, Татианы* и др.

В исследуемых именниках нами выделены четыре *этнокультурных пласта*: наиболее частотные, следовательно, обычные для социально однородной крестьянской среды имена с высоким коэффициентом одноименности и характерные для каждого рассматриваемого периода; ранее не встречавшиеся на изучаемой территории имена, проникшие в сельский (крестьянский) именник в связи с изменением общественно-политической и культурной ситуации в XX в.; славянские имена, наибольшее число которых зафиксировано в 1950 и 2000 гг.; диалектные и украинские формы календарных имен, зарегистрированные в 1811, 1835, 1950 гг. (в 2000 г. среди именований родившихся детей они не встретились).

В целом, русская антропонимия в региональном этноязыковом коллективе предстает как консервативный тип употребления имени собственного, в котором равно сосуществуют два культурных пласта – языческий и христианский.

Литература

1. Воробьев, В.В. Лингвокультурология: (теория и методы). – М.: Изд-во РУДН, 1997. – 331 с.
2. ГАСК, фонд № 459, оп. 2, д. № 1763, связка № 387. Кавказская казенная палата. – Ревизская сказка Кавказской губернии Ставропольского уезда селения Безопасного однодворцам и казенным обывателям за 1811 год.
3. Топоров, В.Н. Миф. Ритуал. Символ. Образ: Исследования в области мифопоэтического: Избранное. – М.: Прогресс: Культура, 1995. – 624 с.

Вахонина О.В.
доцент, кандидат филологических наук, Кубанский государственный университет, филиал в г. Новороссийске
vakhonina.o@mail.ru

COGNITIVE ASPECTS OF SPEECH INTERACTION

In the cognitive aspect the vocal action is considered as the totality of the procedures of ontology of knowledge. "The categories of the vocal action use such lingual expressions with which new knowledge is introduced into the world model of the carrier of language. Already existing knowledge is modified, i.e., the process of ontology of knowledge occurs"[1]. The cognitive approach considers the language as a tool of action on the cognitive structures of a recipient and means of discovering the world, since "the speech itself is the only tip of the iceberg of the current vocal interaction with its cognitive and social measurements". "The immense network of the cognitive processes connected with it remains under the water"[1].

From the middle of the 70th of the last century the terms *the cognitive science, cognitivism* came into use for the designation of the field within the framework of which the processes of mastering, accumulation and the usage of information by a man are investigated. Earlier than in other disciplines the cognitive trend appeared in psychology (cognitive theory of personality). The spectrum of views on the tasks of cognitive science is wide:

the construction of the theory of processing of the natural language;

the explanation of how the man`s thinking process works;

accumulation of knowledge concerning the process of thinking in different disciplines.

Today the cognitive linguistics is the forming trend which is occupied "with the discovery of ways by which the language uses general cognitive mechanisms"[2]. The cognitive model of the natural language is nothing else but the complex of procedures on the working, the mastering and the creation of knowledge. The categories of knowledge, scenarios, frames, plans, which describe not only the special features of the lingual system but also the processes of the man`s thinking are the conceptual basis of the cognitive model of the natural language.

The cognitive linguistics considers the man as the system of processing information (obtaining, processing, storage, mobilization) for the solution of vitally relevant problems. "In the course of the mastery of the reality the man creates the activity in the form of realities relying on the sign mediateness of consciousness"[1]. Because of the projective ability of the consciousness (will, imagination) the realities cover not only the components of present and past experience (by means of the memory) but also something desirable, proper.

The researchers at the present stage reveal the individual cognitive system of the subject of contact; they consider conventional stereotypes as the means of the regulation of the perception of the verbalized content; they present media-communication from the cognitive point of view.

Different forms of knowledge and beliefs (intra-, inter- and extra textual) form the individual cognitive system of a person. These forms of knowledge are in its turn organized into different cognitive structure- diagrams, frames, plans, scripts and scenario. The presence of knowledge about the world and language in the individual cognitive system advances the concept of the goal-directed behavior at the basis of which there are the conventions and rules.

In connection with this "the language appears not as the system of rules for the creation of structures but as the system of resources for the expression of senses in the vocal activity controlled by conventional rules and strategies"[2]. Speaking about the conventional rules and strategies while expressing the sense in the vocal and textual activity the researchers take into their consideration the conventional stereotype which "is capable to be the conventional knowledge of different nature"[2].

Stereotypes play the important role in the process of understanding, they are its basis and they govern this process, they perform the regulated function in understanding vocal process.

"Stereotype value is mastered in the form of the personal sense, it is characterized by prescribed nature" [1]. Stereotype is the cognitive structure which facilitates the optimization of the communication process.

Stereotype carries out a significant quantity of the functions: the regulation of the processes of perception and contact, the structuring of experience, the protection and the justification of the existing state of affairs, the regulation of people`s behavior, the social difference between the groups and the integration inside of them, the categorization of social environment, assimilation of new information. But one of the basic functions of stereotype is the function of the assimilation of new information (its adoption or rejection). "The result of this process is the social regulation of behavior, the production of the corresponding behavioral reactions".

Now in linguistics the examination of mass communication as the process of the production of senses is in the focus of psycholinguistic and cognitive directions. Within the framework of the cognitive science the primary meaning belongs to such questions as how individual gets to know the world in particular in the process of media- communication. Firstly the vocal action in the sphere of the media in the linguistic paradigm was considered as a certain enumeration of rhetorical methods which influence the sphere of the emotions of the recipient. But in the cognitive paradigm the vocal action is determined in the aspect of those cognitive processes which occur in the consciousness of communicators. "The cognitive system of an individual is considered as the mental continuum which consists of a large quantity of connected mental diagrams. The influence of masses -media is based on the changes happening in the cognitive system of individual under the effect of the text information produced by them"[1]. The presence of the indicated mental diagrams provides the possibility of appearing the diametrically opposite interpretations of one and the same event or phenomenon. This tendency is manifested under confrontation conditions which in its turn become obvious in the case when one and the same abstractor gets diametrically opposite nominations or the participants of the discourse come running to the meta-language operations on the interpretation of semantics of the individual words.

The scientists propose to consider the media- text as the complex formation where the modus of knowledge and relation constantly alternate. The application of a criterion "true -false" with respect to the text of the media unavoidably leads to its study within the framework of dichotomy "knowledge - relation". Remodulation of the modus of knowledge into the modus of opinion and vice versa is the working order of the cognitive system of individual. As the researchers note, the receiving individual does not appear as the passive subject of the awarding knowledge. The cognitive system of individual is to a considerable degree oriented to such parameter of communicative situation as confidence or distrust. In the situation of confidence to the concrete information source, for example to the particular media, all information acquires the higher rank of truth, and, on the contrary, in the situation of distrust the information is not received as true. In other words, speech- influencing potential of media- text realizes only when the recipient agrees with the truth of the presented events and phenomena of reality and when it receives the proposed text as discourse of knowledge.

Thus, the conceptual basis of the cognitive model of the natural language is the categories of knowledge and mental diagrams which describe man's thinking processes. Globally the process of statement understanding from the cognitive point of view of can be divided into two stages: the construction of the conceptual means of the described situation by the addressee; the integration of this means into the model of the world.

Источники:

1. Гойхман О.Я., Надеина Т.М. Основы речевой коммуникации. М., 1997.
2. Гончаренко С.Ф Информационный аспект межъязыковой поэтической коммуникации// Тетради переводчика. – М.: 1987. – вып.22 с.38-49.
3. Лингвистический энциклопедический словарь// Под редакцией В.К. Ярцева. – М.: «Советская энциклопедия», 1990.

Канторович Т.М.
магистр гуманитарных наук, ГрГУ им. Я. Купалы, Гродно, Беларусь

ЖЕНСКИЕ ЛИЧНЫЕ НОМЕНАЦИИ (ФЕМИНИНАТИВЫ) В НЕМЕЦКОМ ЯЗЫКЕ

Почти до конца 19 в. в европейских языках, в том числе и немецком, существовало незначительное количество слов-номинаций лиц женского пола по профессии, что было связано с отсутствием необходимости использования таких лексических единиц и объяснялось социальными условиями. В то время в Германии активизируется феминистическое движение, которое имело влияние не только на политический климат страны, но и на немецкий язык, потому что способствовало появлению феминистской критики языка. В немецком языке первыми работами по феминистской критике языка стали монография Л. Пуш "Немецкий язык – язык мужчин" и С. Трэмель-Плетц "Женский язык – язык перемен" [1].

Значительные перемены в социальном положении женщин и их самоутверждение в таких "мужских" сферах, как бизнес, военная, таможенная, пожарная службы и политическая деятельность требовали адекватного отражения женской профессиональной деятельности в языке путём образования соответствующих номенаций. Такие фемининативы выполняют важную социальную функцию — влияют на сознание людей, демонстрируя потенциальную возможность женщин быть занятыми в нетрадиционных для них профессиях, ломают устаревшие стереотипы, преодолевают предвзятость и страх.

В новых социальных условиях в процессе избавления от социальной дискриминации женщин возникла тенденция употребления слов мужского рода для обозначения лица по профессии и рода занятий в отношении не только мужчин, но и женщин. *Sie ist Ingenieur*. Однако существуют ещё и номинации по профессии, которые не могут без мотивации переносится на женщин: *Minister, Staatssekrater*. Немецкие словари в этом случае дают только форму мужского рода: *der Advokat, der Preistrager, der Redakteur*. Значение фемининности эти существительные получают при добавлении местоимения женского рода *sie: Sie Advokat, Sie Preistrager,* либо через контекст.

Перемены, которые происходят в современном немецком языке в группе фемининативов, способствуют развитию гендерных исследований, которые проводились преимущественно в рамках феминистской лингвистики, которая в 70-90 гг. занимала важное место в лингвистическом мире всех немецкоязычных стран.

Укрепление социального равноправия между женщинами и мужчинами привело к расширению сферы участия женщин в общественной жизни и производстве, а это оказало влияние на систему языка и привело к изменениям в словообразовании фемининативов. Суффиксы, которые раньше использовались для образования женских номинаций по профессии и социальному положению мужа, начали использоваться для обозначения лиц женского пола по их профессии. Такая симметрия существовала и раньше: *der Maler – die Malerin, der Schneider – die Schneiderin*, но охватывала не все случаи, тем более, что многочисленные виды деятельности традиционно считались мужскими. Сейчас такая симметрия устанавливается во всех случаях и зафиксирована в официальном списке профессий: *die Ministerin, die Diplomatin, die Managerin, die Banditin.*

В объявлениях при принятии на работу входит в практику указывать и мужские, и женские названия профессий. Таким образом, объявление "Требуется компьютерщик/компьютерщица" может выглядеть следующим образом:

a) *Wir brauchen eine Informatikerin oder einen Informatiker* (даётся лексема и мужского, и женского рода);

б) *Wir brauchen eine/n Informatiker/in* (через косую черту даются аффиксы-показатели женского рода);

в) *Wir brauchen einen Informatiker (m/w)* (употребляется форма мужского рода , а в скобках показывается, что это существительное обозначает лиц обоих полов);

д) *Wir brauchen eine InformatikerIn* (особенно в политических программах, постановлениях, где важно подчеркнуть участие женщин, капитализируется буква в суфиксе-показателе женского рода);

е) *Computer-Scientist (m/w) gesucht* (часто используются псевдоанглийские слова, чтобы избежать проявления сексизма).

В официальных письмах строго придерживаются правила обращения (в первую очередь показывают адресата-женщину): *Hochgeerte Kolleginnen und Kollegen!* [2,178.].

Противники гендерно маркированного языка выступают против определённых выражений, зафиксированных в немецком языке, в которых на первом месте идёт существительное мужского рода *(Mann und Frau),* а также против использования таких существительных среднего рода, как *Fräulein.* Считается, что существительное *Fräulein* , которое ранее использовалось для обозначения незамужней девушки и было противопоставлено существительному *Frau,* которое обозначало замужнюю женщину, сейчас считается оскорбительным. При обращении к любой женщине употребляется форма *Frau* с её фамилией. *Fräulein* всё же используется для обозначения очень молодых девушек (обращение учителей к ученицам и обозначение несовершеннолетних девочек).

Наиболее распространённым способом образования фемининативов в немецком языке является суффиксация. Самыми частотными формантами являются суффикс –*in* и полусуффикс –*frau*: *Sportlerin, Nationalspielerin, Gymnastikfrau* [4,128].

Суффикс –*in* служит для обозначения:

а) лиц женского пола по профессии, роду деятельности, национальной, партийной, территориальной, религиозной принадлежности — образования от основ соответствующих существительных мужского рода: *Arbeiter – Arbeiterin, Dozent – Dozentin, Mohammedaner – Mohammedanerin;* а также от существительных мужского рода на –*e*: *Bote – Botin, Brite – Britin, Kollege – Kollegin.*

б) жены лица, названного существительным мужского рода в соответствии с титулом и родом занятия: *Baron – Baronin, General – Generalin, Herzog – Herzogin,* а также от основ фамилий (с разговорной окраской)*: die Müllerin, die Schulzin.*

Часто добавление суффикса – *in* сопровождается появлением умляута: *der Arzt — die Ärztin, der Koch — die Köchin, der Bauer — die Bäuerin.*

Особенностью полусуффикса –*frau* является то, что если суффикс –*in* может образовывать феминативы только от уже существующих в языке наименований мужского пола, то данный аффикс вместе с тем устанавливает симметрию мужской/женский: *der Fachmann – die Fachfrau , der Staatsmann – die Staatsfrau.* Он также позволяет образовывать такие наименования для обозначения лиц женского пола по профессии, которые не имеют соответствий в сфере обозначения лиц мужского пола: *die Karrierefrau, Afräumefrau, Gewährsfrau.*

Среди других словообразовательных аффиксов, которые употребляются для образования феминативов, можно назвать следующие: полусуффиксы –*liese, –schwester, –dame, –magd, –mädchen, –mädel, –fräulein, –weib,* а также суффиксы –*ine* и –*a* [3].

Литература

1. Горошко, Е.А. Гендерная проблематика в языкознании [Электронный ресурс]. – 2005. – Режим доступа: http://www.owl.ru/library/043t.htm. - Дата доступа: 03.08.2006.

2. Розен, Е.В. На пороге века. Новые слова и словосочетания в немецком языке / Е.В. Розен. – М.: Издательство "Менеджер", 2000. – 192с.

3. Словарь словообразовательных элементов немецкого языка/А.Н. Зуев, И.Д. Молчанова, Р.З. Мурясов и др.;Под рук. М.Д. Степановой. – 2-е изд., стереотип. – М.: Рус. Яз., 2000. – 536 с.]

4. Степанова М.Д., Фляйшер В. Теоретические основы словообразования в немецком языке / М.Д.Степанова, В.Фляйшер.– М.: Высшая школа, 1984. – 264 с.

Безуглова О.А.
Казанский (Приволжский) федеральный университет
oabezuglova@gmail.com
Olga Bezuglova
Kazan (Volga region) Federal University

CRIMINAL LAW TERMS IN ENGLISH DETECTIVE NOVELS AND THEIR THEMATIC CLASSIFICATION (ON THE MATERIAL BASIS OF DETECTIVE NOVELS BY AGATHA CHRISTIE)

The systematic character of juridical terminology is beyond any reasonable doubt. For the purpose of terminology ordering contemporary scholars in terminology studies tend to analyze the semantic features of every single term and form lexical-semantic groups in correspondence with the logical character of their contents. In our investigation we classified the terms found in Agatha Christie's detective novels according to the objects, people and phenomena they signify.

A.S. Pigolkin defines a juridical term as a word or a word combination, which is used in legislation and is an integrated name of a juridical notion, which has a precise defined meaning and is characterized by monosemanticity and functional stability [1, 65].

It is obvious, that juridical terms in fiction fulfill the functions different from those used in juridical discourse. Apart from identifying a legal notion in a reader's mind and contributing to the revealing of the author's thought juridical terms in fiction are engaged in fulfilling stylistic functions too. Among them are direct and indirect characterization of personages, creating the professional atmosphere, marking the speech of professionals, adding expressivity to the language, reflecting the emotiveness and evaluation, functioning as a stylistic device. These peculiar functions undoubtedly affect the choice of terms [2, 28].

As for the average level of terms used in fiction, it is also specific. The linguastatistical analysis and the analysis of the definitions allowed us to state that the majority of terms found in the analyzed novels represent juridical terms in general use with the same meaning (52) and with a narrower special meaning (53), juridical terms proper (35) are much smaller in number because of their complexity in comprehension which is undesirable in detective novels.

To have a clear notion of what is called juridical term system we should observe its logical notional model, because jurisprudence is a well-structured domain, and it has a clear hierarchy of notions classified according to belonging to a certain law. Having analyzed the detective novels about Hercule Poirot by Agatha Christie, we can say that they abound in the juridical terms from Criminal Law *(autopsy, investigation, murder, inquest, alibi, blackmail, burglary)*, Inheritance Law *(will, legacy, inherite)*, Family Law *(matrimonial, spouse)* and Tort Law *(death sertificate)*. But due to the specific character of the detective novels under study, which are mostly focused on the process of investigation, Criminal Law terms prevail. Alongside with the criminal terminology, the novels are filled with general legal terms, such as the names of juridical professions: *lawyer, solicitor, policeman, Detective Inspector*. Some of them are examples of juridical realia, which have no equivalents in the target language because the notions they determine do not exist in it: c*oroner, police constable, superintendent, barrister*.

K. A. Andreeva notes that a detective story consists of three concepts: a crime, an investigation and a punishment. In her opinion, the first concept is based on the component "offence and cry of distress" and has two attributes: "mode of the behavior" and "crime and law", the second concept is based on the component "tracks and search", and the last – on the component "sentence" [3, 18]. This structure of a detective novel is partially revealed our thematic classification. Taking into account the structure of a detective story and the previously mentioned logical notional model, we can create our own thematic classification of 140 juridical terms found in the detective novels "The Mysterious Affair at Styles" and "The murder of Roger Ackroyd" by Agatha Christie. It comprises the following groups of terms (with the quantity of times the terms are used in the analyzed novels in brackets):

1. The names of people engaged in an investigation:
a. juridical professions: *barrister (5), chief constable (5), constable (5), coroner (38), detective (39), detective inspector (4), Home Office expert (3), inspector (172), judge (4), jury (18), lawyer (29), police constable (2), private detective (2), prosecuting counsel (1), solicitor (4), superintendent (9);*
b. infringers of the law: *accessory (1), accomplice (5), blackmailer (2), burglar (2), criminal (13), murderer (40), murderess (2), thief (5);*
c. victims: *deceased (10), victim (6);*
d. other participants of an investigation process: *witness (19), witness for the prosecution (1),*

2. The names of artifacts of the investigation:
a. documents: *bequest (2), death certificate (1), certificate (2), warrant (2), will (8);*
b. implements of a crime: *poison (10),*
c. different types of evidence: *circumstantial evidence (1), evidence (70), evidence of identification (2), footprints (5), footmarks (5), fingerprints (10), medical data (1), medical evidence (2)*

3. The names of actions:
a. criminal actions: *blackmail (v) (12), blackmail (n) (14), burglary (2), commit a crime (9), commit a murder (6), commit suicide (3), crime (14), destruction (3), forgery (1), poison (v) (12), robbery (3), willful murder (4);*
b. actions of the law-enforcement authorities: *accusation (3), arrest (v) (34), arrest (n) (13), autopsy (1), bring to justice (2), cross-examination (5), cross-examine (2), detain (5), detect (4), detection (2), discover (48), discovery*

(17), dismiss (3), examination (5), examine (27), examine a witness (1), exhumation (1), incriminate (1), inspection (2), inquest (35), inquiry (3), investigate (12), investigation (6), joint inquest (1), postmortem (6), suspect (40);

c. actions of other participants of an investigation process*: conceal (19), concealment (3), testify (3), witness (19).*

As we have stated above, Agatha Christie's style of writing is characterized by the economy of words and constant repetitions in order not to distract readers' attention from the course of events. The terminological units are also often repeated in her detective stories. Among the most frequently used terms we can enumerate *inspector (172), evidence (70), case (70), murder (51), discover (48), crime (44), murderer (40), detective (39), suspect (38)* and *coroner (38)*. The author's constant repetition of the names of legal professions can be explained by the fact, that it is a common way of addressing to a professional in the line of duty. The other frequent repetitions of the words *case, murder, crime, evidence* and *murderer* being the clue ones create the atmosphere of investigation and help readers to plunge in it. As for *discover* and *suspect*, they represent the main actions of a detective and the law-enforcement agencies and their use is indispensable for the description of the investigation process and in the speech of both professionals and other personages. The author's overuse of the term *poison (22)* and her preference in resorting to different kinds of poisons as the main implements of a crime can be explained by the abovementioned fact that Agatha Christie worked as a hospital dispenser, which gave her a broad knowledge of poisons.

Analyzing the given frequent words and the comparative lack of terms in the given detective novels as well, we also can conclude that their choice is dictated mainly by the author's predilection for revealing in details psychological features and motives of the characters which caused the transfer of the process of investigation from the police station into the domestic atmosphere.

References:

1. Пиголкин А. С. Язык закона / А. С. Пиголкин. – Москва, 1990. – 256 с.
2. Безуглова О. А. Проблемы перевода английских юридических терминов в художественной литературе // Филология и культура. - Казань: КФУ. - 2013. - №4(34) - С. 27-30.
3. Андреева К. А. Грамматика и поэтика нарратива в русском и английском языках. – автореф. диссертации на соискание ученой степени доктора филол. наук. - Екатеринбург: Уральский гос. пед. ун-т, 1998. – 47 с.
4. Christie, A. The Murder of Roger Ackroyd: A Hercule Poirot Mystery. – London: Fontana/Collins, 1976. – 221 p.
5. Christie, A. The Mysterious Affair at Styles (Hercule Poirot Mysteries). – Borgo Press, 2002. – 198 p.

Баширова М.А.
ассистент кафедры иностранных языков и межкультурной
коммуникации ИФиМК КФУ
msy780@mail.ru

АНТОНИМИЧЕСКАЯ ЗАМЕНА ПРИ ПЕРЕВОДЕ ИСПАНСКИХ ПОСЛОВИЦ И ПОГОВОРОК НА РУССКИЙ ЯЗЫК

В качестве материала для данной работе послужили пословицы и поговорки романа Мигеля де Сервантеса «Хитроумный идальго Дон Кихот Ламанчский» и их перевод на русский язык, сделанный Н. Любимовым. Выбор данного произведения обусловлен тем, что оно занимает второе место по количеству переводов после Библии и является поистине шедевром не только испанской, но и всемирной литературы. В этом романе собрано более 700 пословиц и поговорок, испанский ученый Лакоста даже называет его самой лучшей коллекций пословиц и поговорок всего мира [1, 21]. На русский язык роман переводился многократно, начиная с XVIII века, но все же самый лучший и самый известный перевод «Дон Кихота» на русский язык был сделан в 1951 году Николаем Любимовым. В наше время его считают классическим переводом гениального произведения испанского писателя.

Перевод пословиц и поговорок – это очень сложный процесс, очень важно учитывать экспрессивно – стилистическую сторону пословиц и поговорок и передавать ее равноценными средствами, для чего переводчикам нередко приходится использовать различные трансформации.

«Переводческая трансформация – это такой процесс перевода, в ходе которого система смыслов, заключенная в речевых формах исходного текста, воспринятая и понятая переводчиком в силу его компетентности, трансформируется естественным образом вследствие межъязыковой асимметрии в более или менее аналогичную систему смыслов, облекаемую в формы языка перевода» [2, 366].

Антонимическая замена – это разновидность лексической трансформации, представляющая собой замену какого – либо понятия, выраженного в подлиннике, противоположным понятием в переводе с соответствующей перестройкой всего высказывания для сохранения временного плана содержания [3, 53].

Нередко встречаются случаи использования антонимического перевода при возможности использования прямого перевода, когда переводчик руководствуется стилистическими соображениями.

- El amor y la aflicción **con facilidad** ciegan los ojos del entendimiento.

Дословный перевод выражения «con facilidad» - «с легкостью», Н.Любимов же заменяет его на «без труда». В данном случае использование антонимической замены обусловлено тем, что выражение «без труда» нередко используется в русских пословицах и поговорках, и это позволяет придать изречению на русском языке наибольшую афористичность и экспрессивность. Смысл высказывания, как мы видим, не теряется, перевод остается эквивалентным.

- **No es** un hombre más que otro si **no hace** más que otro.

Только тот человек **возвышается** над другими, кто **делает** больше других.

В данном примере дословный перевод пословицы звучал бы следующим образом: «Человек **не** превосходит другого, если **не** делает больше другого». Как мы можем заметить, как в главном, так и в придаточном условном предложениях с глаголами используются отрицательные частицы «не», которые Н.Любимов при переводе опускает, тем самым заменяя отрицательное предложение на антонимичное положительное. Несмотря на то, что на русском языке положительное предложение звучит намного естественнее отрицательного, смысловая нагрузка при этом несколько меняется. Так, в испанском языке ударение делается на то, каким человек становится, если не делает больше остальных, а в русском эквиваленте значение уделяется тому, что нужно сделать, чтобы возвышаться над остальными. И поэтому русский перевод пословицы более мотивирует человека к каким – либо действиям, нежели оригинал.

- Las leyes divinas y humanas **permiten** que cada uno se defienda de quien quisiere agraviarle.

Ведь и божеские и человеческие законы никому **не воспрещают** обороняться.

Выражение «permiten que cada uno se defienda» в дословном переводе будет означать «разрешают каждому защищаться», в то время как в переводе Н.Любимова все представлено абсолютно иначе: «никому не воспрещают обороняться». Следует отметить, что перевод Н.Любимова намного экспрессивнее дословного, поэтому его с уверенностью можно назвать более эквивалентным.

Как мы видим, использование такого вида лексической трансформации, как антонимическая замена, обусловлено чаще всего необходимостью сохранения стилистической окрашенности текста, а также целью придания пословицам и поговоркам большей афористичности на языке перевода, хотя при этом их дословное значение может порой видоизменяться.

Литература:

1. Cantera Ortiz de Urbina J. Refranes, otras paremias y freseologismos en Don Quijote de la Mancha / J. Cantera Ortiz de Urbina, J. Sevilla Muñoz , M. Sevilla Muñoz. - The University of Vermont. Burlington, Vermont, 2005. – 200 p.
2. Семенов А.Л. Основные положения общей теории перевода: Учебное пособие/ А.Л. Семенов. – М. : Издательство РУДН, 2005. – 99с.
3. Гарбовский Н.К. Теория перевода: учебник/ Н.К. Гарбовский.- М.: Издательство Моск. ун – та, 2004. -544с.

Ермакова Г.А.
магистрант, кафедра денежного обращения и кредита,
Северо-Кавказский федеральный университет

ВЗАИМОСВЯЗЬ ДИАГНОСТИКИ И ОЦЕНКИ ФИНАНСОВОГО СОСТОЯНИЯ ОРГАНИЗАЦИИ

В современных экономических условиях деятельность каждого хозяйствующего субъекта является предметом внимания обширного круга участников рыночных отношений, заинтересованных в результате его функционирования. Следует сказать, что предприятия приобретают самостоятельность, несут полную ответственность за результаты своей производственно-хозяйственной деятельности перед совладельцами (акционерами), работниками, банком и кредиторами.

В связи с этим актуальность диагностики заключается в обеспечении стабильного существования предприятия в современных условиях. Управленческому персоналу необходимо, прежде всего, уметь тщательно анализировать и реально оценивать финансовое состояние, как своего предприятия, так и существующих потенциальных конкурентов.

Вопрос анализа финансового состояния является очень важным, так как от этого во многом зависит успех его деятельности. Поэтому анализу финансового состояния любого предприятия уделяется большое количество внимания.

Актуальность данного вопроса обусловила развитие различных методик анализа финансового состояния, они направлены как на его оценку, так и на подготовку информации для принятия управленческих решений и на разработку стратегий управления финансовым состоянием организаций. В условиях рыночных отношений, повышается самостоятельность хозяйствующих субъектов, их экономическая и юридическая ответственность, резко возрастает значение финансовой устойчивости. Все это значительно увеличивает роль анализа финансового состояния: наличия, размещения и использования денежных средств.

Финансовая деятельность организаций и предприятий включает:
- обеспечение потребности в финансовых ресурсах;
- оптимизацию структуры финансового капитала по источникам его преобразования;
- обеспечение финансовой дисциплины во взаимоотношениях с другими предприятиями (поставщиками и потребителями), банками, налоговыми службами;
- регламентацию финансовых отношений предприятия с собственниками (акционерами), наемным персоналом, между подразделениями (филиалами) и др.

Для определения финансового положения используется ряд

характеристик, которые наиболее полно и точно показывают состояние организации, как во внутренней, так и во внешней среде.

Финансовая устойчивость организации является одной из таких характеристик. Она связана с зависимостью от кредиторов и инвесторов. Наличие значительных обязательств, не полностью покрытых собственным ликвидным капиталом, создает предпосылки банкротства, если крупные кредиторы потребуют возврата своих средств.

Но одновременно вложение заемных средств позволяет существенно повысить доходность собственного капитала. Поэтому, очень важно при анализе финансовой устойчивости предприятия использовать систему показателей, отражающих риск и доходность фирмы в перспективе.

В краткосрочной перспективе критерием оценки финансового состояния выступает его ликвидность и платежеспособность.

Ликвидность организации - это способность погасить все необходимые краткосрочные обязательства, или способность оборотных средств превращаться в денежную наличность, необходимую для нормальной финансово-хозяйственной деятельности организации.

Платежеспособность организации - это способность возвращать в необходимом объеме и в установленный срок заемные средства, т.е. погашать свои внешние обязательства, как краткосрочные, так и долгосрочные.

Средством для погашения долгов в первую очередь являются денежные средства на расчетном счете.

Потенциальным средством является дебиторская задолженность, которая при нормальном кругообороте средств должна превратиться в денежную наличность. Средством погашения задолженности также могут быть запасы товарно-материальных ценностей, при реализации которых организация получит денежные средства.

Таким образом, погашение задолженности обеспечивается всеми оборотными средствами. Однако если организация направит все средства на погашение задолженности, то в тот же момент прекратится ее производственная деятельность, т.к. она останется без материальных оборотных средств и денежных средств на их приобретение. В связи с этим платежеспособной считается та организация, у которой суммарные оборотные средства значительно превышают размеры задолженности.

В рыночных условиях, когда хозяйственная деятельность организации и ее развитие осуществляется за счет самофинансирования, а при недостаточности собственных источников средств - за счет привлеченных средств, важной аналитической характеристикой финансового состояния организации становится ее финансовая независимость от внешних заемных источников.

Недостаточная финансовая устойчивость может привести к неплатежеспособности организации и отсутствию средств для дальнейшего развития, а чрезмерная финансовая устойчивость будет мешать ее развитию через необходимость создания излишних запасов и резервов. Поэтому определение финансовой устойчивости организации относится к важнейшим заданиям финансового анализа.

Финансовая устойчивость - это определенное состояние счетов организации, гарантирующее ее постоянную платежеспособность. В результате осуществления какой-либо хозяйственной операции финансовое состояние организации может остаться неизменным, либо улучшиться, либо ухудшиться.

Поток хозяйственных операций, совершаемых ежедневно, является причиной перехода из одного типа устойчивости в другой. Знание предельных границ изменения источников средств для покрытия вложения капитала в основные фонды или производственные запасы позволяет генерировать такие потоки хозяйственных операций, которые ведут к улучшению финансового состояния организации, к повышению финансовой устойчивости.

Задачей анализа финансовой устойчивости является оценка величины и структуры активов и пассивов. Это необходимо, чтобы ответить на вопросы: насколько организация независима с финансовой точки зрения, растет или снижается уровень этой независимости и отвечает ли состояние ее активов и пассивов задачам ее финансово-хозяйственной деятельности.

Различные показатели ликвидности не только дают характеристику устойчивости финансового состояния организации при разной степени учета ликвидности средств, но и отвечают интересам различных внешних пользователей аналитической информации. Например, для поставщиков сырья и материалов наиболее интересен коэффициент абсолютной ликвидности. Покупатели и держатели акций организации в большей мере оценивают платежеспособность по коэффициенту текущей ликвидности.

На сегодняшний день правильно проведенная диагностика финансового состояния предприятия позволит не только избежать финансового кризиса, но и принять необходимые меры для корректировки своей деятельности, что впоследствии поможет достичь хороших коммерческих результатов.

Таким образом, финансовая диагностика предполагает: заключения о существующем финансовом положении объекта диагностирования; изучение причин его изменения; анализ перспектив развития объекта диагностирования, в частности, с точки зрения кредитоспособности предприятия, организации. Позволяет ответить на целый ряд вопросов: о степени кредитоспособности и способности предприятия (организации) сохранить свою кредитоспособность, о "траектории развития" предприятия (организации) на протяжении всего периода кредитования с учетом его финансового положения, о наличии финансового потенциала для поддержания кредитоспособности и т.д.

Список использованных источников

1. Российская Федерация. Постановления Правительства Российской Федерации. Об утверждении Правил проведения арбитражным управляющим финансового анализа [Текст]: Постановление № 367 от 25 июня 2003 г.

2. Баканов, М. И. Теория экономического анализа [Текст] / М. И. Баканов, А. Д. Шеремет. – М.: Финансы и статистика, 2009.

3. Ван Хорн Дж. Основы управления финансами [Текст]. Пер. с англ. / И.И.Елисеевой. – М.: Финансы и статистика, 2010

Сильченкова Т.Н.
доцент, кпн, филиал ФГБОУ ВПО «МГИУ» в г. Вязьме

ОСОБЕННОСТИ УПРАВЛЕНИЯ ПЕРСОНАЛОМ В УСЛОВИЯХ ГЛОБАЛИЗАЦИИ

В последнее время ни одна сколько-нибудь значимая дискуссия среди политических деятелей и ученых-политологов, экономистов, социологов, экологов как на национальном, так и международном уровнях, не обходится без оценок и прогнозов (нередко прямо противоположных), касающихся глобализации. Вне сомнения, понятие «глобализация» - один из самых популярных терминов нашего времени.

Глобализация затрагивает все основные сферы жизни и деятельности людей. Поэтому в настоящее время неоходимо на глобальном уровне решить четыре одинаково важные долгосрочные задачи, связанные, во-первых, с устойчивостью экологической безопасности, во-вторых, с экономической конкурентоспособностью, в-третьих, с социальной справедливостью, в-четвертых, с демократией в условиях правового государства

Одним из основополагающих признаков глобализации является формирование и развитие все большего числа транснациональных компаний (ТНК). В современных условиях ТНК считаются одним из основных субъектов мирового рынка. Развитие транснациональных корпораций свидетельствует об усилении интернационализации хозяйственной жизни.

К настоящему времени большинство транснациональных компаний накопило огромный опыт организационного развития: они добились успехов в управлении зарубежными предприятиями, удачно сочетая международную интеграцию производства и локальную гибкость управления. Успех компании, работающей за рубежом, существенно зависит от уровня компетентности руководителей подразделений, эффективное функционирование которых обеспечивает выживаемость на международной арене.

Россия заинтересована в иностранных инвестициях и поэтому стимулирует их привлечение. Традиционными методами стимулирования считаются налоговые льготы, скидки, другие преференции на ранней стадии деятельности иностранных компаний, поощрение размещения в наименее развитых районах страны, защита от экспроприации, гарантии от дискриминационного применения законов. К ТНК предъявляются следующие требования: участвовать в инвестиционных проектах страны; брать на работу, в том числе на руководящие посты, местных работников; передавать свои технологии; содействовать развитию местных рынков, в том числе рынка труда.

Кадры - главный стратегический ресурс любого предприятия, в том числе и транснациональной компании, поэтому управление персоналом становится одной из главных функций в менеджменте организации. Трудовой потенциал работников, его успешная реализация во многом определяют возможности организации по достижению своих стратегических целей, следовательно, менеджеры разного уровня и направления деятельности должны, в идеале, знать теорию и практику управления персоналом, а HR-менеджер должен быть идеологом руководителем и координатором проводимой в компании политики по отношению к персоналу.

HR-департаменты транснациональных компаний должны заниматься вопросами организационного и психологического характера. В их задачи входит, с одной стороны, подбор и отбор необходимых работников, организация их работы, а с другой - создание оптимальных условий для высокопроизводительного труда. В соответствии с решением этих задач, служба выполняет следующие функции: аудит кадрового потенциала компании и выявление потребности в новых сотрудниках; рекрутинг; профессиональная и психологическая адаптация нового персонала к условиям работы в ТНК; планирование и отслеживание деловой карьеры работников; управление трудовой мотивацией; анализ социально-психологической ситуации в компании; при необходимости, коррекция групповых и межличностных взаимоотношений; управление конфликтами; регулирование правовых аспектов социально-трудовых отношений; содействие в повышении квалификации и сотрудников; организация процесса высвобождения работников, организация аттестации рабочих мест по условиям труда. Все эти направления деятельности службы управления персоналом требуют значительных усилий при выполнении большого объема работ, финансовых и временных затрат.

В основном служба управления персоналом должна заниматься разработкой целевых программ управления персоналом и организацией их выполнения, что означает прогнозирование и планирование потребности в кадрах, их деловой карьеры, совершенствование процесса обучения персонала, улучшение условий и охраны труда, повышение качества трудовой жизни, совершенствование межличностных отношений и т. д.

Российские компании могут иметь следующую структуру службы управления персоналом: отдел кадров, отдел социального развития, отдел охраны и безопасности предприятия, административно-хозяйственный отдел. В то же время на большинстве российских предприятий практически все время и усилия тратятся на учет кадров и ведение делопроизводства, поэтому часто на другие важные функции времени уже не остается. Очевидно, что это резко снижает эффективность деятельности службы управления персоналом, а следовательно, и всей компании в целом.

Современное управление персоналом ориентировано на выживание организации путем использования ее внутренних ресурсов, ее кадрового потенциала и интеллектуального потенциала сотрудников. Предприятие современного типа принимает на себя, по крайней мере, неформальные обязательства рационально использовать индивидуальные способности сотрудников и предоставить каждому шанс сделать карьеру.

Акцент на развитие персонала, планирование карьеры и деловую активность сотрудников давно уже стал отличительным признаком инновационного стратегического управления персоналом успешно действующих фирм. Каждому сотруднику предоставляется возможность и обеспечивается содействие в том, чтобы найти возможности роста и достигнуть успехов в карьере.

Успешные транснациональные компании добиваются хороших результатов в бизнесе за счет высокого качества продукции, диверсификации и снижения издержек производства, что невозможно без эффективной постоянно совершенствующейся системы управления персоналом.

В западных компаниях управление персоналом направлено на более полное раскрытие и использование трудового потенциала работника, что предполагает применение целого комплекса специальных методов и инструментария работы с персоналом. Все этапы трудовой жизни работника, начиная от найма и заканчивая высвобождением, должны находиться под пристальным вниманием и компетентным руководством менеджера по персоналу. Его деятельность должна, с одной стороны, способствовать реализации стратегических планов компании, а с другой - давать возможность работнику в полной мере реализовываться как профессионалу и личности. К сожалению, во многих российских компаниях в наше время функции управления по персоналу ограничиваются учетом кадров и ведением делопроизводства. Вследствие этого существует много примеров, когда в российских компаниях в службах управления персоналом работают неквалифицированные кадры, поэтому эффективность их работы часто невысока, наблюдается большая текучесть кадров. Чтобы исправить такую ситуацию, на работу в службу управления персоналом можно привлекать работников собственного предприятия из кадрового резерва, заполнять вакансии специалистами со стороны на основе конкурсного отбора, сотрудничать с учебными заведениями соответствующего профиля для последующего трудоустройства выпускников.

Литература

1. Ролин Н.П. Управление персоналом в транснациональных корпорациях // Новости менеджмента – 2011. - №3.

Бахтеев А.В.

доцент, к.э.н.

Южный федеральный университет

кафедра бухгалтерского учета и аудита

a_bakhteev@mail.ru

МЕТОДОЛОГИЧЕСКИЕ ОСНОВЫ ИСПОЛЬЗОВАНИЯ АНАЛИТИЧЕСКИХ ПРОЦЕДУР В РИСК-ОРИЕНТИРОВАННОМ АУДИТЕ

Современный этап развития аудита характеризуется существенным повышением требований к качеству профессиональных услуг, сопровождающимся ростом конкуренции. Вместе с тем, в ситуации всеобщего экономического спада, диктующего необходимость экономичного использования ресурсов компаний, выбор официального аудитора, который должен происходить по двухвекторному критерию «цена – качество», на практике, как правило, осуществляется по вектору «цена». Именно стоимость профессиональных услуг аудитора является основополагающим фактором, позволяющим достичь конкурентного преимущества на рынке. Конкуренция по вектору «качество» зачастую не оценивается пользователями, поскольку этот критерий в основном имеет отношение непосредственно к аудитору, находящемуся в поле зрения органов внешнего контроля качества. Повышение качества оказываемых услуг интересует, прежде всего, самого аудитора. В сложившейся ситуации конкурентоспособность аудиторской компании находится в непосредственной зависимости от процесса совершенствования методической составляющей ее профессиональной деятельности. Основным направлением этого процесса является снижение трудозатрат в совокупности с повышением эффективности аудиторских процедур. С этой точки зрения аналитические процедуры [1, 2; 2 434] в рамках риск-ориентированного подхода являются одним из основных инструментов, используемых для оптимального решения двуединой задачи, сформулированной выше. В свете вышесказанного целесообразным представляется разработка методологических основ применения аналитических процедур в рамках риск-ориентированного подхода к аудиту.

Наиболее важным системообразующим элементом методологии аналитических процедур в аудите является использование при их разработке метода теории познания, широко известного как метод анализа-синтеза. В соответствии с методом анализа-синтеза алгоритм проведения аналитических процедур может быть представлен в виде трехступенчатого алгоритма, состоящего из стадий общего изучения, анализа и синтеза. На первой стадии этого алгоритма проводится общее изучение объекта анализа. По нашему мнению этой стадии метода анализа-синтеза применительно к процессу аудита бухгалтерской (финансовой) отчетности соответствует этап планирования. В рамках этого этапа основной целью аналитических процедур является идентификация областей потенциальных рисков искажения бухгалтерской отчетности с последующей предварительной оценкой их значимости. Кроме того, аналитические процедуры, проводимые на этом этапе аудита, позволяют идентифицировать признаки, касающиеся соблюдения принципа непрерывно действующего предприятия. Вторая стадия метода анализа-синтеза (анализ), состоит в изучении отдельных элементов бухгалтерской отчетности посредством его расчленения на составные части. На этом этапе целью аналитических процедур является получение аудитором детального представления об отдельных аспектах бизнеса клиента по аудиту, предполагающее идентификацию рисков, присущих этим аспектам. На третьем этапе (синтез) аналитические процедуры используются в качестве инструмента итоговой оценки рисков, присущих аудируемой бухгалтерской (финансовой) отчетности в целом, проводимой на стадии завершения аудита. На этом этапе анализа-синтеза осуществляется систематизация рисков, идентифицированных на двух предыдущих этапах аудита. Итогом аналитических процедур, проводимых на этом этапе, является окончательное аудиторское суждение (мнение аудитора) о достоверности бухгалтерской (финансовой) отчетности клиента.

Следующий элемент предлагаемого методологического подхода к разработке программы аналитических процедур при проведении аудита бухгалтерской (финансовой) отчетности основан на применении метода анализа-синтеза, сущность которого раскрыта выше. Он также базируется на использовании универсального трехступенчатого алгоритма, однако его специфика заключается в том, что основой его применения является последовательная декомпозиция каждого из трех описанных ранее элементов методологии анализа-синтеза на этапы общего изучения, анализа и синтеза на следующем уровне иерархии [4, 68].

Важным элементом, который по нашему мнению должен учитываться при подготовке программы, проведении и оценке результатов аналитических процедур, является понятие целевой функции бизнеса. Сущность целевой функции бизнеса коммерческого предприятия может быть выражена системой целей, основанной на допущении, что соблюдение принципа непрерывно действующего предприятия состоит в оперативном управлении капиталом, направленном на единовременное оптимальное достижение целей максимизации конечного финансового результата, поддержания долгосрочной и краткосрочной финансовой устойчивости.

Следующим элементом предлагаемой в рамках статьи методологии является использование при оценке результатов аналитических процедур на каждой стадии аудита двухуровневого алгоритма, предполагающего сочетание приемов позитивного и нормативного анализа. Сущность данного методологического приема состоит в поэтапной интерпретации результатов аналитических процедур, предполагающей описание существующих структурных и динамических тенденций интегральных показателей деятельности клиента по аудиту. На стадии нормативного анализа осуществляется оценка динамики показателей и фактов хозяйственной жизни аудируемого лица в контексте применимости допущения непрерывности деятельности и идентификации и оценки значимости рисков, присущих хозяйственной деятельности аудируемого лица.

Еще один из ряда так называемых «аналитических» элементов предлагаемого в статье методологического подхода – это сочетание приемов количественного и качественного анализа. Использование возможностей интерпретации аналитической информации, полученной при помощи количественных методов, посредством общеизвестных качественных аналитических приемов позволяет реализовать комплексный подход к оценке рисков существенного искажения бухгалтерской отчетности клиента по аудиту.

Следующим важным элементом, формирующим методологические основы проведения аналитических процедур в ходе аудита, является использование алгоритма оценки риска существенного искажения при разработке программы аналитических процедур и оценке их результатов. Сущность описываемой методологии может быть представлена в виде трехступенчатого алгоритма, предполагающего идентификацию и оценку рисков, присущих бухгалтерской (финансовой) отчетности клиента по аудиту с последующей оценкой значимости выявленных рисков с точки зрения их влияния на достоверность аудируемой бухгалтерской (финансовой) отчетности и оценкой адекватности применяемых клиентом по аудиту процедур в отношении идентифицированных рисков хозяйственной деятельности. Результаты разработки модели оценки интегрального риска в процессе аудита с точки зрения используемого формально-методического аппарата ранее представлены автором [3, 59].

Последним из предлагаемых в статье основных элементов методологического подхода к организации аналитических процедур является использование при их планировании, проведении и оценке результатов положений теории жизненного цикла организации. Из достаточно большого количества исследователей, внесших вклад в развитие данной теории, исходя из целей, поставленных в статье, наиболее применим ее вариант, предложенный Ицхаком Адизесом [5, 126]. Основными достоинствами, позволяющими использовать теорию циклов в качестве методологической основы разработки программы аналитических процедур, по нашему мнению, являются:

Во-первых, концепция сочетания гибкости и управляемости, доказывающая, что каждому конкретному соотношению этих параметров соответствует определенная стадия жизненного цикла компании. При этом молодые и быстро развивающиеся компании являются слабо контролируемыми, а «взрослые», являясь более контролируемыми, становятся менее гибкими. Использование этого элемента теории, по нашему мнению, позволяет аудитору наиболее эффективно идентифицировать и оценить риски, присущие деятельности и системе внутреннего контроля клиента по аудиту, предварительно определив ее местоположение на кривой жизненного цикла.

Во-вторых, концепция трудностей, возникающих в процессе развития компании, которые в соответствии с этой концепцией могут быть разделены на две группы: болезни роста и организационные патологии. Использование данной классификации при планировании, проведении и оценке результатов аналитических процедур по нашему мнению позволяет с большой степенью адекватности идентифицировать риски, присущие хозяйственной деятельности и риски существенных искажений, связанных с недостатками системы внутреннего контроля клиента по аудиту соответственно.

Комплексное применение раскрытых выше элементов методологического подхода к планированию, проведению и оценке результатов аналитических процедур, по нашему мнению будет способствовать с максимально эффективной реализации преимуществ риск-ориентированного подхода к проведению аудита бухгалтерской отчетности.

Литература

1. Федеральное правило (стандарт) аудиторской деятельности № 20 «Аналитические процедуры», утверждено постановлением Правительства Российской Федерации от 23.09.2002 № 696 (ред. от 22.12.2011). Собрание законодательства РФ, 30.09.2002, № 39, ст. 3797.

2. International standard on auditing 520 Analytical Procedures http://www.ifac.org/sites/default/files/downloads/a026-2010-iaasb-handbook-isa-520.pdf

3. Арженовский С.В., Бахтеев А.В. Методологический подход к комбинированной оценке риска искажений вследствие недобросовестных действий при аудите бухгалтерской отчетности // Terra economicus. – Ростов н/Д.: ЮФУ. – 2013. – Том 11 номер 2 часть 3. – С. 57-62.

4. Бахтеев А.В. Применение метода анализа-синтеза при проведении аналитических процедур в ходе аудита // Учет и статистика. – Ростов н/Д.: РГЭУ. – 2013. – № 4. – с. 65-71.

5. Управление жизненным циклом корпорации/ Ицхак Адизес. – СПб.: Питер, 2008. – 384 с.

Косенко С.Г.
заведующая кафедрой экономики и менеджмента филиала ФГБОУ
ВПО «Кубанский государственный университет» в г.Армавире,
кандидат экономических наук

ОСНОВНЫЕ ПОДХОДЫ К ОПРЕДЕЛЕНИЮ СУЩНОСТИ ПРЕДПРИНИМАТЕЛЬСТВА

Переход России к транзитивной экономике, организованной на основе рыночной саморегуляции и предполагающей реализацию свободного предпринимательства как одного из основных ее принципов, требует особого внимания к изучению такой категории как предпринимательство.

Понятийный аппарат предпринимательства и экономическая сущность данной категории динамично развивались в процессе развития экономической теории и права. Исследование исторических аспектов помогает понять, что категория предпринимательство является основополагающим элементом, и неотъемлемой составляющей рыночной экономики. Сущностные черты данного понятия ученые пытались выявить еще с давних времен, делая отдельные акценты в различные исторические периоды. В частности, в римском праве предпринимательство трактовалось как занятие, дело, коммерческая деятельность и т.п. Терминологическая сущность и содержание, вкладываемые в понятие «предпринимательство», менялись и упорядочивались в процессе развития экономической теории [1].

Предпринимательство как явление присутствует в хозяйственной жизни общества несколько тысячелетий. Ярким примером этому является деятельность торговцев древности. Впервые экономическое определение слова «предприниматель» появилось во Всеобщем словаре коммерции, изданном в Париже в 1723 г., где под ним понимался человек, берущий «на себя обязательство по производству или строительству объекта» [2].

В научный оборот понятие «предпринимательство» было введено свыше двух столетий назад. В экономической литературе, посвященной предпринимательству, историю возникновения самого термина относят в основном к XVIII веку. Впервые это особое явление хозяйственной деятельности было выделено французским деятелем Р. Кантильоном. Кантильон как свидетель зарождения капитализма во Франции и связанного с этим распада финансовой системы много внимания уделял познанию новых экономических явлений. Ученый по существу разработал первую целостную концепцию предпринимательства. Именно Кантильон сформулировал тезис о том, что расхождения между спросом и предложением на рынке дают возможность отдельным субъектам рыночных отношений покупать товары дешевле и продавать их дороже, и назвал этих субъектов предпринимателями [1; 3, 27]. Экономические школы Р. Кантильона и Ф. Найта в качестве ключевых дефиниций предпринимательства рассматривают риск и связанную с ним экономическую неопределенность.

Влияние на состояние равновесия экономической системы считается основой предпринимательской деятельности у Л. Мизеса и Ф. Хайека. Последний характеризует предпринимателя как хозяйствующего субъекта, отличающегося особым стремлением к поиску альтернативных путей получения прибыли. По мнению Фридриха фон Хайека, сущность предпринимательства – это поиск и изучение новых экономических возможностей, характеристика поведения, а не вид деятельности. Последнее является очень важным [4; 5; 6; 7].

Предпринимательство в трактовке Ж. Б. Сэя и Й. Шумпетера увязывается с революционной сменой факторов производства и их комбинированием, предприниматель считается источником всех новаторских изменений в экономике, стимулируя тем самым рост объемов продаж и прибыли. Й. Шумпетер излагает процесс функционирования предпринимательских структур в условиях конкурентной среды [8].

И. Тиммонс, П. Друкер, Г Шмоллер, Ф. Тоссиг и их последователи рассматривали предпринимательство как способ практической реализации новаторской идеи. П. Друкер, в частности, считал, что предприниматель – это человек, использующий новую возможность с максимальной выгодой. Заслугой известного американского ученого является обоснование вывода о том, что в условиях ориентации на нововведения руководителям предприятий необходимо перейти на предпринимательский тип управления и передать эффективную предпринимательскую энергию исполнителям. Эти экономисты первичным считали не максимизацию прибыли, а удовлетворение потребностей потребителя благодаря высокому уровню организации производственно-коммерческой деятельности [9; 10]. Будем придерживаться именно этой точки зрения, поскольку, на наш взгляд, именно ориентация на конечного потребителя как раз и является средством достижения наилучших финансовых результатов.

С точки зрения классика экономической теории К. Маркса в целях увеличения разницы в величине индивидуальной и рыночной стоимости товара предпринимателю целесообразно использовать в производственном процессе разнообразные инновации [11].

Достаточно простое и весьма емкое определение предпринимательства дает В. И. Даль. В частности, он характеризует данную категорию как готовность «затевать, решаться исполнить какое-либо новое дело, приступать к свершению чего-либо значительного» [1]. Конечно, толковый словарь Даля был отражением духа того времени, выпущенный в конце XIX века, раскрывал представление о предпринимателях на уровне обыденного сознания, распространенного в русском обществе в прошлом, но как видим, его меткие определения не потеряли своей актуальности и сегодня. То есть, в российских условиях предприниматель должен обладать не просто находчивостью, изобретательностью и трудолюбием, но ежеминутным ожиданием кризисной экономической ситуации и быстрым реагированием.

А. Смит, исследуя вопросы предпринимательства, считал его целью – получение предпринимательского дохода, а под предпринимателем понимал собственника капитала, который ради реализации какой-то коммерческой идеи получения прибыли идет на экономический риск.

Современная экономическая литература зачастую отождествляет категорию «предпринимательство» с целью предпринимательской деятельности. Об этом, например, свидетельствует такое определение, как: «Предпринимательство – инициативная самостоятельная деятельность граждан, направленная на получение прибыли или личного дохода, осуществляемая от своего имени, под свою имущественную ответственность или от имени и под юридическую ответственность юридического лица» [1].

Российское законодательство трактует предпринимательскую деятельность, или предпринимательство, как самостоятельную, осуществляемую на свой риск деятельность, направленную на систематическое получение прибыли от использования имущества – продажи товаров, выполнения работ или оказания услуг, лицами, зарегистрированными в этом качестве в установленном законом порядке [12].

Предпринимательство можно определять с различных позиций, таких как:

– деятельность, направленную на максимизацию прибыли;

– инициативную деятельность граждан по выпуску товаров и оказания услуг, направленную на получение прибыли;

– прямую производственную функцию реализации собственности;

– процесс организационной новации в целях извлечения прибыли;

– действия, направленные на возрастание капитала, развитие производства и присвоение прибыли;

– специфический вид деятельности, направленный на поиск и реализацию изменений в существующих формах функционирования предприятий и жизни общества [13].

Таким образом, большинство теоретиков и практиков делают акцент на получении прибыли как конечной цели предпринимательского процесса, который направлен на получение определенной выгоды путем предложения на рынке товара или услуги. Производство и движение товара в сфере предпринимательской деятельности рассматривается в двух аспектах: с точки зрения затрат и с позиции результата [11]. Соотношение затрат и результатов, на наш взгляд, относительно данного аспекта предпринимательства является ключевым моментом, поэтому остановимся на данных понятиях более подробно. Создание продукции и оказание услуг связано с определенными расходами [11], которые следует рассматривать под углом зрения хозяйственника, предпринимателя Совокупность затрат прошлого и живого труда, расходуемого на создание товара или оказание услуги, образует издержки производства [11]. Расходы, связанные с продвижением товаров до конечного потребителя относятся к издержкам обращения. Величина издержек измеряется потребленной в процессе производства частью авансированного капитала. Упрощая понятие, можно сказать, что под издержками предприятия понимается то, во что обходится ему производство продукции. Раскрывая содержание этого понятия с позиций отдельной фирмы, американские профессора К. Р. Макконнелл и С. Л. Брю утверждают, что «экономические издержки – это те выплаты, которые фирма обязана сделать, или те доходы, которые фирма обязана обеспечить поставщику ресурсов для того, чтобы отвлечь эти ресурсы от использования в альтернативных производствах» [14, Т. 2, 45]. Различают внешние и внутренние издержки производства.

Внешние издержки это альтернативные издержки, принимающие форму денежных платежей, сделанных фирмой поставщикам факторов производства. Это выплаты, осуществляемые с целью привлечения ограниченных ресурсов именно в данное производство и приводящие тем самым к отвлечению этих ресурсов от других альтернативных вариантов их применения.

Внутренние издержки – это денежные доходы, которыми жертвует фирма, самостоятельно используя принадлежащие ей ресурсы, т.е. это доходы, которые могли бы быть получены фирмой за самостоятельно используемые ресурсы (денежные средства, помещения, оборудование и т.п.) при наилучшем из возможных способов их применения.

Хотя внутренние издержки носят неявный, скрытый характер и не отражаются в бухгалтерской отчетности, они всегда должны учитываться при принятии экономических решений [12].

С точки зрения фирмы они равны денежным платежам, которые могли бы быть получены за самостоятельно используемый ресурс при наилучшем из возможных способов его применения. Речь идет о включении в издержки возможных доходов от использования своей собственности (внутренней ренты и внутренней заработной платы) и нормальной прибыли в качестве вознаграждения за выполнение предпринимательских функций. Кроме того, издержки делятся на постоянные и переменные. Перед началом производственного процесса организации необходимо рассчитать предполагаемую прибыль. И для того, чтобы это осуществить, нужно изучить спрос на продукцию и определить примерную цену продаж. После сравнения предполагаемых доходов с издержками, которые предстоит понести, принимается решение.

В целом, зарубежные экономисты считают издержками все платежи, необходимые для привлечения и удержания ресурсов в рамках определенной деятельности. Современная экономическая теория сохраняет свою первоначальную позицию на издержки производства: чтобы получить больше пользы, необходимо предоставить потенциальным производителям и поставщикам стимул, чтобы побуждало их переводить ресурсы из их текущего использования в производство требуемого продукта. Преимущества такой передачи ресурсов должно превышать стоимость этих возможностей, от которых должны отказаться потенциальные предприниматели.

В системе свободного предпринимательства экономические стимулы помогают нам определить, какое направление деятельности будет наиболее выгодным. Решения всегда принимаются на основе сопоставления дополнительных затрат с дополнительными выгодами. Дополнительные затраты – это предельные затраты или предельные издержки, связанные с производством дополнительной единицы продукта наиболее дешевым способом. В большинстве производств экономия, а, следовательно, и выгода, достигаются на масштабах деятельности. Предприятие направляет ограниченные ресурсы на ту продукцию, которая необходима потребителю и по цене, которую они согласны платить. Прибыль сигнализирует предприятию о том, насколько оно правильно решает вопросы, что и как производить.

В соответствии с системой свободного предпринимательства производятся только те товары и услуги, которые ценятся индивидуальными пользователями этого общества.

На практике прибыль есть излишек выручки над затратами капитала. Уровень рентабельности предприятия определяется как процент от суммы получили прибыль к стоимости, которая представляет собой так называемую норму прибыли. Это своеобразный барометр эффективности хозяйствования. Далеко не вся прибыль обращается в доход собственника и идет на его личное потребление. Она служит источником самофинансирования и используется на дальнейшее расширение и совершенствование производства. Значительная часть ее расходуется на охрану окружающей среды и экологическую безопасность, на подготовку и переподготовку сотрудников, на социальные потребности, на создание благотворительных фондов, общегосударственные нужны и т.д.

Таким образом, предпринимательская деятельность направлена на максимизацию собственной прибыли, а эффективное предпринимательство в масштабе страны позитивно влияет на увеличение доходов государства. Однако если быть точнее, более значимым для предпринимательского процесса является не столько получение положительного финансового результата, сколько обеспечение непрерывности воспроизводственного процесса, связанного с удовлетворением постоянно меняющихся и возрастающих потребностей потребителей. И поэтому, акцент смещается с максимизации прибыли на потребителя.

П. Х. Верхан также не считает прибыль основным побудительным мотивом предпринимателя. Ученый полагает, что таковыми следует считать также и заинтересованный творческий подход, семейные чувства, стремление к обладанию прочными позициями на рынке, к общественному признанию [13].

Г. Л. Багиев и др. характеризуют экономическую сущность предпринимательской деятельности как поиск и реализацию новых комбинаций факторов производства с целью удовлетворения явного или потенциального спроса. Субъектом новаторской творческой экономической деятельности может быть как индивидуальный предприниматель, так и группа людей, действующих в рамках организации и выступающих с инициативой по выпуску нового товара, реализации новых решений, новых подходов и т.п. [10].

На эффективность функционирования предпринимательской деятельности влияют такие внешние субъективные факторы, например: государственная политика в области развития предпринимательства, деятельность местных законодательных и исполнительных органов власти и т.д.

Объективные факторы включают региональные условия развития бизнес-среды, а именно, природные, социально-экономические и демографические факторы

Благоприятное состояние внешней среды предпринимательства как объекта управления достигается в значительной степени за счет соответствующих регулирующих воздействий субъектов управления. Немаловажным при этом является учет конкретных особенностей и возможностей регионов, социально-демографических групп населения, потребительских предпочтений. Развитие же предпринимательства, в свою очередь, сказывается на эффективном развитии рыночных отношений, обеспечении экономического роста, решении проблемы занятости населения и других социальных и экономических проблем.

Таким образом, обобщая различные трактовки сущности предпринимательства, отметим, что, по нашему мнению, предпринимательство — это творческий, инновационный, научно организованный стиль управления, который сочетает процессы производства и сбыта товаров и услуг, направленный на удовлетворение потребностей клиентов и на этой основе получение максимального финансового результата.

Литература

1   Административно-управленческий портал [электронный ресурс]. Режим доступа: http://www.aup.ru/books/m72/1_1.htm

2   Блинов, А.О. Малое предпринимательство. Организационные и правовые аспекты деятельности. – 2-е изд. / А. О. Блинов – М.: «Ось-89», 1998. – с. 8

3   Найт, Ф. Понятие риска и неопределенности // Тезис. – 1994. – Вып. 5. – С. 26–27.

4   Мизес, Л. Теория и история: Интерпретация социально-экономической эволюции / Л. Мизес. – М.: Социум, 2007 – 374 с.

5   Мизес, Л. Человеческая деятельность / Л. Мизес. – М.: Социум, 2005.

6   Хайек, Ф. Конкуренция как процедура открытия // Мировая экономика и международные отношения. – 1989. – № 12. – С. 47-56.

7   Хайек, Ф. Дорога к рабству: Пер. с англ. / Предисл. Н.Я. Петракова. Ф. Хайек. – М.: Экономика, 1992. – 176 с.

8   Сэй, Ж. Б. Трактат политической экономии / Ж. Б. Сэй. – М.: Солдатенков, 1986.

9   Друкер, П. Рынок: как выйти в лидеры. Практика и принципы. Пер. с англ. / П. Друкер. – М., 1992.

10   Багиев, Г. Л., Асаул, А. Н. Организация предпринимательской деятельности: Учебное пособие / Под общ. ред. Багиева Г. Л. / Г. Л. Багиев, А. Н. Асаул. – СПб.: Изд-во СПбГУЭФ, 2001. – 231 с.

11   Маркс, К. Капитал. Критика политической экономии / К. Маркс, Ф, Энгельс. – Соч. - 2-е изд. – Т. 23-25, Т.3.

12   Гражданский кодекс Российской Федерации: Части первая, вторая, третья и четвертая. – М.: Издательство Омега-Л, 2013.

13   Косенко С.Г., Гурнович Т.Г. Развитие предпринимательства на рынке парфюмерно-косметической продукции: анализ закономерностей и прогнозирование рыночных тенденций [Текст]: монография / С.Г.Косенко, Т.Г.Гурнович. – Армавир: ИП Шурыгин В.Е,, 2009.

14   Макконел, К.Р., Брю, С.Л. Экономикс: в 2 т. / К. Р. Макконел, С. Л. Брю. – М., 1992. – 974 с.

12   Экономика для юристов [электронный ресурс]. Режим доступа: http://www.bibliotekar.ru/economika-dlya-yuristov/60.htm

13   Верхан, П. Х. Предприниматель / П. Х. Верхан. – Минск: Эристан. – 1992. – 57 с.

Чебанова Д.В.

аспирантка, Национальная металлургическая академия Украины

dasha-dnepr@mail.ru

ПОВЫШЕНИЕ ЭФФЕКТИВНОСТИ СИСТЕМЫ МОТИВАЦИИ ПЕРСОНАЛА НА ПРЕДПРИЯТИЯХ В УСЛОВИЯХ КРИЗИСА

В условиях экономического, политического и социального кризиса в стране предприятия вынуждены вводить мероприятия по усовершенствованию системы управления персоналом. Мотивация персонала является основным звеном системы управления персоналом, которому нужно уделять больше всего внимания при стремлении вывести предприятие из экономического кризиса. Антикризисные мероприятия должны быть нацелены на мобилизацию кадрового потенциала, повышения производительности труда и оптимизацию использования трудовых ресурсов. Именно эти факторы будут способствовать повышению прибыльности и результативности предприятия. Главным заданием предприятия в условиях экономического спада и оптимизации расходов является рациональная реорганизация системы материальных и нематериальных стимулов.

В общем определении мотивация - это процесс побуждения человека к деятельности для достижения целей [1;7]. В условиях финансового кризиса необходимо, прежде всего, дать определение мотивации адекватное современным условиям. Мотивация персонала в условиях кризиса - это способ влияния со стороны управленческого персонала на работников предприятия с помощью элементов системы и модернизированных моделей на основе справедливой и прозрачной оценки персонала для достижения наиболее производительного труда персонала при сокращении бюджета предприятия.

Комплекс антикризисных мероприятий со стороны системы мотивации персонала должен состоять из двух основных задач: стабилизация персонала (морально-психологического климата в коллективе) и изменение системы мотивации в соответствии с существующими условиями.

Первым и необходимым мероприятием является открытое информирование работников о текущей ситуации и запланированных антикризисных действиях. В ситуации кризиса персонал находится в состоянии неуверенности и неопределенности, поэтому работники должны быть осведомлены относительно антикризисного плана действий со стороны руководства. Форма подачи информации будет отличаться в зависимости от масштабов предприятия. На большом предприятии эффективным будет письменный вариант. В небольшой организации целесообразно проводить собрания. Оптимально, когда информация будет исходить от первого лица предприятия. Работникам нужно донести сведения о текущей ситуации, определить набор антикризисных мероприятий, детально их описать и перечислить ожидание руководства от работников в сложившейся ситуации. Подобные информирования должны носить регулярный характер в виде совещаний, листов от руководства, отчетов деятельности за период.

Для того чтобы ввести систему стимулирования на предприятии соответствующую кризисным условиям нужно определить, что эффективная система стимулирования должна очень детально дифференцировать работников от их трудовой результативности и должна быть очень гибкой для того, чтобы осуществлять эту дифференциацию в условиях структурных изменений и при функциональной ротации, без которых не возможен путь преодоления кризиса на предприятии.

Повысить уровень производительности труда персонала в условиях кризиса возможно, если система мотивации будет сочетать в себе следующие признаки: опора на хорошо продуманные и нововведенные объективные критерии изменения и оценки трудового вклада работника; рациональное сочетание материальной и нематериальной мотивации, позитивных и негативных стимулов; оперативность стимулирования - работник должен получать соответствующие своему трудовому вкладу блага без часовых задержек и в полном объеме; прозрачность и простота системы для всех работников; признание работниками справедливости этой системы; открытость системы для контроля со стороны работников и возможность пересмотра при наличии инициативы работников.

Проблемами, которые чаще всего встречаются в условиях кризиса, есть неудовлетворение оплатой труда, как следствие, отток квалифицированного персонала и социально-психологическая напряженность. Неудовлетворенность оплатой труда возникает из-за отсутствия ясных и прозрачных принципов взаимосвязи между результатами труда и вознаграждением, из-за небольшой разницы в оплате труда ценных квалифицированных специалистов и рядовых работников, из-за задержки выплат или предоставления благ. Отток квалифицированного персонала происходит также из-за конкуренции с другими более успешными предприятиями по эффективности системы мотивации и отсутствия действий по удержанию ключевых работников. Социально-психологическая напряженность возникает из-за отсутствия виденья перспективы развития системы стимулирования и предприятия в целом и страха из-за возможного сокращение числа работников. Поэтому в сжатые сроки систему мотивации нужно реорганизовать с учетом возникших проблем. Для решения описанных проблем можно применить такие мероприятия:

• сформировать временные целевые рабочие группы для решения проблем предприятия по разным направлениям (разработка новых направлений деятельности, уменьшение дебиторской задолженности, реализация неликвидных запасов ТМЦ и др.);

• сформировать порядок работы целевых групп, координацию деятельности и разработать систему вознаграждения;

• пересмотреть систему оплаты отдела продаж на предмет зависимости дохода от достижения плана (по регионам, по товарам, по объемам продаж с фиксированным уровнем рентабельности, по прибыльности и др.);

• разработать и реализовать пакет положений по целевому стимулированию инициатив в хозяйственной деятельности предприятия (поиск посторонних заказов на реализацию дополнительных услуг, привлечения клиентов и др). Каждый работник должен иметь возможность проявить себя в реализации антикризисных мероприятий и получить за это адекватное вознаграждение;

• обеспечить освобождение избыточных работников предприятия, чтобы иметь возможность материальными и моральными стимулами удержать ключевых работников или привлечь более квалифицированных. Для этого целесообразно усилить контроль над трудовой дисциплиной и предложить заменяемым работникам пенсионного возраста добровольное освобождение на благоприятных условиях;

• определить перечень ключевых специалистов предприятия и сформировать механизм по их удержанию (заключить контракты, которые существенно будут их выделять по уровню мотивации);

• при реструктуризации предприятия пересмотреть тарифы по оплате труда, исходя из измененного соотношения "ценностей" должностей, а также сформировать механизм оценки результатов для более эффективного премирования;

• обеспечить информационную поддержку изменениям в работе предприятия, а особенно системы мотивации, как внутри предприятия, так и в городских СМИ, снимая социально-психологическое напряжение и поддерживая статус предприятия, которое усовершенствуется и развивается.

Для решения проблем, которые возникли в условиях кризиса, система мотивации должна реорганизоваться с помощью как материальных, так и нематериальных стимулов. В условиях кризиса говорить о приоритетности материальной мотивации и ее значительной активности не всегда оправданно. Она является более универсальной, так как работники всех категорий больше ценят денежные вознаграждения, потому что есть возможность использовать их по своим потребностям и желаниям. Элементы нематериального стимулирования носят более целевой характер, но в условиях кризиса являются более доступными и эффективными.

Методы нематериальной мотивации могут применяться к конкретному работнику или быть безадресными. Адресованными методами могут быть поздравления с праздниками, помощь в семейных делах, словесное поощрение и др. Особенно важна адресованная мотивация для новых работников, которые еще не успели привыкнуть к методам работы руководителя и коллектива. Адресованная мотивация не должна стать привычкой, чтобы не потерять свою эффективность. К безадресной мотивации относятся проведение общих корпоративных мероприятий и предоставление социальных льгот. В кризисной ситуации предоставление социального пакета является одним из самых эффективных видов стимулирования. В социальный пакет для работников могут входить: бесплатное питание, медицинское страхование, льготные или бесплатные путевки, уплата за мобильный телефон или транспорт, предоставление возможности учебы за счет предприятия, создание оптимальных условий труда и др.

Основная сложность применения систем нематериального стимулирования заключается в том, что для каждого работника необходимо формировать свой набор стимулирующих факторов. Для решения этой проблемы можно применить анкетирование на выявление мотивационного профиля (напр., Ш. Мартин и П. Ричи "Мотивационный профиль") или ввести "принцип кафетерия". На основе анкетирования можно определить набор нематериальных стимулов, которые будут эффективными для конкретного работника. К ключевым работникам можно применить "принцип кафетерия" - выдача сертификатов на необходимые работнику услуги.

Подводя итоги, можно сделать абсолютно очевидный вывод о необходимости реорганизации или вводе принципиально новой эффективной системы стимулирования в условиях кризиса. Показатели эффективной системы стимулирования должны быть сопоставлены с целями предприятия в кризисных условиях, а система вознаграждений должна ориентироваться не на выполнение конкретных задач, а на достижение общих планов. Каждый руководитель должен помнить главное мысль капитализма, что "владелец зарабатывает на труде своего работника" (К.Маркс, Ф.Энгельс).

Литература:

1. Егоршин А.П. Мотивация трудовой деятельности: Учебное пособие. – Н. Новгород: НИМБ, 2003. – С.7

2. 9. Веснин В.Р. Менеджмент: учеб. – 3-еизд., перераб. и доп. – М.: ТК Велби, Изд-во Проспект, 2006. – 504 с.

3. Травин В.В., Дятлов В.А. Менеджмент персонала предприятия: Учеб. – практ. пособие. – 5-е изд. – М.: Дело, 2003. – 272 с.

4. Антикризовий менеджмент: навч. посібник/О.М. Скібіцький. – К.: ЦУЛ, 2009. – 568 с.

5. Колот А.М. Мотивація, стимулювання й оцінка персоналу: навч. посібник. – К.: КНЕУ, 1998. – 224 с.

Матевосян М.Г.

канд. экон. наук, доцент кафедры экономики и менеджмента
филиал ФГБОУ ВПО «Кубанский государственный университет» в г.
Армавире, Россия

РАСПРЕДЕЛЕНИЕ ИНТЕЛЛЕКТУАЛЬНОГО КАПИТАЛА НА РАЗНЫХ УРОВНЯХ ЭКОНОМИКИ

Распределение интеллектуального капитала на разных уровнях экономики — это непрерывный процесс, протекающий в деятельности любого экономического объекта. Помимо этого он является частью процесса воспроизводства, что еще больше подчеркивает роль распределения интеллектуального капитала на разных уровнях экономики.

Распределение интеллектуального капитала является связующим звеном между другими процессами, протекающими в экономических отношениях. От правильности выполнения этого процесса зависит в дальнейшем результат экономических отношений, его эффективность и дальнейшее развитие.

Дальнейшее исследование экономических отношений по распределению разного рода благ, прежде всего, собственности, денег, средств производства и предметов потребления разделилось не только в разрезе основных школ экономической мысли, но и в аспекте применения к различным моделям хозяйствования.

Многие важные проблемы распределительных отношений нуждаются в дальнейших исследований. Причиной этому служит то, что в экономике России и мировом хозяйстве произошли и продолжают иметь место весьма значительные изменения как в системе общественного воспроизводства в целом, так и в сфере распределения [1]. Во всем мире, правда неравномерно по странам, осуществляется процесс трансформации индустриального общества в информационное, нарастает глобализация экономики, обостряется экологический кризис. Несмотря на то, что были проведены весьма обстоятельные научные исследования экономических отношений распределения современного общества, ряд проблем не получили последовательного разрешения, в том числе:

— новые явления в распределении благ, которые возникают под влиянием изменения индустриального общества в информационное, глобализации экономики, нарастания экологического кризиса;

—механизм воздействия распределения на современный воспроизводственный процесс;

— место и роль распределения в экономических отношениях различных хозяйственных систем;

— особенности и механизмы распределения применительно к различным уровням экономики;

— причины и механизмы деформации распределительных отношений, которые возникли в период рыночного реформирования российской экономики;

— направления и методы совершенствования распределения в экономике современной России [2].

В экономике широко освещены заёмный и ссудный, основной и оборотный, промышленный и человеческий капиталы. Интеллектуальный же капитал является в настоящее время еще недостаточно хорошо изученной категорией. Какое же определение можно дать интеллектуальному капиталу?

В общем смысле интеллектуальный капитал - это совокупность знаний в виде теории, творческих результатов, навыков, умений и компетенций сотрудников компании. Перечисленные составляющие интеллектуального капитала можно охарактеризовать следующим образом:

— теоретические знания: теоретические положения по областям деятельности и функциям; знания методов и их специфики применения; проектные; технические; технологические; экономические; организационные;

— результаты творческой деятельности: выполненные проекты, сформулированные гипотезы, концепции и идеи, технологии, совершаемые открытия, изобретения, решенные задачи, алгоритмы и программы, написанные и опубликованные статьи, монографии, учебные пособия, книги, отчеты, инструкции, методики;

— умения: интегрировать и аккумулировать знания, чтобы реализовать проекты по всем источникам; создавать концепции проектов бизнес-процессов; генерировать идеи осуществлять проекты;

— навыки: выполнение специалистами функций и обязанностей, работ, видов деятельности, задач и операций; по организации и управлению основной и инфраструктурной деятельностью [3].

При распределении интеллектуальной собственности в контрактах и соглашениях собственности, которую создали в результате научно - технических работ, важно учесть следующие факторы: характер договорных обязательств; вклад договаривающихся сторон в работу; намерения сторон; возможности и обязательства каждой из договаривающихся сторон; обеспечение правовой охраны созданной интеллектуальной собственности; роль договаривающихся сторон в коммерческом использовании созданного интеллектуального продукта.

На создаваемую интеллектуальную собственность и ее распределение влияет наличие намерений, возможностей и обязательств у договаривающихся сторон в обеспечении правовой охраны создаваемой интеллектуальной собственности. Должны быть точно зафиксированы обязательства по обеспечению такой охраны в контрактах и соглашениях.

Распределение интеллектуального капитала, как и любого другого проходит на трех уровнях экономики. В большинстве экономических публикаций выделяются только два уровня экономики — микро и макро. Однако в последнее время ряд авторов выделяет также и мезоуровень экономики, т.е. уровень межотраслевых связей. Мезоуровень экономики — это промежуточный уровень между микро и макроуровнями экономики. Таким образом, мезоэкономика выполняет роль посредника («переходного моста») между микроэкономикой и макроэкономикой.

В течение последних 14 лет произошел реальный прорыв в ключевых областях науки и техники, в том числе информационные технологии, коммуникации и СМИ. В результате чего появились новые инструменты формирования мировой экономики. Многие из них несут в себе нематериальные преимущества. Их наличие обеспечивает кампаниям конкурентные преимущества, и поэтому будет верным считать их активами.

Компании сегодняшнего дня отличаются от компаний прошлого, новой структурой капитала. Сегодня информация, знания определяет этот капитал, а не основные фонды и не материальные запасы. Современная компания - это интеллектуальный капитал, не имеющий материальной формы, но оказывающий влияние не только на стоимость компании, но и на ее конкурентные преимущества. Данный факт является признанным во всем мире. Но, до того как интеллектуальный капитал станет восприниматься нами как нечто естественное, займет достойное место среди других видов капитала, впишется в современную экономическую теорию, необходимо провести много исследований и теоретических работ.

На распределение создаваемой интеллектуальной собственности влияет наличие возможностей у договаривающихся сторон обеспечить правовую охрану создаваемой интеллектуальной собственности. Обеспечение такой охраны должно быть точно зафиксировано в контактах и соглашениях [4].

Этапы развития отрасли условно можно разделить на этап формирования, бурного технологического развития, этап замедления технологического развития, зрелость отрасли.

На этапе формирования отрасль только создается, активно развиваются используемые технологии, существует большой потенциал дальнейшего развития. Присутствует множество мелких предприятий на рынке, с не слишком сильной конкуренцией, поэтому бренду и другим объектам интеллектуальной собственности зачастую уделяется относительно мало внимания. Помимо этого, круг покупателей узок, для которых технические характеристики продукта важнее его бренда.

На этапе бурного технологического развития основой служит развитие технологий, на которой базируется конкуренция в отрасли. На этом этапе регистрации и защите интеллектуальной собственности уделяется больше внимания, чем прежде. Это связано с увеличением количества патентоспособных технологий, имеющихся в распоряжении компаний; с усилением конкуренции и попытки использовать интеллектуальную собственность как дополнительное оружие в конкурентной борьбе; с увеличением размеров компаний и способность эффективно управлять портфелями патентов. На этапе замедления технологического развития нарастает конкуренция внутри отрасли. В структуре интеллектуального капитала основная роль играет сформированный на более ранних этапах бренд, так как продукты чаще всего очень сложны, а на рынке присутствуют потребители, недостаточно технически компетентные. На этом этапе могут быть предприняты следующие попытки: патентовать любые патентоспособные технологии, получить патенты на технологии. Данное дает компании уникальность, преимущество перед конкурентами.

Предел развития технологий практически достигнут на этапе зрелости. Среди продукции конкурентов становится сложно выделить свою продукцию. Срок действия патентов и других прав на изобретения в большинстве случаев уже истекает. Так же возможен вход новых участников отрасли, поэтому цены на товары и услуги становятся низкими. Компании, имеющие большой объем физического и финансового капитала обладают преимуществами. В таком случае рекомендуется уделять максимальное внимание вопросам кадровой политики.

Описанная модель распределения интеллектуального капитала на разных этапах развития отрасли полезна для предпринимателей, чтобы понять роль различных составляющих интеллектуального капитала компании в будущем.

Список использованной литературы:

1. Матевосян М.Г. «Экономические взгляды античных авторов на справедливость, эффективность и равенство» «Новые технологии». Выпуск 2/2013г. – Майкоп: изд-во ФГБОУ ВПО «МГТУ», 2013. – 154 с.

2. Матевосян М.Г. Распределение в процессе кругооборота и оборота капитала предприятия. - М.: «Предпринимательство», 2007.

3. Матевосян М.Г. Влияние системной трансформации на смену приоритетов в согласовании интересов //Новые технологии. – 2013. – №1. – С. 117-120.

4. Общая информация об экономическом состоянии РФ. [Электронный ресурс]. — Режим доступа: URL:http://rbc.ru

Королева М.Л.

кандидат технических наук, доцент кафедры финансов и кредита,
Костромской государственный технологический университет, г. Кострома
E-mail: korolyova_marina@bk.ru

Устинова А.И.

студентка 3 курса направления подготовки «Экономика»
профиль «Финансы и кредит»,
Костромской государственный технологический университет, г. Кострома

ЭФФЕКТИВНОЕ ЗДРАВООХРАНЕНИЕ НА БАЗЕ ГОСУДАРСТВЕННО-ЧАСТНОГО ПАРТНЕРСТВА

Несмотря на завершение программы модернизации здравоохранения в России остается достаточно низкий уровень доступности и качества медицинской помощи для граждан, свидетельствующий о неспособности государства эффективно управлять системой здравоохранения. В настоящее время идет переход от многоканальной системы финансирования здравоохранения к одноканальной, которая основана на использовании средств системы обязательного медицинского страхования. В таких условиях сокращение объема финансирования здравоохранения недопустимо: необходимо повышать уровень здравоохранения, привлекать дополнительные ресурсы.

В России развитие здравоохранения на базе государственно-частного партнерства является наиболее оптимальным способом вовлечения частных инвестиций с возможностью прямого участия частного партнера в создании и предоставлении услуг населению.

В развитых странах особая институциональная система по привлечению дополнительных ресурсов частного сектора получила название Pablik-Privat Partnership (PPP) или государственно-частное партнерство (ГЧП). В зарубежных странах механизмы ГЧП используются с 1990-х годов и накоплено немало опыта реализации ГЧП-проектов в сфере здравоохранения. Об этом свидетельствует общая экономия общественных ресурсов за счет ГЧП в здравоохранении на 10 процентов. Развитые страны, которые успешно применяют ГЧП в здравоохранении, за пару десятков лет смогли не только повысить качество медицинского обслуживания, но даже уменьшить его стоимость.

Из числа развитых стран наиболее активно процесс привлечения бизнеса в здравоохранение на партнерской основе наблюдается в Великобритании и Австралии.

Государственно-частное партнерство в зарубежных странах характеризуется следующими признаками: смешанное финансирование с преобладающей долей инвестиций частного партнера; разграничение стадий реализации проекта – строительство и оказание медицинских услуг;

долгосрочный характер проекта; оплата государством частному партнеру стоимости оказанных населению услуг в течение всего срока договора, в соответствии с критериями качества.

На наш взгляд, при формировании структур ГЧП в России важно учесть, что общими и наиболее существенными проблемами при реализации проектов ГЧП являются: трудности при проектировании медицинских помещений, предполагающих использование нового медицинского оборудования с особенностями эксплуатации; увеличение сроков строительства объектов ГЧП; увеличение стоимости объектов ГЧП в процессе создания или реконструкции; использование дешевого оборудования, экономия на системах электроснабжения, вентиляции, водоснабжения и канализации, что приводит к авариям и регулярным ремонтам в процессе эксплуатации объектов ГЧП.

Для российской экономики ГЧП является новым направлением и находится на начальной стадии развития. По аналогии с зарубежными центрами для становления и развития рынка ГЧП в России был учрежден Центр развития государственно-частного партнерства, который активно участвует в деятельности по совершенствованию государственно-частного партнерства в России. Начал формироваться Координационный совет по государственно-частному партнерству, основными функциями которого является всестороннее способствование развитию ГЧП в здравоохранении. Он призван создать методологическую основу для применения ГЧП на местах, а также оценивать проекты, предлагаемые для реализации.

В России на сегодняшний день по данным рейтинга развития ГЧП реализуется 131 ГЧП-проект, из которых 23 – в сфере здравоохранения. В преобладающем большинстве взаимоотношения государства с частным бизнесом осуществляются в форме концессий. Из 23 медицинских проектов, действующих в стране, на основании концессионного соглашения реализуются 18. Они регламентируются Федеральным законом «О концессионных соглашениях» [1], а также региональными законами об участии субъектов РФ в ГЧП, которые приняты в 69 субъектах РФ.

Следует отметить, что более половины всех субъектов РФ являются регионами с низким и очень низким потенциалом развития государственно-частного партнерства.

В России наиболее активно ГЧП развивается в Санкт-Петербурге. Это регион, который обладает наивысшей инвестиционной привлекательностью, имеет большой опыт реализации региональных ГЧП-проектов и развитую институциональную среду. В сфере здравоохранения Санкт-Петербурга было реализовано несколько ГЧП-проектов по реконструкции и модернизации медицинских учреждений.

Как показывает практика, взаимодействие государственного и частного секторов открывает широкие перспективы и доступ к инновациям. Привлечение частных инвестиций позволяет эффективно управлять государственным имуществом и решать социально-экономические задачи, осуществлять проекты, которые ранее были не доступны ввиду ограниченных финансовых ресурсов.   Россия находится на начальном этапе построения партнерских отношений и в сфере здравоохранения реализуется минимальная доля ГЧП-проектов от общего их объема.

Сложность развития ГЧП в России объясняется рядом причин.

Во-первых, на сегодняшний день отсутствует законодательная база, закрепляющая основные положения механизма ГЧП, хотя в Правительстве РФ находится законопроект «Об основах ГЧП в Российской Федерации».

Во-вторых, отсутствует компетентный орган, регулирующий государственно-частные взаимоотношения, выступающий неким посредником, связующим звеном между партнерами.

В-третьих, частный сектор не ориентирован на осуществление социально-значимых масштабных проектов.

Таким образом, для обеспечения эффективной работы структур ГЧП в России необходимо специализированное законодательство. Учитывая специфику медицинской деятельности, желательно разработать правовое регулирование непосредственно в сфере здравоохранения. Принятие такого закона поможет внести порядок в процесс взаимодействия государственных и частных структур, расширить возможности за счет смешанного финансирования, обеспечить равномерное развитие ГЧП в различных регионах, оказывать косвенное влияние на поддержку частного бизнеса и решать социально-экономические задачи.

Ввиду разнообразия форм ГЧП, из всех возможных необходимо выбрать наиболее подходящую для объектов здравоохранения, распределить риски между партнерами и установить гарантии для частного сектора. Так, например, формы концессий, оставляющие право владения объектом за частным партнером, не целесообразны, поскольку именно на государственном секторе лежит обязанность по охране здоровья граждан, ответственность за качество и доступность медицинских услуг. Разграничение стадий реализации проекта по аналогии с зарубежным опытом повысило бы эффективность использования ресурсов. Необходимо создать компетентный орган, занимающийся регулированием ГЧП, подготовкой кадров управления и систему ГЧП-взаимодействия в здравоохранении, которая работала бы непрерывно.

Учитывая опыт зарубежных стран, отечественную специфику, особенности русского менталитета, в России можно сформировать надежную базу для активного развития здравоохранения на основе государственно-частного партнерства.

Литература

1.   Федеральный закон от 21.07.2005 года № 115-ФЗ «О концессионных соглашениях».

Снашков С.А.

аспирант кафедры истории и теории государства и права юридического факультета Казанского (Приволжского) федерального университета

СВОЕОБРАЗИЕ ДИНАМИКИ ПРАВОВОЙ КУЛЬТУРЫ И ПРАВОВОГО ВОЗДЕЙСТВИЯ В СОВРЕМЕННОЙ ОТЕЧЕСТВЕННОЙ ПРАВОВОЙ СИСТЕМЕ

Реформы современного российского общества актуализируют проблемы развития правовой культуры. Ведь инновационные изменения претерпевают все социальные институты, в том числе и особенно – институт права. Согласно Конституции Российской Федерации, любой гражданин в условиях гражданского общества и правового государства должен обладать высокой степенью развитости личностной правовой культуры, что делает важным процессы совершенствования развития системы юридических знаний в обществе в целом. Ориентация любого гражданина в юридических понятиях и практике становится залогом законности в деятельности государства, что отражено в конституционном принципе главенства закона. Поэтому актуальность изучения правовой культуры на современном этапе развития отечественной правовой системы не вызывает сомнений.

Правовая культура – явление многоаспектное. Социологические и психологические аспекты изучения правовой культуры представлены еще в работах дореволюционных исследователей: Л.И. Петражицкого (в его учении выделяется главенствующая роль индивидуального в правовом сознании и правовой культуре), Г.Ф. Шершеневича (рассматривавшего право в свете юридического позитивизма), Н.М. Коркунова (ориентировавшегося на индивидуальное сознание как основу всего права), М.М. Ковалевского (указывавшего на то, что в числе главных причин возникновения права выделяются свойства человеческой психики), а также современных ученых: П.П. Баранова, В.М. Сырых, Н.Л. Гранат, А.Ф. Гранина, В.Н. Кудрявцева, Л.А. Петручак и др.

Проблемы правовой культуры также рассматриваются в контексте развития нового направления в юриспруденции – антропологии права, изучающей правовые проявления человеческого бытия, о необходимости исследования которого говорил В.В. Зеньковский [2], и на что указывал А.И. Ковлер, подчеркивая как важно развивать «в рамках общей юриспруденции особую отрасль, обращенную непосредственно к человеку, его правовому бытию» [4, 20].

Правовое бытие – то, что отражает правокультурные особенности человека, в чем проявляются основные правовые черты культуры гражданина любого государства. Определение правовой культуры связано с оценкой общей культуры социума и индивида и анализом функции внесения и поддержания единства правотворческой и правоприменительной деятельности человека. Это особенно ярко проявляется в выделяемой многими теоретиками тенденции универсализации и унификации права в соотнесении с процессами глобализации. Как подчеркивает, например, М.Н. Марченко, эта тенденция в условиях глобализации носит революционный, взрывной, характер [6]. Ряд зарубежных исследователей указывают на разработку концепции «глобальной юриспруденции», призванной обеспечить сохранение правовых основ национальной и локальной культуры и поддержание баланса ценностей индивида и правовой системы/системы правового воздействия [7].

Интересным с точки зрения оценки и определения правовой культуры является положение о том, что право, по «исконной своей сути находится в известной мере в противоборстве с государством и призвано ограничивать и упорядочивать государственную власть» [3, 132] указывает на истинную миссию права: «окультуривание» государства, вплоть до навязывания ему культурных ценностей. Право в этом контексте выступает для государства как мерило ценностей культуры. Мир, согласие, равновесие – задачи права как культурологической ценности.

Правовая культура определяется исходя из вышесказанного как система знаний, оценок и духовных установок, определяющих степень индивидуальных и общественных ориентаций в правовой практике на государственном, общественном и личностном уровнях. Для правовой культуры характерны развитость знаниевого правового компонента, структурная состоятельность правосознания и такая степень его развития, которая позволяет проводить правовую оценку личностных, общественных и государственных действий. Для правовой культуры также характерна возможность репрезентации правовых действий индивида в духовном пространстве общества. Высокая степень правовой общественной рефлексии – свидетельство высокой степени развитости правовой культуры.

Что касается правового воздействия, то это понятие можно рассматривать в совокупности с понятием правового регулирования, как это часто делают исследователи права в отечественной юриспруденции, так и в совокупности и взаимозависимости с понятием правовой культуры.

Правовое воздействие, по выражению С.С. Алексеева, характеризует право в действии [1]. В основе правового воздействия лежит механизм влияния на общественную жизнь, особенно важно это в связи с функционированием права в качестве духовного фактора. Право – часть духовной жизни общества, оно оказывает влияние на общество и само находится под влиянием общества. Цель воздействия – изменения в социальной среде и личности. Об этом свидетельствует М.Н. Марченко, утверждая, что воздействие права возможно тогда, когда сила субъекта воздействия способна вызвать определенные изменения в объекте воздействия [8, 315].

Как показывает анализ юридической практики по административному праву, проведенный нами методом включенного наблюдения за 2013 год, изменения под воздействием решений правовых полномочных органов происходят не всегда положительно-прогрессивные. В большинстве случаев, рассматриваемых в рамках частных практик юридических фирм г. Казани, до 68% дел, завершившихся удовлетворением и частичным удовлетворением исков, правовое воздействие не имело положительного развивающего значения. И только в 23% дел, касавшихся в большей степени удовлетворения исков, имевших морально-нравственную основу, правовое воздействие оказывалось положительно-прогрессивным, то есть формировало устойчивые правовые прогрессивные установки.

Так же наблюдения показали, что воздействие оказывается не только на объект права, но и на субъект права. Чем выше степень притязаний субъектов права, тем большее воздействие оказывают на них правовые идеи, лежащие в основе юридической практики. Правовое воздействие, обладая динамичностью и гибкостью, призвано влиять на общество и социальные отношения как прямо/непосредственно, так и опосредованно – через идеи, ориентиры, правовой дискурс. Изучая в ходе включенного наблюдения особенности правового воздействия в современной юридической практике, мы пришли к выводу, что правовое воздействие отличается субъективным характером, отражающим социальные предпочтения субъекта воздействия. Чем выше социальные претензии, рациональнее и сознательнее процессуальные возможности воздействия, чем динамичнее представления о правовом пространстве личности и проявления высокой степени правовой активности, тем ярче проявление волевых особенностей воздействия и выше активность воздействия. Мы согласны с С.А. Комаровым, что «правовое воздействие – результативное, нормативно-организационное влияние на общественные отношения как специальной системы собственно правовых средств (норм права, правоотношений, актов реализации и применения), так и иных правовых явлений (правосознания, правовой культуры, правовых принципов, правотворческого прогресса)» [5, 143].

Безусловно, оказывая воздействие на общество, право само оказывается под воздействием общественных институтов и личностных притязаний. Возникает потребность у государства в создании и постоянном мониторинге системы правовых явлений, при помощи которых и будет осуществляться правовое воздействие. Эта система включает в себя в качестве одного из центральных элементов – правовую культуру на всех уровнях ее проявления: государственном, общественном, личностном/индивидуальном.

Правовое воздействие, являясь динамичным, оказывает такое же динамичное влияние на правовые явления, которые, в свою очередь, используются для воздействия права. Правовые явления отражают специфику восприятия и практического применения права, правопонимания и правотолкования в различные исторические эпохи. На современном этапе российская система правовых явлений находится в стадии реформирования, что характеризует процессы, протекающие в ней как нестабильно-динамичные, подверженные реструктивным изменениям. В соответствии с этими особенностями формируется и правовая культура российского государства и общества. Она отличается противоречивым характером. С одной стороны, высокая риторика на государственном уровне, провозглашение своего рода «духа права» как господства в жизни общества правовых идеалов и ценностей. Выстроенная на этой основе правовая культура ориентируется на высокий непререкаемый статус правовых идей как главных ценностей общественной жизни. С другой стороны, низкая степень участия граждан в обеспечении права на всех уровнях, явления правового нигилизма.

Правовую культуру можно считать фактором правового воздействия, при активизации которого возникают различные инновационные формы правовой/юридической практики в современном обществе. Такие как глобальные интернет-форумы, свободная правовая дискурс-площадка, открытые трибуны правоохранительных органов, призыв к критике со стороны общественности. Однако они не всегда решают проблемы российского общества. Более того, легитимность этих форм до сих пор вызывает сомнения.

Право как явление культуры рассматривается как репрезентация духовности и выявление возможности их взаимопроникновения. Этот процесс осуществляется в таком правовом явлении как правовая культура. Связь права с культурой в этом контексте носит несколько противоречивый характер. С одной стороны оно – ограничитель свобод человека. А с другой – право помогает преодолеть хаос и произвол, а значит упорядочить разные сферы жизни, гармонизировать жизненные силы, защищать «человека, живущего в обществе, государстве, в том числе и от произвола того же государства, как власти» [3, 132].

Правовая культура является фактором правового воздействия, и, формируясь под влиянием различных политических, экономических, психологических, социальных явлений, сама по себе становится явлением социально-политического значения. Она, как инструмент правового воздействия, оказывает влияние на процессы изменения общественных представлений о праве.

Динамика правовой культуры и правового воздействия в современном российском обществе наблюдается, прежде всего, в сфере развития личностных и общественных правовых явлений и отражается в изменениях, происходящих под влиянием развития правовой культуры в правовом воздействии, что находит выражение в инструментарии правового воздействия и его оценочной функции.

Литература:

1.Алексеев С.С. Теория права. – М.: БЕК, 1995. – 345 с.

2.Зеньковский В.В. Проблемы воспитания в свете христианской антропологии. – М., 1996. – 245 с.

3.Ковалева И.В. Ценности правовой культуры в представлениях российского общества конца XIX – начала XX веков. - Великий Новгород, 2002. - 178 с.

4.Ковлер А.И. Антропология права. – М., 2002. – 344 с.

5.Комаров С.А. Общая теория государства и права. – СПб.: Питер, 2005. – 567 с.

6.Марченко М.Н. Государство и право в условиях глобализации. – М.: Проспект, 2011. - 400 с.

7.Slaughter A . A Global Community of Courts // Harvard International Law Journal. 2003. Vol.44. № 1. P. 202-203.

8.Теория государства и права / Под. ред. М.Н. Марченко. – М.: «Зерцало», 2004. – 415 с.

Диденко А.А.

к.ю.н., доцент кафедры гражданского права Кубанского государственного аграрного университета

МЕТОДОЛОГИЯ ИССЛЕДОВАНИЯ ВНУТРИОТРАСЛЕВЫХ СВЯЗЕЙ В ГРАЖДАНСКОМ ПРАВЕ

Современное гражданское право характеризуется высокой степенью интегрированности с другими гуманитарными науками. Поэтому в настоящее время все отчетливее наблюдается тенденция распространения результатов и методов исследования других отраслей научных знаний в качестве необходимого элемента развития науки гражданского права. В целом привлечение исследовательских средств других наук будет отражать современные тенденции развития научного знания в целом. Обращение к системному анализу является одним из важнейших методологических направлений понимания отдельных категорий и понятий цивилистики. Не является исключением и такая сложная теоретическая проблема как исследование внутриотраслевых связей в современной науке гражданского права.

Понятие методологии в современной науке не является однозначным. Наиболее часто в методологии выделяется три составляющие: во-первых, общий философский подход, способ познания, применяемый исследователем; во-вторых, совокупность методологических принципов; в-третьих, совокупность конкретных приемов и методов исследования. В рамках этого можно выделить четыре группы методов:

а) общие принципы познания, которые представляют собой систему предпосылок и ориентиров познавательной деятельности;

б) общенаучные принципы и формы исследования;

в) конкретно-научные способы;

г) методика и техника исследования.

Таким образом, представленные выше методы в рамках конкретного цивилистического исследования можно подразделять на общие и специальные.

Понимание принципа системности в целях формирования методологической базы современных цивилистических исследований имеет важное значение, поскольку позволяет рассматривать процесс познания как системное действие, которое должно осуществляться системными методами, на основе системных этапов, решений и правил с применением системы оценок. Системный подход позволяет исследовать правовую материю как целостное, относительно самостоятельное образование и в комплексе с другими аналогичными общественными явлениями и процессами. При системном подходе объект цивилистического исследования следует рассматривать в качестве относительно самостоятельного элемента целостной системы более высокого ранга – правовой системы. При этом само содержание исследуемой системы как сложноорганизованного многоуровневого образования должно рассматриваться отдельно сквозь призму составляющих её определенных структурных элементов (более частных подсистем). Другими словами, системный подход предполагает рассмотрение объекта исследования в науке гражданского права как самостоятельного и неотъемлемого элемента отечественного права как системы более высокого порядка.

Структурно-функциональный анализ является неотъемлемым элементом системного метода познания правовой действительности, который позволяет сосредоточиться на формально-юридическом аспекте действующего гражданского права. Системный анализ в гражданском праве основан на функциональном своеобразии его структурных элементов, на их закономерностях, стабильных связях, состояниях и их организации. Задача данного метода заключается в выяснении природы отдельных видов исследуемых объектов, истоков их становления и перспектив развития в механизме правового регулирования имущественных отношений.

В процессе рассмотрения того или оного объекта исследования с системных позиций следует обратить внимание на наиболее важные признаки исследуемой системы, дающие общее представление о системном характере рассматриваемой правовой материи. В целом такой подход к исследованию находится в рамках современных методологических представлений.

На современном этапе развития науки гражданского права теоретические разработки системного подхода и использование его как метода современного познания представляют несомненный интерес. Однако это требует более комплексного подхода к исследованию цивилистической методологии. Это в свою очередь позволит раскрыть сущность данного вида методологии применительно к отдельным объектам исследования в гражданском праве. Научная новизна и всесторонность исследования сложных объектов, к которым, несомненно, относятся большинство объектов науки гражданского права, может быть в достаточной степени обеспечена путем расширения методологических подходов к их исследованию. Последнее направление может быть осуществлено за счет широкого использования системной методологии.

Можно выделить следующие достоинства системной методологии:

1) потенциал формирования познавательных систем, идентичных (эквивалентных) познаваемым системам;

2) ядро системного анализа составляют неопределенное множество дискуссионных в теоретическом и практическом плане ситуаций, а также

конкретные (отдельные) цели познания и реальность многовариантных решений;

3) относительную независимость структурных отношений от системных элементов (что, в частности, объясняет целесообразность формальности права);

4) наличие познавательных процедур, позволяющих максимально ограничиться типом систем, возможных в сфере правовой и государственной жизни.

Недостатками системной методологии можно считать следующее:

1) Сложность объекта исследования. Например, правовая система, система источников гражданского права можно рассматривать как весьма крупные системные образования, не поддающиеся полноценному системному анализу. В этой связи для их исследования с системных позиций возможны только частные приложения данного общенаучного подхода, применимого только к определенному кругу более конкретных задач;

2) плодотворность системного анализа определяется прозрачностью внутренней структурных и иерархичных связей элементов рассматриваемой системы;

3) описательный характер системного подхода. Такой методологический подход во многом обуславливает расхождения между строго научным и идейно ориентированным анализом в цивилистической теории;

4) системный подход более подходит для изучения органичных целостностных системных образований. Большинство же систем, исследуемых цивилистической наукой, не являются таковыми;

5) в правовой сфере системы носят полуэмпирический-полуабстрактный характер; при этом эмпирическая составляющая относительна, а абстрактная – малосодержательна;

6) существует реальная возможность подмены системного анализа многофакторным.

Абрамов В.В.
к.ю.н., доцент кафедры предпринимательского права Уральской государственной юридической академии

ПОНЯТИЕ «БЕЗОПАСНОСТЬ» В ГРАЖДАНСКОМ ПРАВЕ

В настоящее время существует плюрализм определений безопасности. Это связано с фундаментальностью и многогранностью самого явления безопасности, множественностью содержательных связей и форм внешних проявлений и взаимодействий с иными явлениями объективной действительности. Такой сложный характер проблемы обеспечения безопасности проявляется в различных по содержанию понятийных категориях, разработка которых предполагает как дифференцированный, так и интеграционный подходы на основе использования комплексных данных философии, права, истории, социологии и иных отраслей научного знания как теоретико-методологической основы познания.

Трактовка общенаучной категории «безопасность» как элемента научной картины мира выполняет эвристическую функцию, выражающуюся в гносеологической интерпретации научного аппарата философии и конкретных отраслей научного знания, а их взаимосвязь проявляется через соотношение категорий общего и частного. На уровне общественного сознания понятие безопасность определяется как отсутствие опасности, сохранность, надежность и употребляется применительно к самым различным процессам как природным, так и социальным [1, 16]. Безопасность начинает рассматриваться в качестве важнейшего социального блага, отвечающего интересам, целям и устремлениям людей и выступающим необходимым условием для нормального функционирования всего социума.

В рамках естественно-правовой концепции безопасность впервые приобретает статус социально-значимого явления. В рамках этого научного направления, безопасность может быть определена как отсутствие опасности и наличие сохранности протекания тех или иных процессов безотносительно к природным либо социальным их характеристикам.

Наиболее распространенным следует признать подход, согласно которому безопасность определяется как определенное состояние защищенности, которое принято многими исследователями в качестве концептуального основания проводимых теоретических изысканий, хотя они и расходятся в определении объекта защиты, характера угроз и защищаемых интересов. Так в качестве родового понятия «безопасности» среди специалистов существует сходная трактовка безопасности, определяемой как такое состояние субъекта, при котором в условиях негативного и деструктивного воздействия внутренних и внешних факторов, посредством предотвращения, минимизации, нейтрализации или ликвидации такого воздействия обеспечивается поддержание жизнедеятельности, стабильность, а также поступательное развитие этого субъекта.

Представляется, что одной из основных причин распространенности данного подхода является генезис самого явления и его лексическое понимания. В русском языке слово «безопасность» образовано по принципу антиномии (противоречия между двумя положениями, каждое из которых признается логически доказуемым), т.е. за счет добавления приставки «без» к слову «опасность». Поэтому до сих пор такая словесная форма затрудняет полное и правильное раскрытие смыслов, т.к. для этого требуется не простое противоположение чему-либо другому, а прямое указание на подразумеваемую сущность. Поэтому полагаем, что только лингвистического толкования понятия безопасности явно недостаточно, поскольку под отсутствием опасности как бы подразумевается возможность достижения подобной идеальной ситуации. Но в реальной жизни всегда существовали и существуют опасности самого различного характера. Поэтому категория «безопасность» не абсолютна, а только относительна и смысловое значение приобретает только в связи с конкретными объектами и сферой человеческой деятельности окружающего мира. В этой связи следует в первую очередь определить понятия, относящиеся к конкретным видам безопасности, и лишь на этой основе выделить содержание каждого вида безопасности (юридической, политической, военной, экономической, экологической и т.д.).

В целом, общенаучное понимание безопасности образует теоретико-методологическую основу для выделения в ней группы отношений, которые выступают как конкретные разновидности общего понятия безопасности, в осмыслении которого в равной степени важны все образующие его компоненты.

Юридически формализованным выражением безопасности личности выступает право личности на безопасность, под которым целесообразно понимать правовую возможность личности как субъекта права сохранить свое состояние безопасной жизнедеятельности в форме обеспеченных и охраняемых государством притязаний на самостоятельную реализацию личностью своих жизненно важных потребностей и интересов различного характера. Понимаемое таким образом право личности на безопасность является субстанциональной характеристикой юридической безопасности человека.

Наиболее тесно безопасность в гражданском праве соприкасается с понятием экономической безопасности. Экономическая безопасность как конечная цель ограничений гражданских прав представляет собой сложное экономико-правовое явление. Эффективное применение ограничений гражданских прав с целью обеспечения экономической безопасности невозможно без четкого представления о самой категории «экономическая безопасность».

На наш взгляд, подобная трактовка безопасности в большей степени соответствует сущности данной категории. Именно состояние защищенности может объективно характеризовать степень или уровень безопасности. Условия существования личности, общества, государства зависят от многих факторов, в том числе и безопасности. Поэтому только с ними нельзя непосредственно увязывать категорию «безопасность». С учетом всего изложенного экономическую безопасность можно определить как составную часть национальной безопасности РФ, представляющую собой такое состояние и развитие урегулированных правом общественных отношений в сфере экономики, которое обеспечивает непрерывное и эффективное производство, обмен, распределение и потребление материальных и нематериальных благ сохраняя баланс частноправовых и социально-значимых интересов в современном обществе.

Таким образом, безопасность в современных условиях, приобретая нормативное оформление в действующем законодательстве, перестает быть некой абстрактно-абсолютной категорией. Одновременно безопасность начинает рассматриваться в качестве социально-правового явления, имеющего двойственную природу. С одной стороны, безопасность есть основное условие обеспечения жизненно важных интересов личности, а также национальных интересов государства и общества в различных сферах (экономической, политической, социальной и др.). С другой стороны, безопасность противопоставляется в ряде случаев свободе, поскольку ее обеспечение достигается, в том числе, и с помощью ограничения субъективных прав.

Список литературы

1. Васильев А.И. Система национальной безопасности Российской Федерации (конституционно-правовой анализ): автореф. дис. ... д-ра юрид. наук. – СПб., 1999.

www.ingramcontent.com/pod-product-compliance
Lightning Source LLC
Chambersburg PA
CBHW051801170526
45167CB00005B/1827